めだかの学校

山本時男博士と日本のメダカ研究

宗宮弘明　足立 守　野崎ますみ　成瀬 清［編］

あるむ

はしがき

「ホッブスは人生をレースになぞらえたが，共同社会においてはこのレースはリレーである。一般に科学者はこのレース中，チームの次の走者に無事にバトンを手渡すものと信頼しても大丈夫である。バトンを落としたり，なくしたりするのは多くの場合科学者ではない」

(P. B. メダワー『進歩への希望──科学の擁護』
千原ら訳，東京化学同人，1978年)

　名古屋大学には，その生涯をメダカの生物学研究に捧げ，メダカ先生と呼ばれた科学者がいた。その先生はメダカを敬愛し，飼育，実験，観察による成果を論文にまとめた。メダカ先生こと，山本時男博士（1906-1977）は秋田で生まれ，東京大学理学部を卒業，名古屋大学理学部でメダカ研究を展開した後，永住の地と定めた名古屋で没し長母寺に眠る。
　メダカ先生の最大の功績は「メダカの人為的な性転換実験（Yamamoto 1953）」である。当時，脊椎動物の性は遺伝子で決まり生後の変化はないと考えられていたので，この研究の成果はインパクトの強いものであった。つまりその論文は人間の基本的な問題，男とは，女とは何かという問題の突破口となるものであった。メダカ先生は戦後のなにもないところから研究室を立ち上げ，その偉業を名古屋大学で成し遂げたのであった。このことは名古屋大学が尊重した「自由な精神」からの賜物であったと私は考えている。
　本書は，2015年2月17日〜5月9日に開催された名古屋大学博物館の第30回企画展「めだかの学校：メダカ先生（山本時男）と名大のメダカ研究（野崎ますみ担当）」の最終的な成果報告書である。本書は企画展で開催された6人の講演を中心に3部構成とした。第Ⅰ部「メダカ先生の教え子とメダカ研究」で，メダカ先生の直接の教え子である鬼武と岩松はメダカ先生の指導を受けながら独自のメダカ研究をどのように発展させてきたかを回顧している。博士学位の指導を受けた竹内は，メダカ先生が師と仰ぐ會田龍雄先生と

i

メダカ先生とのバトンタッチの有り様を記録している。第Ⅱ部の「メダカ研究の最近」で，メダカナショナルバイオリソースプロジェクトの成瀬グループ（横井ら）は，會田・メダカ先生の研究を引き継いだ富田英夫教授からのバトンを受け継ぐとともに，メダカ性決定遺伝子の進化とメダカ性行動の成果を報告している。名古屋大学の橋本はメダカの色素細胞の最近の展開と今後の展望を自分の研究を基に解説している。東山動物園世界のメダカ館の田中は，メダカ館とメダカ先生の関係を述べた後に，インドネシアのスラウェシ島ティウ湖での新種「ティウメダカ」の発見記を報告している。東大名誉教授の井尻は宇宙でのメダカの産卵実験の成功の秘密を明かすとともに，東大理学部でのメダカ先生の歴史的な位置づけを試みている。最後の第Ⅲ部「名古屋大学博物館の企画展の記録」で，野崎は多数の写真を用いてメダカ先生の生い立ちとその生涯を総合的に再構成し，わかりやすい解説となっている。足立は，メダカ先生が集めた貝と岩石の解説をするとともに，メダカ先生の宝ものであった扁額を読み解いてくれた。メダカ先生は「雲悠々　水潺々（くもゆうゆう　みずせんせん）」がお気に入りだったのだ。宗宮はメダカ先生の備忘録活字化のいきさつと先生と蓑虫山人の関係をまとめている。そして，メダカ先生のご子息の山本時彦（2006）「メダカ博士山本時男の生涯」（訂正版）を資料として再録した。

　本書はどこから読み始めても構わない。ただ，メダカ先生の生い立ちと博物館企画展の大枠を知ると，それぞれの章の理解が深まる。そのため是非，第Ⅲ部の野崎による企画展の概説から読むことを勧める。2004年の法人化以降，私大を含めどの大学も強い北風の中にある。戦後の焼け野原の中から立ち上がってきたメダカ先生の「教育と研究」の有り様に何か学ぶ点を見出していただければありがたい。メダカ先生は「魚好き少年」であった。生物好きな少年少女を沢山生み出すことが日本の生物学を発展させるための基本だと改めて考えさせられた。

　メダカ先生の没後40年にこのような記録的な書籍の編集・出版に立ち会えて幸運であった。今後のメダカ学の発展が楽しみである。執筆者とご遺族と御協力の方々に感謝する次第である。なお，本書はメダカナショナルバイオリソースプロジェクトの一端を担うものである。

編者を代表して　宗宮弘明　2017.11.1.

めだかの学校
山本時男博士と日本のメダカ研究

目 次

目　次

はしがき ……………………………………………………… 宗宮 弘明　i

第Ⅰ部　メダカ先生の教え子とメダカ研究 …………………………… 1

第1章　山本時男先生の想い出とメダカ研究
　　　──素晴らしき恩師や先輩に出会えて ……………… 鬼武 一夫　3

第2章　會田龍雄先生と山本時男先生を回顧して ………… 竹内 哲郎　32

第3章　メダカはわが友 ……………………………………… 岩松 鷹司　59

第Ⅱ部　メダカ研究の最近 ………………………………………………… 89

第1章　メダカ学最前線──日本が育てたモデル動物メダカ
　　　……………… 横井 佐織・竹花 佑介・竹内 秀明・成瀬 清　91

第2章　メダカの色について考える ………………………… 橋本 寿史　111

第3章　東山動物園世界のメダカ館と
　　　新種「ティウメダカ」の発見 ………………………… 田中 理映子　134

第4章　宇宙を旅した日本のメダカ ………………………… 井尻 憲一　143

目　次

第Ⅲ部　名古屋大学博物館の企画展の記録　161

第1章　めだかの学校　メダカ先生（山本時男）と名大のメダカ研究
野崎　ますみ　163

第2章　博物学者・山本時男の集めた石と貝　足立　守　206

第3章　山本時男備忘録と蓑虫山人　宗宮　弘明　216
　　資料1　山本時彦（2006）「メダカ博士山本時男の生涯―自筆年譜から―」　226
　　資料2　山本時男（1949）「蓑虫山人の東北漫遊」　285
　　資料3　山本時男（1967）「母なる米代川」　292

編者あとがき　295

第Ⅰ部

メダカ先生の教え子とメダカ研究

第1章

山本時男先生の想い出とメダカ研究
素晴らしき恩師や先輩に出会えて

鬼武　一夫

はじめに

　私は，1965年4月1日に名古屋大学大学院理学研究科修士課程生物学専攻に進学し，山本時男先生が教授であった動物学第二講座に所属しました。山本先生は1969年3月31日に退官され，同年4月1日に名城大学の教授に就任されましたが，1977年8月5日に逝去されるまでの12年間余り，最後の弟子として身近に接することができたので，人間山本時男先生の想い出を中心に記すことにします。12年余りの中で経験したさまざまな出来事の年月日については，ご子息である山本時彦氏が，山本先生が書き残された「備忘年譜」を活字にされ，「メダカ博士山本時男の生涯―自筆年譜から―」[1]として発表されたものを参照させていただきました。

メダカの研究にたどり着くまで

　私は，小学校に上がるまでの5年間は，山口県熊毛郡三丘村安田（現在の周南市）という自然豊かな土地で過ごしました。安田は人口が200人ほどの集落で，西北西約7kmのところに八代という，本州で唯一のナベヅル渡来地がありました。冬には，安田の田圃に十数羽のツルが飛んできて餌をつい

ばみ，夕方には八代に戻っていくという大変のどかなところでもありました。ツルのそばに寄っていっても逃げるわけではなく，とてつもない大きさに驚いたことを覚えています。また，川魚も豊富で，魚の捌き方も見よう見まねで小さい頃から身につけました。生き物に興味をもったのは，そのころの体験が大きいように思います。

　小学校から高校までは大阪の茨木市で過ごしました。生物が好きになったのは，高校時代にガリ版刷りの資料をたくさん作って教えてくれた山本直樹先生と体験学習をさせてくれた非常勤講師の清水建美先生のおかげです。清水先生は京都大学の大学院生で，後に信州大学・金沢大学の教授を勤められました。高山植物の大家で，原色図鑑等の執筆をとおして，植物分類学の普及にも貢献されました。清水先生とは，2014年に逝去されるまで交流が続きました。

　1961年に金沢大学に入学し，理学部生物学科で指導を受けたのは，当時日本におけるプラナリア再生研究の第一人者であった木戸哲二先生でした。1963年，大学3年生の7月のある日，「鬼武。君は夏休みに大阪に帰るのか。帰るのなら，京都大学に岡田節人(ときんど)[1]という面白い（研究に優れているということ）男がいるので行ってこい。手紙を出しておくから」と言われ，夏休みの1カ月近くを京都大学の動物学教室で過ごしました。

　高速冷却遠心機や低温実験室など，最先端の機器がならぶ研究室を見て別世界にいるように感じました。市川衛教授[2]や岡田先生の他，助手の石崎宏矩先生[3]，後にゴキブリを実験動物にサーカディアンリズム＝概日性リズムの構造を発見された研究生の宇尾淳子先生など，世界をリードされる研究者として活躍されることになった新進気鋭の皆さんのエネルギーに圧倒される毎日でした。

　その中で思い出深いのは，2012年にiPS細胞の開発に成功したことで著名な山中伸弥先生とともにノーベル医学・生理学賞を受賞されたオックスフォード大学のJ・B・Gurdon先生（当時30歳）との出会いであり，先生のセミナーでスライド係を務めたり，岡田先生と一緒に京都観光にお付き合いしたことでした（写真1）。英語はちんぷんかんぷんで，スライド係としてはただひたすら「ネックスト・スライド・プリーズ」の言葉だけを頼りに冷や冷やして務めたことを思い出します。Gurdon先生は，1962年に成体になっ

第 1 章　山本時男先生の想い出とメダカ研究

写真 1　修学院離宮にて
中央：岡田節人先生，右隣：Gurdon 先生，左隣：筆者

たアフリカツメガエルの腸の核を未受精卵に移植して発生させると，成体のカエルになることを発見した方であったことを後で知りましたが，当時は知るよしもありませんでした。しかし，京都大学でのセミナーでは，参加された皆さんの熱気はさほど感じられなかったように記憶しています。

　Gurdon 先生とは，1989 年 8 月にオランダのユトレヒトで開催された国際発生生物学会で 26 年振りに再会することになりましたが，京都大学での出会いを覚えておられ感激しました。

　京都大学の体験が刺激となり，生物学は奥が深いと考え始めました。卒業論文のテーマは，「電子顕微鏡による海綿分離細胞の凝集体形成過程の観察」であり，講師の岸田嘉一先生の指導の下で，当時最先端の日本電子の電子顕微鏡（物理学科所有）を使用させていただきました。その成果は，1966 年に金沢大学能登臨海実験所年報に掲載されました[2]。

名古屋大学大学院への進学

進学当時の理学部

　大学生時代に読んだ「発生生理の研究」の中の「魚卵の受精生理」(山本時男)[3]に興味を引かれ，1965年の4月に名古屋大学大学院に進学し，山本時男先生の動物学第二講座に所属しました。進学してすぐにわかったことですが，山本先生は1969年3月で定年退職されると言うことでしたが，その時はそれほど深刻には考えませんでした。

　そこで，山本先生の話に入る前に，私が大学院に入学した1965年当時の新しい時代に入った生物学の状況や生物学教室と理学部の概要について，今振り返って思うことを簡単に述べておきたいと思います。

　まず，1953年ワトソンとクリックによってDNAの二重螺旋構造が発見され，遺伝がDNAの複製によって支配され，塩基配列が遺伝情報を担っていることが見事に説明できるような時代になっていました。また，1958年には，クリックによってDNAの遺伝情報はmRNA（メッセンジャーRNA）に転写され，それが翻訳されてタンパク質が合成されるという概念（セントラルドグマ）が提唱され，細菌（原核生物）からヒト（真核生物）までの全ての生物に共通する基本原理になった時代でもありました。

　そのような時代背景の中で，名古屋大学理学部には1961年に分子生物学研究施設が設置されていて，分子生物学の研究が胎動していました。そして，1967年にはDNA複製の基本となる岡崎フラグメントが理学部化学教室教授の岡崎令司先生によって発見されていました[4]。岡崎先生は名古屋大学生物学教室のご出身で，DNAの有名な研究者であることは知っていましたが，その研究成果がノーベル賞クラスであることを，理学部の生命科学に携わる研究者全員で共有できるというような状況には至っていなかったように思います。当然，その当時の生物教室の大学院生の間でも話題にならなかったと記憶しています。また，筋肉の収縮に関係するアクチンが筋肉細胞以外のしかも下等な生物にも存在することが，分子生物学研究施設の秦野節司先生により1966年に発見されており[5]，その後の細胞運動研究の発展に大きく貢献しましたが，その発見の事実や重要性についても，当時の大学院生を含め生物教室では話題にならなかったと記憶しています。すなわち，現象学・観察

学を中心に発展し，その実体に迫り始めようとしていた生物学と物質レベルの解析から生命現象に迫ろうとしていた分子生物学との間には，その時点では距離があり，双方が融合して発展するにはもう少し時間が必要であったのだと思います。

また，当時の理学部には，2001年にノーベル化学賞を受賞された若き日の助教授 野依良治先生，2008年にノーベル物理学賞を受賞された大学院生の益川敏英・小林誠さん（坂田昌一[(4)]門下）などが在籍し，大学院生も学科の枠を乗り越えて自由に交流し，変化しつつある学問の息吹を感じる環境にありました。

私が大学院に進学して5年が経過した1970年代にはいると，生命科学分野はドッグイヤーと呼ばれるようになり，遺伝子操作技術の発展，細胞培養の技術革新，DNA分子やタンパク分子等の分析技術が飛躍的に発展する中で，生命科学分野は新たな展開を見せることになりますが，これまで実験形態学的な手法を中心に研究をしてきた私には，大きなギャップを感じた時代でもありました。

生物学教室の概要と動物学第二講座とのこと

当時の生物学教室には，山本時男・福田宗一[(5)]・椙山正雄[(6)]・森健志・太田行人[(7)]・林雄次郎[(8)]・江口吾朗[(9)]先生など，学士院賞や学会賞等の受賞者，生物関係の専門書や訳本などに，当たり前のように名前の出てくる素晴らしいスタッフが揃っていました。

進学当時の動物学第二講座は，スタッフとして，教授の山本時男先生，助手の菱田富雄先生と緋田研爾先生[(10)]，教務員の富田英夫先生[(11)]が所属され，大学院生として，博士課程3年生に岩松鷹司さん（愛知教育大学名誉教授），2年生に宇和紘さん（故人。元信州大学教授），1年生に野間正紀さん，修士課程2年生に松田和恵さん（翻訳家），修士課程1年生に及川胤昭君（故人。元山形大学助教授），河本（現姓山本）典子さん（元岐阜大学教授），鬼武一夫（山形大学名誉教授。東北文教大学学長）が所属していました。また，翌年には都築英子さん（元神奈川歯科大学講師）が入学しました。講師の中埜栄三先生（故人。名古屋大学名誉教授）は，理学部の放射性同位元素実験施設に所属しておられました[(12)]。

第 I 部　メダカ先生の教え子とメダカ研究

メダカの歌

　第二講座内では，2週間に一度行われるセミナーの時間を除いては，日常的に全員が集まって話をする機会は少なかったように思いますが，年に2回講座のメンバーと出身者も交えて開催される「メダカの会（メダカの学校と呼んでいた）」は，和気あいあいとした楽しい交流の場であり（写真2，3），先生が退職後に名城大学に移られた後も続きました。その席では，少し酔い

写真2　ご自宅でのメダカの会

前列左から	山本先生の奥様，菱田先生，山本先生，高橋さん，筆者，都築さん
2列目左から	山本時彦氏の奥様，緋田先生，河本さん
3列目左から	山本時彦氏，富田先生，竹内先輩，小川先輩
4列目左から	松田先輩，安藤先輩，大井先輩，小笠原先輩

写真3

メダカの会で，メダカがメダカ科メダカ属として認められたことを喜ばれて報告されました。

の回った山本先生が得意ののどを披露され，自ら作詞された「みかんの花咲く丘」の替え歌を，得意げに，そして楽しげに声高らかに歌っておられました。その歌詞は以下の通りです。

メダカの歌

　作　詞　山本時男
　　曲　　みかんの花咲く丘

　一　東山にも　春が来て
　　　この井戸辺にも　はこべ萌ゆ（も）
　　　つつじの花の　咲くころは
　　　メダカも面に　浮いてくる
　二　菖蒲（しょうぶ）の花が　咲いている
　　　この井戸辺にも　花添えて（そ）
　　　真理の道は　遥（は）るけくて
　　　メダカとともに　日が暮れる
　三　炎天つづく　夏くれば
　　　この井戸の水　メダカにも
　　　汲（く）み遣（つか）わせて　憩（いこ）う時
　　　そよ風吹いて　クイナ鳴く

　この詞を読むと，先生のメダカへの愛情と研究への一途な思いが伝わってきます。ところが，この詞の中に出てくる「クイナ」は冬鳥であり，炎天下の8月に鳴くとは考えられません。先生曰く「以前，小笠原君[13]に痛いところをつかれたことがある。本当は，この季節に鳴くのはヨタカ（夜鷹）であるが，イメージが悪いので[14]，語呂（ごろ）の良いクイナにした」と，悪びれることなく，少し長めのあご髭（ひげ）をしごきながら「どんなもんだい！」と言わんばかりのお顔で語っておられました。

与えられた研究テーマ

　大学院生になって，研究テーマをすぐに与えられるものだと思っていまし

第 I 部　メダカ先生の教え子とメダカ研究

たが，メダカの飼育方法（水替え，餌の作り方，給餌方法，産卵のさせ方まで）を学ぶことと，メダカのスケッチをすることを指示されただけで，先生は 5 月から 3 週間海外出張に出かけてしまわれました[15]。スケッチについては観察力を養うために金沢大学時代に鍛えられたので，抵抗はありませんでした。メダカの餌の作り方や飼育の手ほどきは，主に大学院生の宇和さんから受け，時に富田先生からも指導を受けました。岩松さんは，飼育場にあるメダカ飼育室に居ることはほとんどなく，博士課程の大学院生控室の奥で論文を書いているか，文献を読んでいるか，実験室にこもって実験しているかがほとんどであり，別格の存在でした。

　飼育場で水替えをしている時，うっかりして水替えのバケツや網などを，メダカの飼育水槽（写真 4）の上を通してしまったときなどは，山本先生から「チミ!!　バケツを通してはダメだ!!」と大声で叱られました。理由は，もしもバケツや網にメダカの卵がついていて，水槽に落ちて育ってしまったら，大事に育ててきたメダカの系統は元も子もなくなってしまうということで，至極当然のことでした。

写真 4　メダカ飼育場にて
一番奥に睡蓮鉢。手前の水槽はコンクリート製。

第 1 章　山本時男先生の想い出とメダカ研究

　そのような時を除けば，山本先生から大声で叱られた記憶は一度もありませんでした。他講座の先輩達からは「山本先生は怖いでしょう。怖くありませんか？」とよく質問されましたが，少なくとも私は，威厳は感じても怖いと思ったことは一度もありませんでした。ただ，スタッフの先生方は，山本先生の発言について「山本先生はこうおっしゃっている」とか「山本先生のおっしゃっているのはこういうことだ」と大学院生のわれわれに通訳しておられたので，かなり気を遣っておられたのだと感じました。

　7月になって，山本先生から与えられた研究テーマは「メダカの未分化生殖腺の器官培養」でした。本人が何を研究したいかなど，事前に相談に乗っていただくことはなかったように記憶していますが，先生は「これまで誰もやったことがないから，上手くいったら面白い。しかし，上手くいかないことも考えて，methylandrostenediol（合成の雄性ステロイドホルモン）の性分化に及ぼす影響も調べなさい」ということでした。ただし，どのように実験を進めるか，その分野の研究状況や関連する論文はどのようなものがあるかなどの説明は一切なく，テーマを渡されただけでした。したがって，そこからは「テーマを与えられた大学院生の責任で全てをやりなさい」というのが先生の方針であったのだと思いますが，そのことについて質問するのは恐れ多いような雰囲気で，ただテーマを受け取るだけであったと記憶しています。

　メダカの稚魚は体長12mmを超えると，生殖腺の分化の方向は決まってしまうとの，山本先生の性転換の実験結果があった。そこで，体長12mm前の稚魚を開腹し，0.5mmにも満たない生殖腺らしき塊を，縫い針を極端に細く研いだ手製の解剖針を使用して取り出し，薄いミリポアフィルターと呼ばれるメンブレンフィルターに載せて組織標本を作製し，顕微鏡で生殖腺であるかどうかを調べました。しかし，生殖腺らしきものは15例中に1例程度でした。また，つまみ出した塊を培養しても，細菌に感染するものも多く，データらしきものが得られないまま時間が過ぎていき，焦りと失望感の日々が続いて実験が手につかなくなった10月初め頃に，山本先生が海外出張に出かけられることになりました。先生の自筆年譜によると，1965年10月10日から翌1966年2月10日の丸4カ月間ご不在でした。

　先生が帰国される予定の2月は，修士課程1年生の後半が終わる頃であり，研究テーマの進行状況が見え始めてくる重要な時期に差しかかってくる頃で

第Ⅰ部　メダカ先生の教え子とメダカ研究

したが，先生からは，出張中の指導を講座の別の先生方に受けるようにというような指示は一切ないという，のどかと言えばのどかな時代でもありました。

　先生は出張中に，私たち大学院生のことを心配しておられないのではないかと思っていましたが，それは違っていました。こんなことがありました。出張されて2，3カ月経った頃だと記憶しています。ニューヨークから動物学第二講座の私宛に黄土色をしたB5判の封書が届きました。その封書を開けてみたところ，先生の手紙とともに50枚ほどのレンズペーパーが入れてありました。手紙には，「臓器などの器官培養を行うときに，レンズペーパーに載せて培養すると良い結果が得られるとの話を聞いたので送ります」と書かれていました。心配していただいていることにとても感激しましたが，稚魚から取り出した生殖腺の器官培養とは次元の異なる話だったので，ご厚意に応えることができず，申し訳ない気持ちが残りました。

　先生の出張中，私はmethylandrostenediolによる性転換のデータのみを取りました。その結果，このホルモンを高濃度に投与すると，オスのメダカの尻鰭条（図1）の数が減少することが明らかになり，先生は，「生存率が下がって生き残った数は少ないが，その結果が面白い」と言われ，論文として投稿

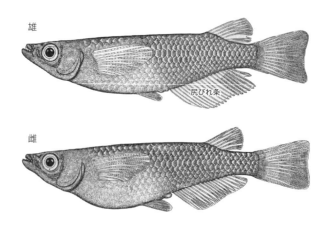

図1　メダカ成魚の雌雄

雄の尻びれ（鰭）の縦に伸びる筋状のものを「尻びれ条」と呼びます（メダカ学[27]より）。

12

していただき掲載されました[6]。この論文が山本先生と共著で発表されたため，インターネット上の論文 relation を見ると，私は間違いなく山本時男先生の弟子であることが示されています。

アルビノ金魚の盗難

1966年2月に山本先生がアメリカから帰国され，その時アルビノ金魚を一緒に持って帰られました。鱗（うろこ）が金色に光る金魚（写真5）[16]で目が赤くとても美しい金魚でした。また，帰国されてすぐに還暦祝いをしたことが自筆年譜に書かれています。

自筆年譜によると持って帰られたアルビノ金魚は24匹

写真5　アルビノ金魚
（1967年4月16日付『中日新聞』）

であったそうです。1年間日本の飼育環境になじませるためメダカ飼育室で注意深く飼育され，翌年の1967年に室外の飼育場に移されました。その時の模様が，中日新聞子ども版にアルビノ金魚のカラー写真とともに掲載されました。掲載されて1週間過ぎた頃でしょうか，アルビノ金魚が盗難に遭い，全て持ち去られてしまいました。私は，その事実が明らかになった丁度その時に飼育室にいたので，山本先生がしばらく呆然とされていたのを覚えています。盗難の痕跡から，飼育場の金網を乗り越えて盗んでいったようで，1匹も残っていませんでした。とても一人の仕業ではないようでしたが，先生は警察にも届けられず，そのままにして置かれました。そのことは自筆年譜にも書かれていません。よほどショックであり，また名誉に関わることではなかったかと思いました。

恩師の一言

博士課程修了の岩松さんは，1966年4月に愛知学芸大学（現愛知教育大学）の助手として就職されました。私は，培養実験が手につかないまま修士2年

となりました。これ以上培養実験は無理だと考えました。そこで，性ホルモン投与によるメダカの性転換過程を組織学的に連続観察した研究はないことがわかったので，山本先生に相談することなく研究テーマを変えて実験を始めました。

　周囲の先生方からは「今更組織学で何が……」という目でみられ，焦燥の日々でした。ある日，研究の進み具合を発表する講座の恒例のゼミで，「組織学的に見たメダカ稚魚の性転換過程」の発表をし終わった時，山本先生が即座に「ユニークだわ！」と一言おっしゃって下さいました。それを境に「今更……」という空気がなくなったのを感じました。しかも，山本先生に断りなしに研究テーマを変えたにもかかわらず，先生からは一切お咎めはありませんでした。この山本先生の懐の深さに，自分の未熟さを感じて恥じました。その声に出されない教えは，私が学生指導をする立場になって大変役に立ちました。

　何とか修士論文の提出と発表は無事終わりましたが，これ以上研究を続けることに自信がなく，高等学校の教員になることを考えてその道を探っていました。2月の終わりか3月のはじめだったと思いますが，廊下で山本先生とすれ違った時に，先生が突然足を止められて，私の顔をじっと見つめられ「鬼武君。ドクターに行きますね！」と，ここでも一言，珍しくはっきりとした大きな声で言われました。私は思わず「ハイ」と答えてしまい，博士課程に進学することになりました。もしあの時，山本先生から「ドクターに行きますか？」と聞かれていたら，きっと今の自分はなかったと思います。何故そのようにおっしゃっていただいたのか，残念ながらお尋ねする機会を逃してしまいました。

　宇和さんは，博士課程3年修了後の1967年4月に信州大学理学部の助手として就職されました。自筆年譜に，「宇和君の信州大赴任の送別会」という，唯一弟子の就職についての記述があります。これは，当時信州大学理学部長の田中先生が山本先生の東大時代の同期生であり，田中先生（山本先生は"ギョロ"とニックネームで呼んでおられました）から人事の話があり，それを受けての宇和さんの推薦であり，採用であったので，この記述につながっていると思われます。当時，動物学第二講座の人事権は全て山本先生が掌握されていました。ある時，助手の緋田先生が，関東のある公立大学の助教授

に転出される可能性があった時，山本先生は「緋田君の後任の助手には富田君になってもらいます。富田君の後任の教務員には小川君になってもらうことにします」の一声でした。

人間　山本時男

　山本先生の学者としての生活スタイルは，一度東山キャンパスに足を入れたら，研究以外のことはほとんど話をされませんでした。教授室にノックをして入っても「なんですか」というような表情をされ，無駄なことは話すなというオーラがありました。いつも大切に持ち歩いておられる革製のカバンの中身は，執筆中の論文原稿はもとより，小さな金鎚，小型の組み立て式実体顕微鏡などなど，いつでもどこでも研究できるというスタイルでした。また，今池にあった音楽喫茶スギウラは，山本先生が論文執筆されるための隠れ家であり，急用の時はスギウラに電話をしたものでした。ただ，クラシックの聴ける2階でお会いしたことは一度もなかったように記憶しています。

　山本先生はお酒が大好きで，私が大学院生のころは，今池交差点角の郵便局南向かいにあった，食事処「〆星」で一杯飲まれて食事をされ，帰宅されることが常でした。〆星は食事もおいしく，値段も手ごろだったので，私たち大学院生もよく利用しました。時折，先生と鉢合わせをすることがありましたが，帰り際には「チミ達のは出しておいたから」と一言いわれて先にお帰りになりました。私は，その先生のお気持ちがうれしくて，大学を退職するまでの間は，山本先生の真似をさせていただきました。

　博士課程に進学して最初に直面したのは，2年後の山本先生の退官を見据え，大学院生は誰に指導を受けたいかについて，希望を述べることでした。メダカ研究の方向性に自信がなく，私はウニの受精について研究をされている緋田先生の下で研究することを希望し，山本先生にもお許しをいただき，ウニの受精研究で1972年に理学博士の学位を授与されました。学位を授与された直後に，日本動物学会が「現代動物学の課題」とのタイトルでシリーズ物の専門書を出版することになり，第4巻の「卵と精子」[7]の中の第6章を執筆させていただくことになりました。この執筆は，当時，理学部附属臨海実験所の石川優先生の推薦によるものであり，このおかげでイモリの受精研究を始めることができました。

第Ⅰ部　メダカ先生の教え子とメダカ研究

　修士時代に山本先生に「ユニークだわ」と言っていただいた修士論文を投稿しようと思い，名城大学教授に就任された山本先生に校閲をお願いしました。しばらくして連絡があり，名古屋大学のメダカ飼育室でお会いしたところ「自分は研究に没頭し，指導者としては十分なことをしてこなかった。英語論文の書き方なども……」と，しばらくの間反省の弁を語っておられましたが，最後に「それにしてもひどい英語だね……。手直ししてサインをして置いたので投稿しなさい。」[8]と言われたことを今でも懐かしく思い出します。まさに，人間「山本時男」を見た思いでした。その，校閲をいただいた論文原稿は今でも大事にとってあります（写真6）。

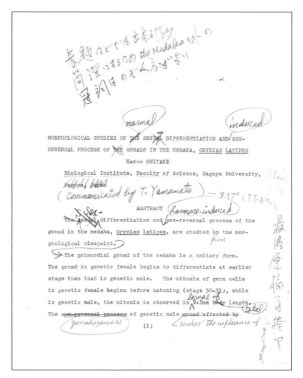

写真6　山本先生に直接手直ししていただいた論文原稿

山本先生を癌から救ったご子息の執念

ご子息の山本時彦氏が，自筆年譜の最後に「父の想い出」を書いておられます。その中に，1969年に山本時男先生が食道癌になられ，丸山ワクチンを使用されて奇跡的に回復されたことが書かれています。丸山ワクチンの使用についてはサラリと書かれているので，山本先生に直接聞いた話を記述しておきたいと思います。丸山ワクチンを癌治療のために使用するには，医療機関が癌であると認めた診断書が必要だったそうです（今でもそのようです）。時彦氏は，名古屋大学医学部附属病院から診断書をもらうために2週間，病院の医局で寝袋の中で寝泊まりされ，医局の先生に懇願・説得されたそうです。「最後には，医局が根負けして「癌であるとの診断書」を書いてくれたので，丸山ワクチンを使用することができた。時彦には感謝している」と幾度となくこの話を聞きました。

山本先生が逝去される直前のこと

山本先生は1977年7月に胃癌を発症され，藤田保健衛生大学病院に入院をされました。日時は忘れましたが，入院直後は意気軒昂で，看護婦さんも手を焼かれていたようです。お見舞いしたのが丁度検温の時で，看護婦さんから「先生勝手に出ていかないでくださいね」と念を押され，看護婦さんが出ていくと「彼女はうるさいんだわ」と小声で話されたのを記憶しています（「だわ」は山本先生唯一の名古屋弁でありました）。その次にお見舞いに行ったときは，お亡くなりになる日に近かったと思います。先生はお元気そうには見えず，ベッドに寝ておられました。私の顔を見て手招きされ，ベッド横の窓の隅を指で指され「この隅にクモが住んでいるんだわ。昼を過ぎる頃に隅から出てきて糸を張り，夕方になると戻っていくんだわ」と楽しそうに話をされましたが，その声は弱々しく，どことなく胸騒ぎを覚えました。お亡くなりになったとの連絡があったのは，その数日後であったように思います。

細々続けたメダカ研究

私は，1971年に理学部の教務員になり，その後助手を務めた後，1978年4月に，新設の名古屋大学医療技術短期大学部に転出し，8年間助教授を務めました。一般教育担当であり，新設なので設備も整っていなく，一科目一

教官だったので授業等も忙しく，研究は諦めざるを得ないかと思っていました。丁度その頃，愛知教育大学の教授になっておられた岩松さんから，メダカの研究を一緒にやりませんかとの声がかかりました。もし，声をかけていただけなかったら，実験研究を諦めていたかもしれません。

今でも思い出しますが，夕方に大学の仕事が終わり，名古屋大学大幸キャンパスから自家用車で刈谷市にある愛知教育大学に出かけ，岩松さんからメダカの試料を受け取って直ちに大幸キャンパスに戻り，試料を走査顕微鏡や蛍光顕微鏡観察に沿うように調整し，翌日観察と写真撮影をして，その結果を岩松さんに届けるということを数年続けました。お陰さまで成果も得られ[9~13]，研究者としての命がつながり，今でも感謝しています。

医療技術短期大学部時代は，メダカを実験動物として飼育し活用する環境にはなかったので，共同研究とは別に，イモリを実験動物として受精研究を始めました。何故イモリを使用したのか。これは，前述した「卵と精子」の第6章を執筆する機会を与えられたことにより，イモリの受精研究が進んでいないことに気がついていたからです。イモリは，岐阜県に行けば採集できること，上手に保存すれば，餌を与えることなく半年間は良好な状態で実験に使用できること，したがってお金が無くても何とか研究ができることでした。その時に行ったイモリの受精研究で，これまでのカエルを使用した受精研究では報告されたことのなかった特徴「寒天層がなくても受精できる」(1984年) という発見があったために[14]，1986年4月に山形大学理学部に転出する機会を得ました。

恩師へのささやかな恩返し

山形大学に赴任して以降も岩松さんとの研究交流は続き，多くの成果が得られました[15~17]（写真7，8）。山形大学では，卒業研究の学生や大学院生と一緒に研究ができるという喜びがあり，イモリの研究を進めるとともに，これまで頭の隅から消えることのなかった，名古屋大学時代に頓挫したメダカ未分化生殖腺の培養について，再び挑戦することにしました。12mm前後のメダカ稚魚から生殖腺を得るのは不可能に近いことがわかっていました。また，卵巣を使用することは，卵細胞への卵黄蓄積など培養下では解決できない問題もある（卵細胞の成長に伴って蓄積される卵黄成分は肝臓で合成さ

第1章　山本時男先生の想い出とメダカ研究

写真7　雑誌の表紙を飾った文献15の写真

走査顕微鏡で観察した遅い多精否反応。卵門から押し出された精子の鞭毛が見えます。

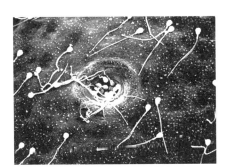

写真8　走査顕微鏡で観察した媒精直後のメダカ卵の卵門付近

卵門内に押し寄せている精子が見えています。

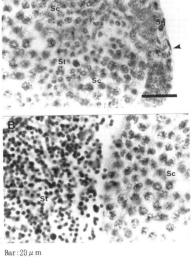

写真9　精巣断片の組織標本

Sgは精原細胞, Scは精母細胞, Stは精細胞を示します。精巣の外側から内側に向かって配列しています。

19

れて卵巣に運ばれる必要がある）ので，精子を作り続けることのできる精巣断片を培養することにしました（写真9）。私と大学院生の2人で，全く同じ条件で実験を始めましたが，培養を始めて1週間後，学生が私の部屋に飛んできました。「先生！　培養皿の中で精子が泳いでいます」。確かに精子は泳いでいました。しかしながら，培養に使用した精巣断片の中にすでに分化していた精子が混在しているのではないか，との疑問に如何に答えるか。

そこで，精巣断片ではなく細胞培養を試みることにし，精巣断片の生殖細胞を解離して，精子になる細胞を丁寧にあつめ，この細胞を培養皿の中で培養することにしました。可能な限り均一の精母細胞を得るために，時間を費やしました。かなり均一な精母細胞を得て培養したところ（写真10），3日目になるとたくさんの泳ぐ精子が目に付き，培養の最初の段階で分化した精子が混入していたことに気がつかなかったのだろうか？　との不安感がよぎりました。

これは後にわかることですが，メダカの精子を作る精母細胞から精子に分化するまでに要する時間は，精巣中では約10日間ですが，精巣中という環境を外されると，精子に分化するまでの時間が一挙に短縮され，3日間で精子に分化してしまうことでした[18, 19]。このことから，①メダカの精母細胞が精子に分化するためには精巣中の環境は必要ないこと，②精巣中の環境は，精母細胞が精子に分化する速度を調節していることが明らかになりました。

この培養系で分化した精子が受精能を持つかどうかについて調べたところ，受精して稚魚まで発生することが確認されました（写真11）。このことは，精子形成が完成したこと＝成熟精子に分化したことを意味しています。しかしながら，最初から成熟精子が混入していたとの指摘も排除できません。そこで，培養液中で，成熟精子のみを培養して寿命を調べたところ，培養8日目で動く精子は無くなり，卵を受精させることはできませんでした。培養した精母細胞から得られた精子は10日になっても受精能力があり，卵を発生させることができたので（表1），メダカでは，培養系で精母細胞が減数分裂を経て受精能力のある精子に分化することを示すことができました[20]（写真12, 13）。これでやっと，わずかでも山本先生に恩返しができたと思いました。

イモリについても，他の研究者により，培養系において精母細胞から精子への分化が報告されています[21]が，メダカと決定的な違いがあります。イ

第1章　山本時男先生の想い出とメダカ研究

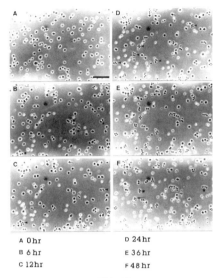

A 0 hr
B 6 hr
C 12 hr
D 24 hr
E 36 hr
F 48 hr

写真10

Aは，かなり均一な培養開始直後の精母細胞。Fは，培養開始2日目のもの。小さな精細胞がたくさん見えます。すなわち，精子形成が始まっています。

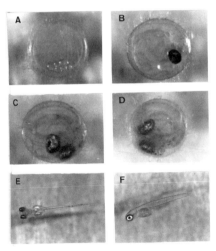

写真11

培養下で形成された精子でメダカ卵を受精させたところ，正常に発生し稚魚にまで育ちました。すなわち，形成された精子は成熟精子に分化していたことを示しています。

FERTILIZING AND DEVELOPING CAPACITY OF EGGS INSEMINATED BY THE SPERM WHICH CELL CULTURE OR ORGAN CULTURE

	No. of day examined	fertilized	Matsui's developmental stage		hatch out
			1-18	19-33	(%)
Cont.	12	12(92.9)	11	10	10(83.6)
10	25	18(37.0)	16	12	10(55.6)
20	18	6(33.3)	2	2	2(33.3)

FERTILITY OF SPERM DIFFERENTIATING FROM CULTURED SPERMATOCYTES

	No. of day examined	fertilized	Matsui's developmental stage		hatch out
			1-18	19-33	(%)
Cont.	14	13(92.9)	13	11	11(84.6)
10	27	10(37.0)	9	8	8(80.0)

表1 培養下で精母細胞から分化した精子の受精能力を調べた結果

表左下の10は精母細胞を培養して10日目を意味します。培養開始時に成熟精子が含まれていても，培養10日目には全て受精能力を失っているので，この時点で分化した精子で卵が受精して発生するのは，精子に受精能力があることを示しています。

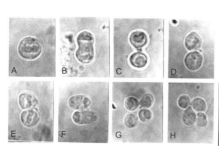

写真12

一つの精母細胞が減数分裂をして，鞭毛をもった4個の精細胞に分化するまでを追った連続写真。

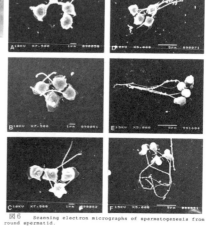

写真13

走査顕微鏡で観察した，4個の精細胞が鞭毛を伸長させながら，精子に分化するまでの過程を示しています。

図6 Scanning electron micrographs of spermatogenesis from round spermatid.

モリの場合，精母細胞から精細胞にまでは分化しますが，それ以上に分化しません。精子にまで分化できるのは，新たに精細胞のみを取り出して培養した時だけなので，メダカのように精母細胞から精子にまで連続して分化することはできないことが明らかになっています。また，受精可能な精子の作製にも成功していません。

メダカにおいて，細胞培養下で進行する精母細胞から精子への分化過程が，精巣内での正常な精子分化過程を反映しているかについて，透過型電子顕微鏡を用いた形態レベルや遺伝子レベルなどで，さらに詳しく調べてみました。

精母細胞では直径10μm程度の大きさの核が精子に分化すると直径2μm程度の大きさになり，これを核凝縮といいます。核凝縮は，成熟した受精可能な精子形成のためには不可欠な過程であり，それを司るのがタンパク質であるプロタミンです。そこで，メダカプロタミン遺伝子の発現を調べるために，遺伝子の特定を行い，クローニングに成功したので[22]，それを使用して精巣および培養下での精子形成における遺伝子の発現を調べました。私たちの得たプロタミン遺伝子が，精巣内で正常に発現していることを確認するとともに（写真14），細胞培養下においても精子形成に伴うプロタミン遺伝子の発現を確認することができました。また，精子核の凝縮開始とともに，精子

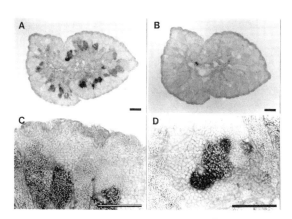

写真14　精巣断面の組織標本

精巣の外側から，精原細胞，精母細胞，精細胞の順に配列していますが，精子への分化が始まった精細胞にプロタミン遺伝子の発現が強く認められます。プロタミン遺伝子が精子核の凝縮に強くかかわっていることを示しています。

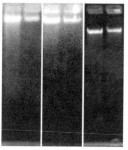

写真15
精子への分化には精子核の凝縮を伴い，核はDNA分解酵素に抵抗性を持つようになります。培養1日目までは，DNA分解酵素によって核は分解されて白い帯状を示すが，培養3日目になるとDNA分解酵素に抵抗性を示すようになり，白い帯状になる分解物は観察されませんでした。

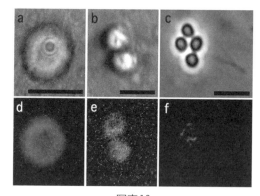

写真16
精母細胞内に分散しているミトコンドリアは，精子への分化に合わせて精子鞭毛基部に集積します。鞭毛運動にエネルギーを供給するためです。細胞培養下においても，d→fのように，精子鞭毛基部へのミトコンドリアの集積が観察されました。

核はDNA分解酵素に抵抗性を見せるようになりました（写真15）。さらに，精細胞の鞭毛形成とともに，細胞内に広がっていたミトコンドリアが鞭毛基部へ集積することが，ミトコンドリアと特異的に反応する蛍光薬剤Mitotracker FMを使用してあきらかになりました（写真16）[23]。

透過型電子顕微鏡による観察では，細胞培養下で形成された精子鞭毛断面の微小管配列は正常精子と同様9＋2構造であることが確認されました（写真17）。

写真17

細胞培養下で形成された精子鞭毛の微小管配列は正常精子鞭毛の微小管配列と同じ9+2の構造を示していました。

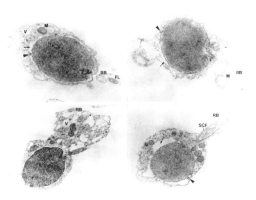

spermatid(stage3)

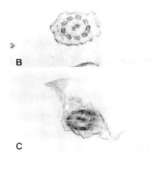

Cross section of spermatid flagellum

写真18

左下の黒い楕円形の構造は凝縮しつつある核。その周囲に細胞質はほとんど無く、後方に押し出されています。その部分が残余小体と呼ばれ、鞭毛基部に集まった丸い構造のミトコンドリア（右下の写真）を除き分解されて消失します。

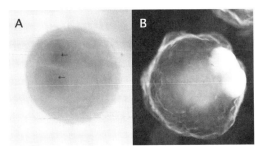

写真19

BrdUを含んだ培養液の中で分化した培養精子で受精させ、第一卵割を迎えたメダカ受精卵です。二つの割球の核がBrdUの抗体と反応して薄黒く染まっています。

また，正常の精子形成において，核凝縮と平行して進行する細胞質の一部を放出（消化）するための残余小体形成も培養下の精子形成で確認されました（写真18）。

　以上のことから，培養下で進行する精子分化過程は，精巣内で進行する正常な分化過程を反映していることが示されました。また，培養液にBrdU（DNA合成時に取り込まれる物質）を加えて精母細胞を培養し，精子にまで分化させてメダカ卵を受精させたところ，受精卵が分裂してできた細胞核にBrdUが検出されました（写真19）。この結果は，細胞培養下で受精可能な成熟精子が形成されたことへのだめ押し的な成果となりました。

　これまで，山本時男先生のお人柄を私の研究人生に重ねて記してきましたが，私が，1965年に山本先生から「メダカ未分化生殖腺の器官培養」の研究テーマをいただいて成果が整うまで，30数年の歳月がかかりました。培養下での精子形成についての研究は，イモリで1981年[24]，カエルで1987年[25]から，硬骨魚類のメダカで1990年[18, 19]，ウナギでは1991年[26]から成果が報告され始めました。

　これらの事実から見えてくるのは，山本先生の先見性です。改めて先生の偉大さに敬意を表したいと思います。

　本稿を書き終わるに当たり，今は亡き山本時男先生に感謝の意を表するとともに，研究者の道に導いていただいた多くの先生方，そして研究を継続する機会を与えていただいた岩松鷹司先生に心からお礼を申し上げます。

私の研究履歴
・1965～1966年度：メダカ性転換過程の組織学的観察
・1967～1970年度：ウニ卵の精子結合タンパク質の免疫学的研究
・1971～1977年度：ニワトリ網膜色素細胞の形成機構
・1978～1985年度：イモリの受精機構　メダカ卵の成熟及び受精機構
・1986～2010年度：イモリの受精機構　培養系によるメダカ精子形成機構

第 1 章　山本時男先生の想い出とメダカ研究

注

　私が直接お会いし，見聞きした先生方についてのメモです。著名な方についてはインターネットに詳細な情報がありますので，それをご参照下さい。

(1)　岡田節人（1927-2017）京都大学名誉教授。国際的発生生物学者。2007年に文化勲章を受章。私が1963年の夏に1カ月間お世話になった時は36歳の時であり，その前年に35歳で日本動物学会賞を受賞されていました。先生は，私にいろいろ経験をさせようと，自らニワトリの羽の静脈から血液を採取する方法を教授して下さったり，大学院生の方から実験機器の使い方を習わせるなど，気配りをしていただきました。Gurdon 先生の観光案内も先生と一緒にさせていただきました。先生は，後に江口吾朗博士とともに，細胞の分化転換を発見・証明されました。

(2)　市川　衛（1903-1971）京都大学名誉教授。理学部動物学教室の教授として，岡田節人，石崎宏矩，宇尾淳子など，そうそうたる研究者を育てられた方で，大変威厳のある方でした。1963年の夏に京都大学で1カ月間お世話になった時，先生の指示で Gurdon 先生の観光案内の補佐をする機会を与えられました。

(3)　石崎宏矩（1930-）名古屋大学名誉教授。カイコ（エリ蚕）を材料として，変態に関わる脳ホルモンの本体がインスリン族に属するペプチドであることを解明され，学士院賞を受賞されました。1963年の夏に1カ月間お世話になった時，凍結されたエリ蚕の蛹から脳を取り出すお手伝いをさせていただきました。

(4)　坂田昌一（1911-1970）名古屋大学名誉教授。素粒子論の権威であり，私たちが在学中に，ノーベル物理学賞に最も近いと言われていました。民主的な先生と言われていて，組合や学生自治会活動にも理解があると言われていました。先生が学部長に就任されたときの交渉で，自治会委員長が自分たちの味方と思って何かの要求（内容は覚えていません）をしたころ「それは大学に相応しくない」と穏やかな口調で却下されたことを記憶しています。先生が病気で倒れられたとき，当時大学院生であったノーベル物理学賞受賞者の小林誠さんが，輸血に必要な血液確保のために飛び回っていたのが目に焼き付いています。

(5)　福田宗一（1907-1984）名古屋大学名誉教授。昆虫の脱皮ホルモンが前胸腺から分泌されることを発見され，学士院賞を受賞されました。先生は片倉製糸紡績（現片倉工業）の重役を務められた後，私が進学する3年前に名古屋大学教授に着任されたとのことで，企業的感覚の管理をされていたようです。したがって，動物系の皆さんは結構ピリピリされていました。私とは，どこか馬が合ったようで，結構議論をふっかけられました。議論の結果，先生からは「君の意見も正しいが，僕の意見も正しいだろう」が，旗色が悪くなった時のいつもの結論でした。憎めない先生でした。

第I部　メダカ先生の教え子とメダカ研究

(6) 椙山正雄（1908-1993）名古屋大学名誉教授。ウニ卵を使用した受精研究の第一人者でした。山本時男先生がメダカ卵の受精において確立された「受精波」の概念をウニ卵でも証明され，動物学会賞を受賞されました。ご退官されるまで常に紳士であり，臨海実験所での夕食では，こよなく愛されたジョニ黒を，時には私たち大学院生にも飲ませてくださいました。

(7) 太田行人（1916-2014）名古屋大学名誉教授。ウキクサを実験材料とされ，短日植物の開花制御と生物時計の関係を追求し続けた先生でした。先生の話は軽妙洒脱で，いつも人を引きつけていました。私が，先生のお弟子さんの研究発表で，若気の至りで厳しい質問をしたのだと思います。その後は，廊下でお会いするたびに「鬼武さん（大学院生をさん付けで呼ばれました），もう少し詳しく説明してくれませんか」と幾度となく聞かれたことを覚えています。先生の意志を継いだ愛弟子に，シアノバクテリアの研究によって時計機構に関与する遺伝子を発見し，学士院賞を受賞した近藤孝男名古屋大学名誉教授がいます。

(8) 林雄次郎（1920-1981）東京教育大学元教授。ソ連（現ロシア）の発生学者Balinskyの名著「発生学」を名訳（岩波書店刊）した研究者としても知られています。発生学者でしたが，少々気の短い先生でした。大学院の講義では，最先端の学術論文を講義回数×学生数分（9名程度）用意されて選択させ，発表させられました。1回の講義で3～4名ずつ当たるので，2週間に1回は論文発表するという，結構大変な授業でした。前述の岡田節人先生の1970年代になってからの服装はかなり目を引くものだったので，学会の折りに林先生にどのように思われているかお聞きしたことがあります。その時「岡田君は服装で注目されることによって，研究面では決して失敗は許されないと自分を律しているのだ」と話され，一流の研究者としての姿勢の一端を教えて下さいました。

(9) 江口吾朗（1933-）元熊本大学学長・同名誉教授。イモリの眼のレンズ再生過程を電子顕微鏡で詳細に観察して多くの発見をされ，動物学会賞を受賞されました。「はじめに現象ありき」がモットーで，講座は違いましたがその薫陶を受けました。岡田節人先生とともに，細胞の分化転換を発見・証明されました。ペン画の名人であり，論文に掲載された組織図の美しさは，それだけで高い評価を得られていました。また，お節料理の名人でもあります。

(10) 緋田研爾（1928-2006）北海道大学名誉教授。名古屋大学大学院博士課程時代にウニの受精研究で研究指導を受け博士の学位につながりました。ウニ卵の受精研究の中で，精子が卵表面に接着する（sperm-binding）という概念をはじめて提唱された方です。先生と一緒に行った「精子結合タンパク質」（精子と結合する卵側のタンパク質）の精製に不十分さがあり，最終的に外国の研究者に主導権を奪われてしまいましたが，その概念の正しさは，その後の同分野の発展で示されて

います．しかしながら，緋田先生の名前が日本人研究者からも出てこないのは残念なことです．

(11) 富田英夫（1931–1998）名古屋大学元教授．自然界で発生するメダカの突然変異体を，北は青森から南は九州までひたすら追い求められ，100種類近い突然変異体を収集され，その遺伝様式を明らかにされようと地道に研究を続けられました．一日の行動は判で押したように正確であり，ルーズな私には驚きのみでした．先生の集められたメダカの突然変異体は，今は，「トミタコレクション」と呼ばれ，世界のメダカ研究者に提供されています．私は，大学院修士課程の2年間，富田先生の研究室で過ごしたので，「遺伝的背景のわからない実験動物を使って何がわかる」と研究室の中ではよくおっしゃっていたのを覚えています．その時代は，先生のお仕事を理解しようとする雰囲気は少なかったので，悔しい思いをされていたのだと思いました．

(12) 中埜栄三（1922–1999）　私が進学したときには，先生は動物学第二講座の入る建物ではなく，理学部のグランド隅にある東山放射性同位元素総合研究室という小さな建物に移っていらっしゃいました．先生は，一人でもわが道を行くというタイプの方で，周りから何を言われようと平然とされているように見えました．先生の大きな功績は，上述の総合研究室を，段階を経ながらアイソトープ総合センターへと格上げされたこと，そのセンター長として運営に貢献されたこと，合わせて，メダカ系統保存のため，理学部附属淡水魚類系統保存実験施設の新設にも尽力されたことです．その後，その施設は名古屋大学全学機構の生物分子応答研究センターへと発展しています．

(13) 小笠原昭夫（1931–）動物学第二講座の出身．高等学校の教員を勤めながら日本野鳥の会の会員として活躍されていました．

(14) ヨタカ（夜鷹）．夜行性の鳥類で夜に餌を採るなどの活動をするので，江戸時代は遊女の一部を「夜鷹」と呼び，その言葉が昭和の時代にも残っていました．

(15) 海外出張のこと．私たちが1965年4月に修士課程に進学した最初の年は，私たち新入生とはほとんど接触らしきことがない中，山本先生は5月に海外出張に出かけられました．しかも，6月に帰国されて4カ月後の10月から翌年の2月までの4カ月間，再びアメリカに出張されましたので，修士課程1年間で山本先生と接触できたのは，正味3カ月程度だったと思います（自筆年譜参照）．今の時代と比べ，如何に寛容な時代だったかがわかります．

(16) 山本時男先生がニューヨークから持ち帰られたアルビノ金魚（1967年4月16日付の中日新聞に掲載）．

第I部　メダカ先生の教え子とメダカ研究

参考文献

[1] 山本時彦　メダカ博士山本時男の生涯―自筆年譜から―　*Bull. Nagoya. Univ. Museum*, No. 22, 2006.（本書第III部第3章の資料1に再録，pp. 226-284）

[2] 木戸哲二・鬼武一夫　金沢大学理学部附属能登臨海実験所年報，9号，1966.

[3] 山本時男　魚類の受精生理，團勝磨・山田常雄共編「発生生理の研究」，培風館，1958.

[4] Okazaki R., Okazaki T., Sakabe K., Sugimoto K. & Sugino A.: Mechanism of DNA replication possible discontinuity of DNA chain growth. *Jap. J of Med. Sci. & Biol.*, 20, 1967.

[5] Hatano S. & Oosawa F.: Isolation and characterization of plasumodium actin. *Biochimi. Biophys. Acta.*, 127, 1966.

[6] Yamamoto T. & Onitake K.: A preliminary note on methylandrostenediol-induced XX males and reduction of anal fin-rays in the medaka *Oryzias latipes*. *Proc. Jap. Acad.*, 51, 1975.

[7] 鬼武一夫　卵と精子の相互作用，日本動物学会編「現代動物学の課題4　卵と精子」，東京大学出版会，1975.

[8] Onitake K.: Morphological studies of normal sex-differentiation and induced sex-reversal process of gonads in the medaka, *Oryzias latipes. Annot. Zool. Japon.*, 45, 1972.

[9] Iwamatsu T. & Onitake K.: On the effects of cyanoketone on gonadotopin- and Steroid-induced in vitro maturation of Oryzias oocytes. *Gen. Comp. Endocrinol.*, 52, 1983.

[10] Iwamatsu T., Onitake K., Oshima E. & Sugiura T.: Requirement of extracellular calcium ions for the early fertilization events in the medaka eggs. *Develop. Growth & Differ.*, 27, 1985.

[11] Onitake K. & Iwamatsu T.: Immunocytochemical demonstration of steroid hormones in the granulosa cells of the medaka, *Oryzias latipes. J. Exp. Zool.*, 239, 1986.

[12] Iwamatsu T., Takahashi S. Y., Oh-ishi M., Nagahama Y. & Onitake K.: Induction and inhibition of in vitro oocyte matsuration and production of steroid in fish follicles by forskolin. *J. Exp. Zool.*, 241, 1987.

[13] Iwamatsu T., Onitake K., Oshima E. & Sakai N.: Oogenesisi in medaka *Oryzias latipes*—stages of oocye development. *Zool. Sci.*, 5, 1988.

[14] Matsuda M. & Onitake K.: Fertilization of newt coelomic eggs in the absence of jelly envelope material. Roux's Arch. *Dev. Biol.*, 193, 1984.

[15] Iwamatsu T., Onitake K., Yoshimoto Y. & Hiramoto Y.: Time sequence of early events in fertilization in the medaka egg. *Develop. Growth & Differ.*, 33, 1991.

[16] Iwamatsu T., Nakashima S., Onitake K., Matsuhisa A. & Nagahama Y.: Regional Differences in granulosa cells of preovulatory medaka follicles. *Zool. Sci.*, 11, 1994.

[17] Iwamatsu T., Onitake K., Matsuyama K., Satoh M. & Yukawa S.: Effect of micropylar morphology and size on rapid sperm entry into the eggs of the medaka. *Zool. Sci.*, 14, 1997.

[18] Saiki A. & Onitake K.: In vitro spermatogenesis in *Oryzias latipes*. *Develop. Growth & Differ.* 32, 1990.

[19] Onitake K., Katowgi J. & Saiki A.: In vitro spermatogenesis and flagella growth from the medaka, *Oryzias latipes*, primary spermatocytes. *Zool. Sci.*, 7, 1990.

[20] Saiki A., Tamura M., Matsumoto M., Katowgi J., Watanabe A. & Onitake K.: Establishment of in vitro spermatogensis from spermatocyte in the medaka, *Oryzias latipes*. *Develop. Growth & Differ.*, 39, 1997.

[21] Abe S-I.: Differentiation of spermatogenic cells from vertebrates in vitro. *Int. Rev. Cytol.*, 109, 1987.

[22] Tamura M., Yamamoto H. & Onitake K.: Cloning of protamine cDNA of the medaka (*Oryzias latipes*) and its expression during spermatogenesis. *Develop. Growth & Differ.*, 36, 1994.

[23] Sasaki T., Watanabe A., Takayama-Watanabe E., Suzuki M., Abe H. & Onitake K.: Ordered progress of spermiogenesis to the fertilizable sperm of the medaka fish, *Oryzias latipes*, in cell culture. *Develop. Growth & Differ.*, 47, 2005.

[24] Abe S-I.: Meiosis of primary spermatocytes and early spermiogenesis in the resultant spermatids in newt, *Cynops pyrrhogaster*. *Diffrentiation* 20, 1981.

[25] Abe S-I. & Asakura S.: Meiotic divisios and early-mid-spermiogenesis from cultured primary spermatocytes of *Xenopus laevis*. *Zool. Sci.*, 4, 1987.

[26] Miura T., Yamauchi K., Takahashi H. & Nagahama Y.: Human chorionic gonadotropin induces aoo stages og spermatogensis in vitro in the male Japanese eel (*Anguilla japonica*). *Dev. Biol.*, 146, 1991.

[27] 岩松鷹司　新版 メダカ学全書　大学教育出版　1997.

第2章

會田龍雄先生と山本時男先生を回顧して

竹内 哲郎

はじめに

　私の恩師であった會田龍雄先生（図1）と山本時男先生は，若輩の私に身に余る慈しみをもって研究指導のみならず，私的なことまでも直かに助言をし続けて下さいました。お二人の先生との過ぎし日々を回顧する年齢となり，この機会に両先生とのお付き合いの思い出を回想するまま，断片的ながら記しておくことにし，一個人の記録として残したいと思います。

両先生を紹介した記事

　最初に両先生のことを記載した記事を集め纏めたので紹介します。會田龍雄先生を紹介した最初の記事は，北隆館の雑誌「遺伝」3月号

図1　會田龍雄先生　67歳（1937年写）
　　芳子様より戴いた写真

(1950)に登載されている松村清二・小林佐太郎氏の「訪問記　メダカと會田先生」と山浦篤氏の「魚類遺伝学研究の先駆者會田先生のこと」です。その後山本時男先生は裳華房の雑誌「遺伝」10巻7月号（1956）に「メダカの遺伝の父・會田龍雄先生」を，12巻2月号（1958）に「會田龍雄先生を憶う」を載せ，龍雄先生が永眠された後，1968年同誌の22巻1月号に先生の研究・略歴・風格，学風と趣味を記載した追悼文を「會田龍雄先生」と題して掲載されました。また，龍雄先生没後まもなく駒井卓先生が「遺伝」12巻2月号に「會田龍雄氏逝く」を，*Science*, vol. 127（1958）に「Tatuo Aida, Geneticist」を投稿されています。

　両生類遺伝研究で高名な元広島大学学長川村智二郎先生は財団法人日本科学協会発行の雑誌「採集と飼育」―日本の文化につくした生物学者シリーズ―の執筆に際し，龍雄先生の子息會田雄次先生（元京都大学教授）と時男先生の子息山本時彦氏に直接会って取材され，拙宅にも2, 3度お出でになり，龍雄先生に関する資料を参考にされて「メダカの遺伝での先駆者會田龍雄先生」を同誌の47巻10号（1985）に記載されました。山本時男先生については名古屋大学を退官される折の「山本時男教授記念論文集」（1969）の巻頭に直接先生から指導を受けられた弟子の菱田富雄先生（朝日大学名誉教授）が時男先生の略歴を執筆されています（菱田，1969）。更に特筆すべきは，時男先生のご子息山本時彦氏が先生の直筆備忘録から「メダカ博士山本時男の生涯―直筆年譜から―」を名古屋大学博物館報告 No. 22, pp. 73–110（2006）で公表されたことです。備忘録は先生の誕生（1906）から1969年3月31日（自筆終わり）まで，年・月・日ごとに箇条書きで記載されています。末尾には時彦氏が山本家の人々（父のルーツ），結婚から終戦まで，戦争が終わって，中日文化賞受賞とテレビドラマ「メダカ先生」，父と音楽，東洋レーヨン科学技術賞受賞の前後，名古屋大から名城大へ（年譜以後）そして晩年を「父の想い出」と題して付記されています。

龍雄先生と初の出会い

　私が高校3年生（1950年）のとき，北隆館発行の雑誌「遺伝」3月号の「訪問記　メダカと會田先生」（松村・小林，1950）を読み，龍雄先生の研究に

第Ⅰ部　メダカ先生の教え子とメダカ研究

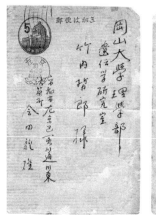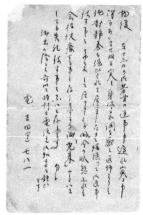

図2　會田龍雄先生からいただいた最初の葉書（裏面は芳子さん代筆）

感動し心が躍る思いがしました。将来生物学を勉強しようと心に決めた瞬間でした。卒業後地元の大学へ進学しましたが，思いが断ち切れず在学2年次のとき決心して大学を中退し，改めて岡山大学生物学科の2年次生に編入学しました。岡山大学遺伝学教室には京大出身の山根仁文先生（当時助手）がおられ同郷の馴染みで，會田先生のご住所を調べていただくよう依頼したことを覚えています。大学3年次生の春（2年次25名の同期生は医学部へ転部し，生物学科に残ったのは2人だけでした），意を決し會田先生に手紙を差し出しました。先生から上洛するよう返事を戴き（葉書の裏面は息女芳子様代筆：図2），学割切符で夜行の鈍行列車に乗り會田先生宅を訪問したのは1954年5月16日でした。初めての京都に朝早く到着し，先生宅を確認するため京都駅から左京区秋築町まで歩き，入り込んだ路地をうろつきながらようやく先生のお宅を確認し安堵したこと，約束の時間までを平安神宮周辺で過ごしたことを鮮明に覚えています。

　先生宅の応接間で初めてお会いした先生は優しく私を迎えて下さいました（図3）。私も不思議なほど緊張感がなく率直に先生と話ができました。先生は洛北で採集されたLight-blue（後に竹内はGrayと命名）メダカとWhiteメダカの交配によるとF_2でBrown, Blue, Light-blue, Red, Whiteの体色の異なる4種類が分離することを見出されました。これは「色消し因子 ci (color-interferer)」によるもので，この結果を発表する予定の会（1951年の京都談

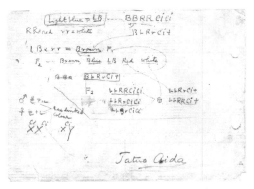

図3　書斎西側の紅鉢の前で（會田先生82歳）

図4　會田龍雄先生が私に説明された時のメモ用紙（1954）。お願いして先生のサインをしていただいた。

話会）は体調を崩して未発表に終わったと話されて，私の研究テーマとして最初から再実験を行なってはと提案されました。先生は終始私が理解できるように要点をメモ用紙に書き記して説明されました（図4）。私からは先生の研究で Genetics に記載された Fused (Aida, 1930) についてお尋ねすると，先生は現在も飼育水槽に系統を保存しており，Fused には椎骨癒合の程度によって体長に差があることを話され，私が興味を示すと，色消し因子の研究と合わせて Fused の研究もやるよう勧められました。雑談の中でメダカも生き物，絶えず細心の注意を払い心がけてメダカを飼育するように，また遺伝を研究する者は忍耐と努力そして緻密な観察，観察を通して生れる疑問を大切にすること。研究は時間をかけ，決して成果を急がないことが肝心ですと諭すように話されました。今思えばこの言葉は先生が生涯貫いてこられた研究生活の神髄であったと思い，私に示された大切な教訓として今日まで心の支えとして，何時も思い出しています。私は岡山へ出た当初から先生の論文を探しました。岡山大学の図書館に先生の論文を掲載した Genetics 誌のバックナンバー (Aida, 1921; 1930; 1936) がなく，時間を割いて倉敷市の大原農業研究所（現在の岡山大学資源生物科学研究所）の付属図書館に幾度となく通い先生の論文を見つけ，手書きで論文を写し，辞書を引き引き読んでいた

ことが先生の話を聞き理解するうえで大変役立ちました。最後にこのことを話すと先生も笑顔で喜んで下さいました。

　気が付けば正午を過ぎていて2時間の対話が短く感じられ，慌てて御礼を申し上げ座を立とうとした時，先生の奥様が皿に盛った寿司を運んで下さり，先生と一緒に戴きながら雑談しましたが，私はその時，食べ物が喉につかえる思いだったことを記憶しています。食後に庭の飼育場を案内していただき再度訪問を約束し帰途につきました。これが先生に直接会った最初の日のことでした。

　大学在学中の若造が学士院賞受賞者で世界的にも高名であり，高校教科書に先生の限性遺伝の法則が載るような方に臆しもせず接したことは，今から思えば若さとは言え無謀な体験であって，冷や汗を掻く思いは現在に至っても続いています。初対面のこのとき私は22歳，先生の年齢は83歳でした。

2回目の訪問

　初めてお会いして1ヵ月後，龍雄先生の息女芳子さんの代筆による葉書をいただき，上洛し研究に必要なメダカを持ち帰るよう連絡が有り，大学の授業を欠席して2回目の訪問を果たしました（1954年6月27日）。先生はご高齢で血圧が高く健康に留意される日々でしたが，当日は体調が良く私を迎えてくださいました。メダカを戴いて直ぐ失礼するつもりでしたが，先生自ら応接間に招き入れて下さり「今年でメダカの飼育を中止するので，必要なメダカを可能な限り岡山へ持ち帰り系統保存をするように」と先生から言葉がありました。そして既に名古屋大学の山本時男先生には所望された系統はお譲りしているが「万が一の場合を考えて2ヵ所に保存すれば安心だ」とおっしゃって「山本さんには君を紹介しておくので機会が有れば先生に会うように」とご配慮の助言をいただきました。この日はメダカの移譲に際して，系統それぞれについて説明を受けましたが，先生の最後の研究であった「色消し因子 ci」については納得できない幾つかの不明の点もあるので是非，再実験をするよう強く指示されました。その外Y染色体の交叉，限性遺伝，性転換の説明，更にはC. KosswigとÖ. Wingeの性染色体研究（Winge, 1923; Kosswig, 1964）についても併せて紹介がありました。

当日岡山へ持ち帰った系統は Gray（$BBRRcici$），White（bbX^rX^r, bbX^rY^r），Fused, Brown（野生型），Red-variegated（$B'B'R\,R$），White-variegated（$B'B'r\,r$）と1951年に時男先生が會田先生を2回目に訪問された折，提供されたd-rR系統（bbX^rX^r, bbX^rY^R）の7系統でした。持ち帰るに当たって戸惑いがありました。一つは次年度の卒業論文の指導教官が未定で飼育許可をどの教授にお願いしたらよいのか。結局，生物学科長の川口四郎教授と遺伝学教室の大倉永治教授のお二人に相談しお願いすることにしました。二つ目は現在のようなビニール袋が当時は無く，用意してきたブリキ板容器（直径10cm，高さ30cmの円筒容器を6本持参していました）に入れたメダカが6時間の鈍行列車に耐えられるかどうか心配しました。万が一のことを考え龍雄先生にお願いし，水槽の各系統のメダカは半数残し日を改めて再度運搬することにしました。メダカを持ち帰った翌日川口，大倉両教授にお会いし，今までの事情を話し大学構内でのメダカ飼育の許可を得ました。また大学の卒業研究はメダカを使用したい旨を話し，両教授は快く了承され，遺伝学教室前の温室を使用することも許していただきました。私の研究生活の第一歩はこの日から始まりました。

山本時男先生との出会い

龍雄先生から山本時男先生に機会を見て会うよう助言をいただいて以来，少しでも私の研究の見通しがついてからお目にかかった方が良いのではと思案しつつ延び延びになっていました。1955年（昭和30）10月岡山大学で第26回日本遺伝学会が開催され，私の大学卒業1年目は専攻科生として学会準備の手伝いをしていました。参加される先生方を駅から宿舎まで案内する係で，山本先生も駅でお迎えすることになりました。大会前日の17日午後4時頃，駅出札口で先生を見つけて片手を上げて合図をすると，時男先生は頷きながら私に近づき，私の肩をポンと叩き「君は竹内君かね！」と声を掛けていただきました。タクシーに乗り，県の宿舎「大和荘」へ案内し，宿舎の2階で改めて時男先生にご挨拶すると，先生は「君のことは會田さんから聞いているので，いずれゆっくり話をしよう」と話されました。残念ながらお会いした時どのような会話をしたか覚えていませんが，早々に失礼し宿舎

を後にしました。

　私にとって忘れることのできない思い出は，翌年の1956年10月に富山で開催された日本遺伝学会第27回大会に初めて参加し研究発表をした（竹内，1964）時のことです。発表会場の前列の座席に時男先生が座り，私の発表を聞いておられました。事前に発表練習を重ね自信をもって臨んだつもりが，目の前の先生が気になり緊張をしたことを覚えています。昼食時先生から声がかかり，会場の食堂で一緒に食事を摂り「最初の発表にしては，まあ〜まあ〜だわね」と評価され，その後で二，三のことを注意していただきました。先生の誘いで夕食は町へ出て，赤提灯のかかった露店の屋台で，先生と二人で酒を酌み交わしながら話に花を咲かせました。時男先生は終始秋田弁でお話しになり，私は失礼を顧みず幾度となく聞きなおす様でした。話は多岐に亘り，今までに會田先生のお宅へは5回訪問されたこと，4度目は4月に龍雄先生の所から♂♀ともにXX型の系統，色消し因子 ci の系統を譲り受けて名古屋に移し，系統保存をしていることや，「竹内君のことは會田翁から聞き及んでおり，メダカの研究を共に頑張ろう」との言葉もあり，會田，山本両先生お二人が私へ示される心遣いに胸を熱くしました。話は龍雄先生の研究に対する態度や時男先生が進められているメダカの性転換の話など，更にはヒトの性転換の話に転じて，男性から女性になったヨルゲンセン軍曹の話，ヤコペッティのイタリア映画「世界の夜」の中で男性から女性に性転換してダンサーになった人物（いわゆる性同一性障害）の話にまで及び，先生の巾広い話題に驚きました。酒の酔いもまわり店を出たのは11時

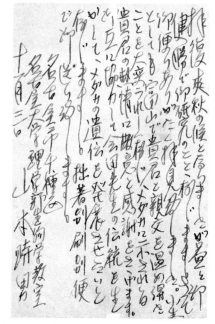

図5　山本時男先生からいただいた最初の葉書（1956年11月3日）

を過ぎていました。富山から帰宅して礼状を差し出した後日に，先生から「拝復　爽秋の候となりましたが益々と御健勝で御研究のことと存じます。さて御便りありがたく拝見致しました。小生としても富山で貴君と親交を温め得たことを大変うれしく存じ，メダカに示される貴君の熱情に敬意と感謝をささげます。御互に協力して會田先生の伝統を生かして，メダカの遺伝を発展させたいと存じます。拙著別刷別便で御送り致します」という文面で，時男先生からいただいた初めての葉書で，現在も私の宝としてこの葉書を保存しています（図5）。これが2回目の時男先生との出会いでした。

名古屋大学を訪問

　富山で先生にお会いして以来，数通の書状をいただきながら，先生にお目にかかるチャンスがありませんでした。富山から1年経過して9月（1957）にいただいた先生の書状に「會田さんからいただいた色消しメダカが絶えたので数匹持参して欲しい」との要望があり，Gray（*BBRRcici*）メダカを持参し9月21日名古屋大学の飼育場をはじめて訪問しました（図6）。その時富田英夫さん，竹内邦輔さん，そして小川典子さん3人の迎えを受け，暫くの間，互いが進めている研究の話をした後，富田さんの案内で飼育場を見学し

図6　最初の名古屋大学訪問時の山本時男先生（1968年竹内撮影）

第 I 部　メダカ先生の教え子とメダカ研究

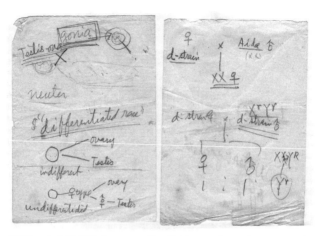

図 7　山本時男先生の d-R 系の説明メモ（1957 年 9 月 21 日）

ました。この日，時男先生から d-R 系メダカの作成過程と性転換の仕組みについて詳しく説明を受けて，d-R 系メダカの分譲を受けて持ち帰ることにしました（図 7）。夕方には先生お勧めの小料理店を目指して，時男先生と一緒に坂道を下って今池まで歩いたことを覚えています。店ではざっくばらんな会話に終始しました。思い出すのは，趣味のこと，欧米人は色感覚が日本人と異なるので緋メダカは Red ではなく Orange-red と表記しなくてはとか，メダカの体色を忠実に表現する撮影方法に苦心しているとか，メダカの餌の作り方，メダカの麻酔方法などの話で，多岐に亘って話題が続きました。私はメダカへ餌として何を与えたら良いか作り方に自信がなく先生に尋ねたところ（当時は市販の餌が無かった），先生の餌は，焙煎小麦の粉と，乾燥糠エビの粉末それに抹茶と粉末寒天を加えて混合したものを与えていると教えていただきました。なるほど栄養的には申し分がないと思いましたが，なぜ粉末寒天を加えるのかを尋ねると「メダカが便秘しないよ…アハハ」と笑われました。この餌は先生が独自に考案されたもので，後日処方・成分表・カロリーを記した手紙を送っていただきました。私も毎年母から鳥取市の湖山池産（淡水）の糠エビを送ってもらい，餌作りをし，先生の処方に従って長年この餌でメダカを飼育しました。

　当時メダカを実物大に撮影し，体色を忠実に表現するのは大変な技術を要

しました。先生も実感されているようでした。その頃は精巧なデジタルカメラもなく，レンズ口径がせいぜい1.5cm程度で，ピント合わせも手動で，ファインダーは一眼レフでなく，撮影した写真は被写体の像がずれると言う代物。ましてや富士やコニカフィルムでは色の再現性が悪く撮影には困難を極めました。私は独自の方法を考え，ようやく出始めたアメリカ製アンスコフィルムで撮影し，何とか被写体の色に近い写真を撮ることができるようになっていたので，先生にその方法をお教えしました。後日 Gray, Blue, Light-blue, Orange-red, White の写真をお送りし，時男先生からお褒めの手紙を戴きました。私から先生の趣味をお尋ねしたとところ，先生は岩石や貝の収集家であることが判りました。私には無用の長物である南極の石を知人のスウェーデン人から戴いていて，先生に話すと大変興味を示されました（いつか機会を見て先生に進呈することを決めました…後述）。この年（1957）は日本の南極第1次越冬隊が「宗谷」で出港し「昭和基地」が開設された年で，国内では大変話題になった年でした。

　岡山と富山でお会いした時は先生の顎には長い髭はなかったと思っていましたが，名古屋でお会いした時は髭が伸び先生の風格を感じました。先生は懐から手帳を取り出し，俳句の2句を披露して下さいました。私は箸袋に書き写させていただきました。

　　　　　ちとせふる　松に風なし　石手寺
　　　　　浮きしずみ　メダカと　ともに　この日まで　　　　苔　水

時男先生が俳人であることに胸打たれる思いと，私も将来に亘って「メダカとともにこの日まで」でありたいと心に誓ったひと時でした。時男先生は帰り際に「c_i因子の研究は君に任せるので，徹底的に研究を続け頑張ってほしい」と仰って下さいました。

その後の會田先生と私

　會田先生から戴いたメダカは持ち帰った翌日から産卵し，多くの稚魚が順調に生育しました。翌年には系統保存用と実験用のメダカに分けて飼育し，

特に先生からの系統は細心の注意を払って飼育を続けました。1955年の卒業論文のテーマは「椎骨異常メダカ（Fused）と正常メダカの比較」にすることを考えていて，メダカの脊椎骨の椎体が正確に測定できる方法を暗中模索していました。Spalteholz 法による透明標本も試みましたが，思い通りに行かず，最後に思い切って決断し，超軟 X 線装置（SOFTEX，小泉製作所製，東京）と新たに発売された顕微鏡に取り付け専用のカメラを購入しました。SOFTEX で写したフィルムを写真用紙に拡大焼付けをして，見事に椎骨異常と椎体数を計測することができました。一方龍雄先生が Gray メダカと Brown の交配による F_2 のメダカの体色と分離比に疑問を感じておられたので，疑問を解くため実験室で夜遅く Gray メダカの鱗を顕微鏡で観察していた時のこと，偶然に xanthophore と melanophore の色素細胞の他に白色の大きな色素細胞が存在することを発見しました（後に leucophore であることが判りました）。これは顕微鏡の下からの透過光では観察しにくいですが，上からの光で鱗が反射して白く見えることが判りました（天井からの室内光が影響していました）。この日は夜を徹して，顕微鏡に直下からの透過光と斜めから直接光を同時に当て，光を調節しながら各種の鱗を撮影しました。現像所からフィルムが返る1週間は途轍もなく長く感じたことを覚えています。早く龍雄先生に報告したく，差し出した葉書の返事が来るのも，また長

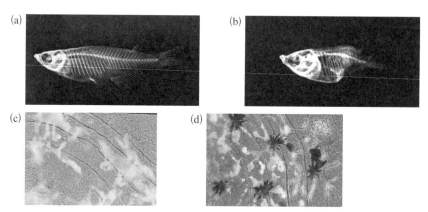

図8　(a) 正常メダカおよび (b) Fused メダカの X 線写真，(c) Cream と (d) Light-blue メダカの白色素胞。會田龍雄先生に報告した時の写真（実物は先生に差し上げた）。後日コピーした写真を提示している。

く感じました。FusedのX線写真数枚と鱗のカラースライド18枚を持って急いで上洛したのは5月某日（1956）でした（図8）。龍雄先生は広い座敷で布団を敷いて休んでおられましたが，今回の経緯を話し，説明を加えながら持参の写真を見ていただきました。先生は書斎からルーペを持ち出すよう命ぜられ，床から体を起こし，そのルーペで克明写真を見ておられた情景は今でもありありと記憶に残っています。龍雄先生は「そうか，なるほど」「うんうん」と言葉を発せられ満足された様子でした。ご家族の話では先生の体調は日によって異なり，当日は比較的体調の良い日であると伺い，私にとっても最良の一日でした。龍雄先生

図9　1956年，會田先生86歳。逝去される1年前に居間で写す。

はこの日も改めて色消し ci 遺伝子の研究とFusedの研究を続けるようにと要望されました。ご家族の配慮でこの日は泊めていただくことになり，ご家族と団欒の時を持ち，私の家族や郷里のこと，大学生活のことなどを話した記憶があります。先生に就寝のご挨拶に居間に行くと週刊朝日に掲載された獅子文六の小説「大番」を読んでらっしゃいました。その時ご家族の了解を得て写した写真は先生の生前最後の写真となりました（図9）。

その後の時男先生と私

　私は大学卒業後理学部に併設されていた1年制専攻科を修了し，そのまま副手（無給）を6年続けました。余談ですが下宿代も払えない状態で研究の傍らアルバイトをすることにし，地元名士の紹介で，岡山市内の小六農機具店の3人の子供の勉強と遊び相手をすることが条件で，週2回出向きました。3人の子供は小学6年の男の子，小学3年の女の子，下が幼稚園前の男の子で，勉強よりもゲーム，工作や空想画を描くことなどが中心でした。因みに

長男の誠一君とは今も交流を続けており，下の礼次郎君（奥様は歌手・俳優の倍賞千恵子さん）は作曲家・編曲家として名を馳せています。

　私の副手時代はこの3人のお父様から多大な援助を受け研究生活を支えていただきました。この間は名古屋大学に幾度となく訪問しました。また動物学会と遺伝学会には毎年参加することを心がけていました。発表も然ることながら，山本先生にお会いできるのが楽しみでした（竹内，1964，1965）。

　1957年12月16日私の心の支柱であった龍雄先生が永眠されました。翌年の2月15日付の時男先生からの書状には「…會田先生が遂に永眠され，小生としても精神的支柱が無くなった様な気持ちですが，先生の残された業績は永久に光を放つでしょう。四十九日に上洛された由，誠に結構でした。小生もその内上洛致し，御位牌を礼拝しに参りたいと存じて居ります。…尚先生の使用された紅鉢が約90個ある由のことは御遺族の方からも伺って居り貴君の方と半分づゝを譲り受けたいと申しておきました…」とあり，時男先生のご尽力で先生の貴重な遺品である紅鉢40個が4月初めに自宅に届きました。大学では飼育施設が十分でなく，また夜半の雨には大学へ駆けつけるという状態であったので，良い機会と思い，指導教官であった大倉教授に了解を得て，この際メダカの半数を大学に残し自宅に飼育場を整備して系統保存と交配実験を継続することにしました。

　時男先生は會田先生の要望で6度目の上洛（1956年1月15日）の折，龍雄先生所蔵の外国雑誌の処分方の依頼を受けておられました。先の同書状の中に「…尚 Bibliographia Genetica の方は当方でも二，三の所に当たって居りますが，見込みがつかず困って居ります。モーガンやゴールド・シュミットの力作ものって居ることでもあるので，非常に価値のあるものです…」とあり川口先生に岡山大学で購入していただく様交渉して欲しいという要望があり，早速川口教授と大倉教授に事情を話しお願いしました。なお時男先生には両教授に依頼状をお願いしました。当初は不可能な状況でしたが，川口先生が交渉の労を執られ岡山大学中央図書館が初号から戦前までの同雑誌を6万5千円で購入しました。會田先生の息女芳子さんは長年結核性カリエスでご家族の心配事でした。龍雄先生は雑誌の処分で芳子さんの治療費の捻出を考えておられたと思われます。芳子さんはその後京都大学付属病院で手術を受け全快され，生活に支障ないほど回復されました。雑誌の処理終了後，時

男先生から雑誌移譲の経緯を記した礼状を受け取りました。

　研究が軌道に乗ったとき，私は突如肺結核を発病し1958年国立岡山病院に入院し右肺上葉を切除して，9カ月間入院しました。春に結婚したばかりの妻に指示し自宅のメダカの管理を任せました。時男先生，會田雄次先生と芳子さんからは幾通もの見舞いの手紙をいただき大変励まされました。メダカが生存している限り再起し一から研究を続けることを心に決めつつも，一番辛い時でした。1963年4月副手を辞退し，地元の山陽女子高等学校に就任したため，時間的制約があり研究に不安がありましたが，龍雄先生からの教訓「忍耐と努力，時間をかけ研究の実行」を想い研究生活のスタイルを変えました。

　1967年8月9日付で時男先生から葉書をいただきました。その文面は「酷暑の砌，暑さにめげずメダカの飼育研究に精を出しているとのこと同学の士として喜んで居ります。貴君の御仕事のことについては川口兄からも頼まれて居り，またチョコチョコした研究を発表することなく，会田先生の探求精神で，ジックリ腰を落ちつけて研究されている事はよく知っています。実験結果について，いささか助言出来るかも知れません。私も元気で，この暑さの中で，研究や系統保存に微力をつくしています」この葉書は孤独で研究を続けている私には言葉に表せない希望の光でした（図10）。

　話は前後しますが，名古屋大学を初めて訪問し，名古屋今池の「〆星」で先生と酒を交わしたとき，先生は岩石や貝に趣味を持たれ蒐集されていることを思い出し，南極の石を所望かお尋ねしたところ，是非にということで先生の自宅へ送りました。1961年にスウェーデン聖約基督教団の努力で岡山に日本聖約キリスト教団が設立され，来日した宣教師の責任者であったクリスチャンソン師が岡山に滞在されていました。縁あって知り合いとなり，のちに高校に短大が設立され，勤務していた短大へ宣教師の一人を非常勤講師として迎えるためお願いをしたり，来日中の宣教師の住宅をお世話した関係で，教団との繋がりを持っていました。1967年6月スウェーデンの教団の招きでストックホルムに行った折り，一時帰国されていたクリスチャンソン師とご家族から南極の石を戴いて帰りました。はっきりしませんが石の由来はスウェーデンの南極調査隊が持ち帰った石の一つと思われます。何時採集されたかは判りません。この石と一緒に唐かむり，花まるゆきとフズリナの

第Ⅰ部　メダカ先生の教え子とメダカ研究

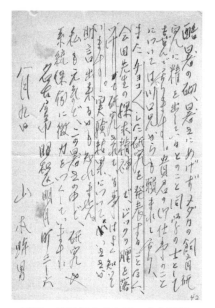

図10　1967年8月9日，山本時男先生からの励ましの葉書

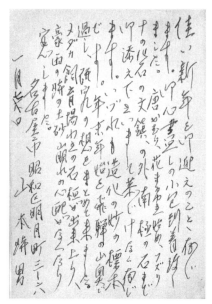

図11　山本先生からの貝，化石等の受領の礼状

化石が詰まった石の文鎮を先生にお送りしました。これ等貝と文鎮は私の兄が戦病死した後，遺品を整理した時，たくさんの蒐集品が出てきて，両親は全て廃棄するつもりでしたが，私は数点を譲り受けて保管していた物です。先生は何れも造花の妙の標本と大変喜んでいただきました（図11）。後日，先生からは信楽焼の茶褐色の見事な水盤をお返しに戴きました。室内で色メダカを観賞するには最も適した焼き物で，今は先生の遺品として大切に保管しています。

龍雄先生の逝去とそれ以後のこと

「謹啓　父　龍雄儀八十七才の天寿を全うして去る十二月十六日死去致しました　尚　故人の固い意志によりまして葬儀は近親のみ相より十二月十七日自宅に於て相済ませました　ここに生前の御厚誼を謝し　謹んで御挨拶申し上げます　敬具　昭和三十二年十二月十七日」龍雄先生逝去の報告の葉書

第 2 章　會田龍雄先生と山本時男先生を回顧して

が遺伝学教室の私宛に届きました。私は言葉も出ない衝撃を受け呆然としました。その夜自転車で岡山中央郵便局に行き弔電を打ち，翌日弔辞と合わせて先生の臨終の様子をお尋ねする手紙を差し出しました。先生が亡くなられて10日後（12月27日）に芳子さんから返書を戴きました（図12）。「御鄭重なる御弔電を今亦御真情あふれる御弔詞をいただきまして一同感涙にむせんでおります　八十七という天寿を全うしたのですから何も申すことはないのでございますが子としての欲目からもう暫らく生きていてほしかったという気持は仲々捨てきれません　しかし父もメダカの研究の後継者に山本先生やあなた様を得て本当に幸せでございました，この一ヶ月前案じていたぜんそくが出はじめ強い発作は注射で止めていましたからわかりませんでしたが，呼吸が苦しく今度は食欲が次第になくなり今度こそは駄目だと申しておりました。色々治療に手をつくしてもらいましたが奇蹟は起らず最後は眠ったまゝいつ呼吸が止まったかもわからない程安らかな，美しい死でございました　水ばかりしか喉に通らなくとも死の前日まで新聞には目を通しておりました，封書にて御礼状差上げねばならないのですが，まだ何かと取りこんでおりますまゝ葉書で失礼ながら御礼御挨拶申上げます　何とぞ御身御慈愛遊ばしまして御過しの程お祈り申上げます」とあり，先生ご臨終の前後の様子が詳細に書かれ

図12　會田先生の臨終に至る様子が示された芳子さんからの葉書（1957年12月27日）

図13　常光院に在る會田龍雄先生のお墓

ていました。

　龍雄先生にお会いして4年間，期間は短くても誠心誠意，慈しみをもって61歳も開きのある私を孫のように愛し，指導して下さった先生。先生に甘え我儘なお願いばかりした私でありました。年が変わり2月2日上洛し先生の四十九日の法要で位牌と対面し，先生が残されたメダカの系統保存を私は終生続けることを誓いました。先生の戒名は「龍祥院眞譽光瑞理照居士」，お墓は左京区岡崎　金戒光明寺（通称黒谷）山内　常光院（幕末に会津藩の本陣が置かれた寺）の裏山に在ります（図13）。龍雄先生亡き後もご家族との交流は現在も続けています。先生のご子息雄次先生は当時京都大学人文科学研究所の教授をされ，専門はイタリアルネッサンス美術史を中心とする西洋文化史ですが，辛口の論調の評論家でもありました。著書『アーロン収容所』に始まり『日本人の意識構造』『決断の条件』などなど絶筆の『たどり来し道』までの十数冊は出版の度に送って戴きました。また会う毎に龍雄先生の生前の様々な逸話を語って下さいました（紙面の都合で省略）。雄次先生が執筆され朝日新聞に掲載された（1966年2月1日）「わが家の女たち」は先生宅の日常生活の一面の様子を窺う記事だと思い紹介します（図14）。

　芳子さんは前述したように18歳頃から結核性カリエスで不自由な生活を過ごされていて，會田先生が心を痛めておられたことは，山本先生に所蔵の外国雑誌の処分方を依頼（1956年1月）されたことからも想像されます。医療保険制度の無い時代手術費の捻出は大変なことで，時男先生が約束を果たされた

図14　朝日新聞に掲載された會田雄次先生による記事（1966年2月1日）

後，芳子さんは手術を受けられ，術後3カ月は絶対安静を条件に1958年12月13日退院されました。入院中北白川の付属病院に出向きお見舞いしましたが，山本先生もお見舞いに行かれた由，芳子さんの葉書に記されていました。その後芳子さんは日常生活に支障のないほどに順調に回復され，日々雄次先生の原稿を清書する役を果たしておられました。振り返れば，龍雄先生の一周忌を迎える直前に芳子さんは退院されましたが，龍雄先生がご健在であったら大変喜ばれたことと思い大変悔やまれてなりません。翌年（1959）7月訪問した折，龍雄先生が過ごしておられた居間で芳子さんと生前の先生を偲びつつ雑談をした折り，先生の遺品を持ち出され，形見として必要なものを持ち帰りなさいと言われました。これは是非と差し出されたのは，先生が長年メダカの観察に愛用され，最後に私の写真をご覧いただいた時のルーペ（DERSSMY ET PARIS と刻印入）でケースの革袋はボロボロに破れていましたが，芳子さんは，わざわざ私の為に別に布製の袋を用意しておられました。あの偉大な先生の論文がこのルーペで生まれたことを想像し，私の宝のみならず学会のために保存をしなければと強く感じました（図15）。その他の遺品では61枚に及ぶ手書きの飼育記録，先生の著書『新撰動物學　下巻』（會田, 1900）と論文別刷り「Appendicularia of Japanese Waters」東京帝国大学紀要（Aida, 1907）から「めだかの体色の遺伝現象」遺伝学雑誌（會田, 1921），「メダカの体色遺伝」帝國學士院

図15　會田先生が愛用されたルーペを形見として戴く，布ケースは芳子さんの作品

図16　常光院本堂前にて（芳子さんと會田龍雄先生の孫娘真理子ちゃん）

受賞講演録（會田，1933）に加え，Genetics の 3 編（Aida, 1921, 1930, 1936）を戴くことにしました。會田先生の履歴書は手書きで書き写しました。午後芳子さん，雄次先生夫人の裕子さんとそのお子さん真理子ちゃんと一緒に黒谷の先生のお墓に墓参しました。その時私のカメラで裕子さんが撮影した写真が残っていました（図16）。裕子さんは現在も健在で時々電話をいただいています。

時男先生の論文指導により学位審査を受ける

　遺品の紅鉢40個が到着をした機会に，私は飼育場を拡張することにし1963年義兄の援助で25坪の土地を購入し計40坪（130平方メートル）の飼育場を整備しました。飼育水槽と紅鉢を含めて120となり，本格的に系統保存と交配実験を進めることができるようになりました。會田先生からいただいたテーマである ci 遺伝子の研究は 6 年が経過していて，既に研究成果の見通しが立っていましたが，改めて最終の再実験を行うことにしました。

　新たな飼育場で育ったメダカのうち，時男先生の所望により Gray（*BBRRcici*），Blue（*BBrr*++），Lightblue（*BBrrcici*），Cream（*bbRRcici*）の 4 系統を名古屋大学へ持参（1964）し，今までの研究結果とこれからの予定について報告しました。そしてこの年の春から本実験にかかり 3 年後に最終データを纏めることができました。論文を書くに当たって川口四郎先生に相談したところ，先生は山本先生に指導を受けるよう促され，研究データを携え直接時男先生にお願いしました。時男先生は快く引き受けて下さり「下書き原稿を送るよう」指示され，以後先生による原稿の添削は 6 回に及び細部に亘って厳しい指摘を受けました。論文執筆校了後，学位審査を受けるよう勧められ手続き後，先生から「…貴君の学位申請は廿六日の教授会で受理されました。ついては当教室の慣例により，論文発表会を開く必要があり，十二月十四日（土）午後一時から，動物学会中部支部例会があり，それに引きつづき開催したく思いますので，午後三時頃までに E 館第一講義室に御出下さい。その後学識審査が行われます。…11月28日」との連絡を戴きました（1967）。審査当日，支部例会で4, 50名の方の前で「Gray メダカに係る体色遺伝の研究」と題してカラースライドを用いて45分発表した後に学識審査場に赴きまし

た。審査は主査が山本時男先生，副査が波磨忠雄先生と福田宗一先生でした。学識審査では教養問題と専門問題を主に時男先生が質問され私は緊張の連続でした。口答審査の後，予期していなかった英語とドイツ語の語訳試験があり，1時間以内に解答用紙を提出することになりました。ドイツ語には自信がなく戸惑いましたが，よく見ればC. Kosswigの1論文のSummary部分で（時男先生の配慮と思われる），かつて會田先生からÖ. WingeとC. Kosswigの研究は説明を受け両氏の論文は努力をして読んだことがありました。翻訳というより要約のような訳文を提出して冷や汗をかいたことを覚えています。審査の終わった夜は名古屋駅前のホテルで一睡もできず翌朝岡山へ帰りました。明けて1968年1月29日時男先生からの「ロンブン　パス　ヤマモト」の電文を受け取りました。後日波磨先生の手紙によれば29日の教授会で研究経過を長々と説明されたとありました。

　私のこの学位論文は決して私の独創論文ではなく，龍雄先生の最後の研究を引き継いだに過ぎません。「忍耐と努力，やればできる，やらねばできない」を口癖に呟きながら13年の歳月を費やしました。この間私の病気を含めて紆余曲折がありましたが，終始會田，山本先生の助言と指導による賜物の結果です。審査結果を受け直ちに會田さん宅，川口先生に報告し，1週後に龍雄先生のお墓の前で報告しました。学位主論文「A Study of the Genes in the Gray Medaka, *Oryzias latipes*, in Reference to Body Color」（Takeuchi, 1969a）と川口先生との共著の副論文「Electron-microscopy on Guanophores of the Medaka *Oryzias latipes*」の2編は川口先生の配慮で岡山大学理学部生物学紀要の14巻（1968）と15巻（1969）に掲載して戴きました（Kawaguchi and Takeuchi, 1968; Takeuchi, 1969b）。私と同時に学位審査を受けたのはメダカの核型を研究した宇和紘さんでした。

晩年の時男先生と私

　私が学位を戴いた翌年の1969年3月に時男先生は退官されました（図17）。私の学位審査に際して會田・山本両先生の繋がりがあって急がれたのではないかと先生の心中を察しながら，今は尋ねる術がありません。名城大学農学部に移られることも決まり，あと数日で4月になる矢先突然の葉書を

図17　山本時男先生。1973年8月2日（竹内撮影）

いただきました。「八十八夜も目前にせまり，ご多忙のことと存じます。貴君の学位記は庶務から送らせます。実は去る三月廿六日から名大病院に入院していましたが，昨廿九日退院しました。高血圧による一過性脳虚血発作だった由です，これを機会に禁酒・禁煙をすることにしました」とあり驚きました。15日の退官記念講演に続いて送別会。盛大な送別会では酒を飲みサンタルチアを歌い大いに盛り上がった先生。疲れが一気に出たのではと心配しました。先生の入退院後，富田英夫さんから8月9日付の書状を戴きました。文面を要約すれば，次の様な内容でした。「先生が7月29日名大付属病院に再入院され胃の小手術をされた。悪性の腫瘍が進行していたようである。先生は胃炎が悪化したものと思っておられる。遠路わざわざ見舞いする場合は先生の心理的影響を十分気を付けること」とありました。先生の退院後お会いすること無く過ぎ，手紙のやり取りのみが続きました。先生の葉書には「病気は好転しつつあり…」，「薬のおかげで体調が回復しつつある…」と何時も強気の言葉が記されていました。

　先生は名大退官後，緑区神ノ倉の自宅に魚類研究室と書庫が完成したので一度訪問しないかと幾度もお招きを受けていました。先生の体調の良い時を選び訪問の機会を待っていましたが，先生より所望のメダカを持って訪ねてほしいとの連絡を受け，先生宅を訪問したのは1979年5月11日でした。庭には常滑焼の大きな水槽が所狭しの観で並べられていて，メダカの他金魚が泳いでいました（図19）。案内された書庫の入り口には長いテーブルがあり，先生が使用される用具が雑然と並んでいました。その壁面には10枚程の額が掛けられていて，その1つに私が差し上げたメダカと鱗のカラー写真の額が掲げられていました。また以前に差し上げた化石・石・貝が書庫の棚に並べられていて，先生は説明と感想を長々と語られたことを思い出します。新

しい家の広間で積もる話を時を忘れて長く語り合い，近寄って来た幼いお孫さんの頭をなでながら万感の笑みを示されていました。その時の情景は今でも脳裏に浮かびます。この日は子息時彦夫人の陽子さんには大変お世話になり，先生の家で一泊しました。

　時男先生からの1976年1月7日付の書状には「良い新年を御迎いのこと，存じます。さて暮には結構な御歳暮をいたゞきまして忝じけなく存じます。私の病気は益々好転しつつあり，魚どもの元気になる春を待って再び活躍します。富田君の見つけた新変種の一ツを御希望のようですが，先日同君に話したら，喜んで進呈するとのことですから，水温む頃でも御出で下さい。魚の遺伝をやっている学者は益々希少となりつゝあり，貴君は貴重な存在です。富田君など，協力して大いに奮斗して下さい。」とありました。黒マジックペンで書かれた手紙は，先生から戴いた最後の手紙となりました（図20）。

　1977年7月13日富田さんからの1枚の葉書を受け取りました。「…お聞きになって居るかも知れませんが，山本先生六月中旬に豊明市の名古屋保健衛生大学（現在の藤田保健衛生大学：著者注）の病院に入院され，七月はじめに手術を受けられました。その後は順調だと思います。（不便な所で，私も二週に一回ぐらいしかお会いしていません）…〈病院の位置・道順面

図18　私が撮影した山本先生の最後の写真

図19　山本先生宅の飼育場（1979年5月11日竹内撮影）

第Ⅰ部　メダカ先生の教え子とメダカ研究

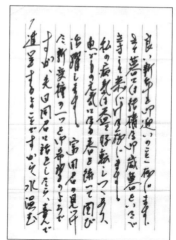

図20　山本時男先生からいただいた最後の手紙（1976年1月7日付）

会時間の説明〉…511号室です。夏休みでこちらへ見えるかもと思い連絡いたしました」とあり，22日（日）に病院へ出かけました。病室へ入って来た私を見て，先生はベッドに臥したまま笑顔で「ヨウ，ヨウ」と声を掛けられ，床から腕を出して握手を求められました。私は何を話したか覚えていませんが，枕元に BLUE BACKS 新書（講談社）の「集合論」一冊がおかれていました。「難解な本ですね」と言うと「ホホ　頭の運動」と答えられた一言が脳裏に鮮明に残っています。5分ばかりの面会を終え「また来ますからね」と言って退室しました。これが先生の生前最期の面会となりました。この日富田さんも見舞いをし，28日に再度富田さんから葉書をいただき「二十二日に私も病院へ四時頃参りました。いき違いになったようです。山本先生も少し前まで竹内さんが来てくれていたと喜んで居られました。私の判断では，手術後の経過必ずしもよくない気がします。もしも，また名古屋へ参られることがありましたら是非教室へも寄って下さい」とありました。

　時男先生は八月五日に終焉の時を迎えられました。病院で見舞いをした2週間後でした。富田さんから電話で先生ご逝去の知らせを受けましたが，葬儀の出席に間に合わず，先生の写真を見ながら涙しました。

　昭和52年9月18日（1977）山本家の菩提寺（矢田町）の長母寺で時男先生の四十九日の法要と納骨式が執り行われました。本堂での法要では参列者

第 2 章　會田龍雄先生と山本時男先生を回顧して

図21　山本先生の法要後，納骨式に集う人々（竹内撮影）

の方々がいっぱいで回廊にも溢れていました（図21）。導師の「カツ」という引導の大きな声が今も耳に残っています。続く納骨式には墓碑までの境内に行列が延々と続いていました。

あとがき

　私の20代から40代後半まで會田・山本両先生に支えられて，密度の濃い研究生活でした。大きな二つの支柱を失った時，今後どの様に研究生活を進めるべきか途方に暮れました。勤務する私学の短大では施設や経費はなく雑用も多くて時間のゆとりも得られませんでした。江上信夫先生から二，三の大学の教養の教官に応募するよう勧められましたが，いずれの大学も飼育施設が用意されないことが判り断念しました。會田先生は大正12年（1923）から昭和31年（1956）に至る33年間を自宅の庭で一人メダカと向き合って研究を続けられました。山本先生もまた名古屋大学に移られてからは独自の発想でメダカの性転換の研究を成し遂げられました。お二人の姿は私の教科書であり，「忍耐と努力，継続と発想」「チョコチョコした研究を発表することなく」の言葉は先生お二人から戴いた教訓でもありました。幸い盟友の富田英夫さんとは親交を深くしていて，彼の発見したメダカの系統も数多くい

55

ただいていました。富田さんの助言を受け、私はメダカの系統保存を続け、将来後輩の研究者に役立てること、龍雄先生から戴いたテーマである Fused の研究を完成させることに徹することに決めました。1955年（昭和30）に始めた Fused の研究は560個体のX線写真による椎骨数の解読に手間を取り、長い年数を要しました。ようやく60年をかけて進めた研究は2015年10月に「會田系 Fused（*Oryzias laptipes*）の脊椎骨異常に関する遺伝学的研究　II」と題し原稿を校了しました（未発表）。この論文は主に交配実験を重ねた遺伝研究で、今後、何方か若い研究者によって、遺伝子座が同定され、新しい視点で研究が進むことを願っています。

　私の飼育場には現在、山本先生と富田さんから譲られた系統を含めて約30種類のメダカを系統保存しています（図22）。その中には当初會田先生から譲渡された Gray をはじめとする7系統も維持されており、私の発見した褪色遺伝子 *fa* を有する系統も含まれています。

　2015年2月10日山本陽子さん（時彦氏夫人）から時男先生の生誕百年を記念して第30回名古屋大学博物館企画展「メダカの学校」が開催されるとの案内をいただき、4月25日、企画展を見学し、鬼武一夫先生の講演を拝聴しました。その際、昭和57年（1982）12月4日名古屋大学での「メダカ―その生物学―」第2回の会に出席し当時名大の院生であった成瀬清さん（基

図22　メダカの系統保存をしている現在の私の飼育場

礎生物学研究所）にお会いし，5分ばかり立ち話をしましたが，その後，何回かメールをいただき，9月6日に成瀬清さんをはじめ，野崎ますみさん（名大博物館学芸員・研究員），竹内秀明さん（岡山大学）等，計5名の皆さんが拙宅を訪問され，私が保存している會田・山本両先生の遺品の調査に見えました。そしてメダカについては成瀬さんに由れば，會田先生の系統は既に絶えていて，私が現在保存しているメダカは貴重な存在だとの話でした。バイオリソース研究室で要望があれば，早い機会にメダカは譲りたいと思っています。両先生の遺品・資料などについては，機会をみて全てを名古屋大学博物館へ寄贈することも考えています。

    水汲みて　過ごし今も　目高とともたわむれし　メダカとともに　ときは過ぎ
              魚　水
            （2016年1月17日　記）

引用文献

會田龍雄（1900）新撰動物學（下巻）．東京博文館．292p．

Aida, T. (1907) Appendicularia of Japanese waters. *Journal of the College of Science, Imperial University of Tokyo, Japan*, **23**, 1–25.

會田龍雄（1921）「めだか」の体色の遺伝現象．遺伝学雑誌，**1**, 99–171．

Aida, T. (1921) On the inheritance of color in a fresh-water fish, *Aplocheilus latipes* Temmick and Schlegel, with special reference to sex-linked inheritance. *Genetics*, **6**, 554–573.

Aida, T. (1930) Further genetical studies of *Alochilus latipes*. *Genetics*, **15**, 1–16.

會田龍雄（1933）メダカの體色遺伝．帝国學士院受賞講演録．1–5．

Aida, T. (1936) Sex reversal in *Alochilus latipes* and a new explanation of sex differentiation. *Genetics*, **21**, 136–153.

菱田富雄（1969）山本時男教授記念論文集．山本時男教授記念事業実行委員会，名古屋大学理学部生物学教室．

Kawaguti, S. and Takeuchi, T. (1968) Electron-microscopy on guanophore of the medaka *Oryzias latipes*. *Biological Journal of Okayama University*, **14**, 55–65.

川村智二郎（1985）メダカの遺伝での先駆者會田龍雄先生．採集と飼育—日本の文化につくした生物学者シリーズ—，**47**, 450–455．

駒井卓（1958）會田龍雄氏逝く．遺伝，**12**, 18．

Komai, T. (1958) Tatuo Aida, geneticist. *Science*, **127**, 1327.

Kosswig, C. (1964) Polygenic sex determination. *Experimentia*, **20**, 1–10.

松村清二・小林佐太郎（1950）メダカと會田先生（訪問記）．遺伝，**4**, 16–23.

竹内哲郎（1964）椎骨癒合メダカの遺伝子分析と尻鰭軟条数について．岡山県私学紀要，**1**, 220–232.

竹内哲郎（1965）メダカの体色々素胞抑制に関する遺伝学的研究．岡山県私学紀要，**2**, 87–97.

Takeutchi, T. (1969a) A study of the gene in the gray medaka, *Oryzias latipes*, in reference to the body color. *Ph.D. Thesis*, Nagoya University.

Takeuchi, T. (1969b) A study of the genes in gray medaka, *Oryzias latipes*, in reference to body color. *Biological Journal of Okayama University*, **15**, 1–24.

竹内哲郎（in press）會田系 Fused（*Oryzias latipes*）の脊椎骨異常に関する遺伝学的研究 II．

Winge, Ö. (1923) Crossing-over between the *X*- and *Y*-chromosome in *Lebistes*. *Journal of Genetic*, **13**, 201–217.

山本時彦（2006）メダカ博士山本時男の生涯―自筆年譜から―．名古屋大学博物館報告，**22**, 73–110.（本書第Ⅲ部第3章の資料1に再録，pp. 226–284）

山本時男（1956）メダカの遺伝の父・會田龍雄先生．遺伝，**10**, 41–44.

山本時男（1958）會田龍雄先生を憶う．遺伝，**12**, 25.

山本時男（1968）會田龍雄先生．遺伝，**22**, 45–48.

山浦 篤（1950）魚類遺伝学研究の先駆者會田先生のこと．遺伝，**4**, 15.

＊本稿は「名古屋大学博物館報告」No. 32, 2017, pp. 1–15に掲載された報告に修正を加えたものです。名古屋大学博物館報告のウェブサイト http://www.num.nagoya-u.ac.jp/outline/report.html にてカラー画像のPDFファイルが閲覧可能です。

第3章

メダカはわが友

岩松 鷹司

　青い空を背景に，遠くまでも広がる稲田を渡る爽やかな風はまるで緑に染まって流れているようです。足元の稲株を浸す水は澄み，手網を片手に畦道の草花を踏み歩めばヤゴやオタマジャクシ，ドジョウ，メダカなどが動いて空を映した水面を揺らします。これが幼い日のメダカとの出会いの情景です。

餓鬼のころの思い

　わんぱくな私は，すでに小学校時代には父親の手伝いで田植え・脱穀や野菜の苗つくり，砂糖キビ栽培から黒砂糖づくりなどができる一人前の百姓でして，五寸釘を焼いて銛を造ったり，フグの皮と鶏の羽毛で毛針などの釣り具作りや櫓船を漕いで磯や海に出ては素潜りで魚を銛で突き，真珠（アコヤ）貝取りや地引網漁を手伝う漁師になっていました。また，屋敷内には，ウシ，ブタ，ヤギ，ウサギ，鶏（白色レグホン，シャモ，チャボ）などを飼っていて，その世話を任されていました。父は絵がうまく，アイデアマンでしたが，厳格でして悪ガキの私は幾度か分厚い扉の土蔵に閉じ込められました。そして，中学校に通うようになっても，休日や学校から帰ると農業の手伝いで過ごし，勉強をしろとは言われたことはありませんでした。私の直観力や感性はこの餓鬼の頃に，遊んだ野山や川海の自然の中で培われたように思います。

第Ⅰ部　メダカ先生の教え子とメダカ研究

しかし，よく叱られ，穀潰しのどうしようもない私は，何のために生きているのかと自問自答するようになって，自殺を考えたこともありました。県大会で優勝した中学時代に続いて高校時代もバレーボール部に逃げ，早朝登校してから暗くなって家に帰り，ろくに勉強もしませんでしたが，非常勤で「生物」の授業を教わっていた高知女子大学の品格のある老教授石川重次郎先生（洞穴動物の専門）に可愛がられて研究にも誘われました。そのせいか，泳ぎの速い私は父に水泳選手になれと言われていましたが，石川先生の感化をうけて，老いても続けて世の役に立てる研究をしようと考えるようになりました。いろいろ考えた末，大学に入ったら生物の特性である細胞分裂を研究しようと心に決めました。ですから，大学に入るとすぐキャンパスを散策して動物研究室を見つけてドアを叩きました。ミミズの分類学者でもあった大渕真龍教授は快く入室を許して下さいました。ミミズの電気生理を研究していた先輩もいましたが，単細胞であるゾウリムシを校内の溝で採集して殖やし，研究し始めました。その研究に用いる試験管，ビーカー，フラスコや蒸留装置などの実験器具はもちろん，薬品に至るまですべては家からの仕送りで購入しました。間もなく，ゾウリムシの原形質分離現象を発見して（岩松・大渕，1959, 1961）動物学会に出席したとき，お茶の水女子大学の和田恒代先生も同じ現象を研究していることを知り，研究の偶然性を初めて体験しました。ふと，諺の"先んずれば人を制す"が頭を過りました。そして，論文

図1　大渕真龍先生とご一緒に（研究室裏にて，1960年）

を書くため文献複写用にカメラを携えてアメリカ文化センターに通ったり，細胞学者である東京大学の藤井隆教授やゾウリムシの大核を研究していた法政大学助手の佐藤英美さん（のちに名古屋大学臨海実験所教授）らのご指導を受けました。佐藤さんにはビーカーで沸かしたコーヒーをご馳走になり，帰りが遅くなって午後の物理学の授業に間に合わなかった苦い思い出があります。研究の途中で何度かこんな研究をして何の役に立つのか，また「学問とは何か」解らなくなり悩みました。指導教官の大渕真龍先生（図1）にお聞きしたところ，ただ一言「学問とは利益に結びつかない研究のことだよ」とお答えになりました。世の中の役に立ちたいと思っていた私には，そのことが理解できなくて再び精神的に落ち込んでしまいました。利欲に研究方向を歪められることなく真理を探究することの重要性を知ったのは10年以上も後のことです。大学の卒業時には，大渕先生から餞の言葉「大道を行け」を戴き，大道（老子の道，天道）を知ることになります。

山本研究室でのメダカとの再会

夏休みで帰省した時のこと，近所の農家のお年寄りに「お前は大学で農学を勉強しているだろう。この孕んでいる豚を腹の中に雌が多ければ売りたくないが，雌雄が判るか」と言われて答えられなかったこともあって，急に性に関心をもつようになりました。雌ばかり産む動物をつくりたいと思いました。そのために，コルヒチンを用いて倍数体のマウスを作成し，性をコントロールできないだろうかと考えて，純系のマウスを1つがい購入して200匹以上に殖やし，研究を手掛けました（岩松・大渕，1960）。3年生になってからも妊娠している雌の尿中の性ホルモン量で胎児の性を判定できるのではないかと思い，すぐ専門書を見ながらホルモンの定量測定のための練習を始めました。産婦人科の検尿の残りを10リッターの丸フラスコに，あるいは馬術部に出向いて馬尿をバケツにもらってきて幾度かホルモン抽出の練習を繰り返しました。そのとき，神経質な馬の"けつ"の下にバケツを置いては決して排尿しないことも知りました。それにしても，夜通しの抽出操作をしていて感動したのは，明け方の濃紺色の窓を背景にした大きい丸フラスコ内のあの真紅のトルエン抽出物の美しさです。いつも，夏休みには田舎にマウ

第I部　メダカ先生の教え子とメダカ研究

図2　佐藤忠雄先生（1965年）

スを連れて帰りましたので，父は「ネズミなんか飼っていて食べていけるのか」と案じてくれました。また，村の役場で勝手に戸籍を見せてもらって夫婦の年齢差と第1子の性の関係を調べるなど，ますます性の決定に関心を持つようになったのです。卒業後も性の研究を続けようと思い，大渕先生に相談したところ，メダカで人為的に性転換させて性の制御に成功している山本時男先生のもとで学ぶことを勧められました。何せ農学部から理学部への勉強内容の変更であり，馬鹿な私には進学の不安がありました。でも，名古屋大学の先生方のご慈悲でメダカとの再会の切っ掛けができました。当時の名古屋大学理学部生物学教室は，優れた動物発生学者の佐藤忠雄(図2)，山本時男，山田常雄，林雄二郎，椙山正雄の先生方がおられ，動物発生学のメッカであって，日本で唯一の発生学の英文誌 *Embryologia* も発刊していました。

　山本時男先生の研究室は，動物学第二講座で，講師の中埜栄三先生，助手の菱田富雄さん，緋田研爾さん，教務員の富田英夫さんの他に，先輩の大学院生の松田（小川）典子さん，津坂昭さん，そして研究生に内科開業医の森一彦さん（医学博士）がいました。研究室ではセミナーが週1回あり，私の初めての論文紹介は発表されたばかりのヤコブとモノーのオペロン説(1961)で，彼らのノーベル賞受賞につながるその論文を森さんと一緒に勉強しました。親切な森さんは私より17才年上で，大変可愛がってくれました。そして，奥様は結婚相手まで紹介してくださり，否が応でも式を挙げなければならなくなりました。それも，修士課程の終り近い頃で，山本先生ご夫妻が仲人をして下さって式を挙げました。山本先生には，高知と愛知の遠く離れたもの同士の間には優秀な子供が生まれるとのお祝辞を戴きました。そして，生活までを気遣って下さり，會田奨学金を戴きました。

　1951年に手がけたメダカで人為的性転換に世界で初めて成功した山本先

生（Yamamoto, 1953）は，受精波（Yamamoto, 1944）の発見者でもあり，「受精に及ぼすアセトンの影響」という研究テーマを戴きました。当時，先生はまだ髭を生やしておられませんでした（図3）。

　そのテーマのほかに，学友の石田光代さんと共に「メダカのスケッチ」をするようにと指示されました。研究テーマ，およびスケッチの目的についても全く話されませんでした。そのとき，大学院でメダカのスケッチとはどういうことかと思いましたが，私はすぐメダカ成魚のスケッチに取りかかりました。顕微鏡を使って，メダカのからだのすべての部分を計測して，ケント紙に描いて先生にお見せしました。戴いたお言葉は「これはメダカではない」の一言でした。私にはメダカがまだよく見えていなかったのです。山本先生がスケッチを通して「観察」の重要性を教えて下さったことにやっと気が付いたのはずっと後のことで，自分が大学で教鞭をとるようになってからです。観察とは五感で捉え得る可視的なものを通してその背景にある不可視的な本質を見抜くことであると理解しました。スケッチをみれば，その人の観察力がよくわかります。その後，無能な私は生類をあまねく観察する眼力を授けて下さるようにと千手観音様に祈っていました。とりわけ，能力の限界で仕事をするために神様にすがるようになりました。山本先生は宴会の席で酔っぱらうと，"私は A king of observers である"とおっしゃった。優れた観察力によって受精波と性転換という2つの発見をしたとの自負を話されました。決して威張っているのではなく，私どもに研究において観察がいかに重要であるかということを念押ししておられたのでしょう。

　大学院に入ってすぐ，中埜先生に誘われて，理学部の新設のアイソトープセンターで^{32}Caを使ってウニの骨片形成の研究を連夜遅くまで行いました（Nakano *et al.*, 1963）。その研究と同時にメダカの受精に関する研究，および合成女性ホルモンのヘキセステロールでの性転換実験が当面なすべきことでした。その性転換実験の準備として，乳鉢でその女性ホルモンをエビ粉と香煎（こうせん）の粉餌に30分間ほどかけてすり込む必要がありました。黙々とすっていると，粉が乳鉢の縁に上がってきますので時々陶器のすりこぎ棒でチンチンと叩いて落としていました。まるで，その音が念仏を唱えながら鉦を叩いているように室内に響きました。出来上がったホルモン入りの粉餌をメダカに孵化直後から性的成熟期まで与え続ける実験です。その間は，餌やりや世話

を怠ることのできない忍耐のいる仕事です。稚魚の水替え用の飼育水は逆立ちになって腕を伸ばせば届く水位の井戸（図4）から汲み取っていました。私は不運にも妻からもらった大切な高級万年筆を胸のポケットからその井戸に落としてしまったのは今でも心残りがしています。山本先生が育種・確立した性転換用のd-rR系統メダカの卵を戴くために，汲み取った井戸水を直径30cmの丸いガラス水槽に入れて，金網で囲った山本先生の飼育場の戸を開けて入って行きました。そして，金網の蓋を開けた四角い飼育水槽のそばにおられた山本先生（図3）の所に行くと，私がもつガラス水槽の水に手を入れたと思うと私の手からその水槽を取っていきなり水をざっと捨ててしまいました。それは水温に対する無言の注意だったのです。そばにあった大甕の汲み置き水を入れて，それに卵の付いたホテイアオイを入れて下さいました。山本先生の金網の飼育場とたくさんの睡蓮鉢を並べた富田英夫さんの飼育場は7号館の南側（図4）全面にあって，どの水槽にも金網の蓋をしてありました。毎年夏近くなると，名古屋市の防疫課による殺虫剤の空中散布がありまして，すべての飼育水槽にビニールシートを被う作業が研究室の毎年の行事です。散布が終わると，そのシートを水洗いして干すのも大変な作業でした。

図3　山本時男先生（飼育場にて，1962年）

図4　生物学教室七号館南の飼育場に立つ松田（小川）典子さんと宇和紘君（1963年）

当時,研究室の設備といえば顕微鏡とガラスの水槽しかありませんでした。受精に関して教科書レベルの知識しかない私には"受精の研究でどれだけの成果を上げられるだろうか"と半年近く下宿で悶々と悩んでいました。ある日，小うるさいが親切な先輩の富田英夫さんが下宿に来て下さって，研究室に出てくるようにと云ってくれたのを今でもありがたく想い出します。それ以来，"まず動け，而して考えよ"が私の人生哲学になりました。文献を調べていて，ウニの受精における同様なアセトンの影響に関する研究論文が前年に発表されていることを知りました。その論文を読んで，与えられた研究が卵の受精反応である表層胞変化をアセトンで止めると，受精はどうなるのかという問題であることが理解できました。メダカ卵をアセトン処理する条件を色々と工夫して媒精による表層変化を止めることができ，卵は表層変化を起こさなくても目に見えない受精波が生じて受精できることがわかりました。それと同時に表層変化が起きないで受精すると卵膜硬化が妨げられることも発見しました。そうしたメダカ卵における受精に及ぼすアセトンの影響と卵膜の硬化に関する2つの論文を書いて修士論文として提出しました。

博士論文に向けて

　博士課程では，テーマは自分で見つけなければならないと自分に言い聞かせました。その当時，動物における受精の研究は専門書をみるともう随分解明されていて，私が研究する余地などないように思えました。それが大変な重圧で「どうして受精が起こるのか」，「受精が発生にどうして必要なのか」と基本的な疑問を日々頭の中で問答を繰り返しました。また，西遊記に出てくる孫悟空が毛を抜いて分身を作るように「どうして体細胞は受精して個体に発生できないのか」とか,「なぜ卵だけが受精して個体に発生できるのか」,「卵とはなにか」,「卵は卵巣の中でいつ，どのようにでき上がるのか」といった幼稚な疑問しか湧きませんでした。でも，そう考えているうちに，それまで世界中の学者たちは「成熟した卵と精子が受精する」という命題に基づいて受精の研究を行っていることに気づいたのです。「卵巣内の未熟な卵母細胞が受精できるか否か」という論文はどこにも見当たりませんでした。本当に卵巣内の卵母細胞は受精できないのか。もし受精できないとすれば，その

原因は卵母細胞内にはまだ受精に必要な要素が揃っていないためであり，それらが揃ってはじめて受精できるようになるはずであるという考えが頭に閃きました。成熟した卵や精子は体外に放出される前に受精に必要な因子が既に揃っているから受精できるのであり，それらが揃う過程を研究すれば，受精に関与する因子と受精機構を解明できるはずです。毎日卵が成熟して産卵するメダカはその研究に好都合な動物で，キッチリ研究すれば「卵が，いつ成熟し，どのように受精能・発生能を獲得するか」を解明できると考えました。"なせばなる"，そう思うと研究意欲が湧いてきました。

まず何も考えず，メダカの卵巣内の卵母細胞はいつ受精できるようになるかを確かめることから始めました。真夜中の誰もいない研究室で，メダカが何時に産卵するかを調べて，繁殖シーズンには早朝2〜4時に産卵することを確かめました。次いで，それ以前の卵巣を経時的に山本の塩類溶液内に取り出して，卵巣の中で最も大きい未成熟の卵母細胞を切り出しては，卵母細胞を傷つけないようにキッチリ先が合うように磨かれたピンセットで，その付着糸のある植物極側から濾胞層を注意深く除去しました。そして，その卵母細胞に精子をかけて受精するかどうかを調べました。その結果，まだ卵核胞のある減数分裂開始前の卵母細胞は受精しないが，卵核胞の崩壊（GVBD）後第1減数分裂を再開すると受精できるようになる事実をつかみました。すなわち，受精に必要な因子がGVBDから排卵までの間に生じるという発見です。それは，成熟した卵で受精の研究をしてこられた山本先生には考えられないことです。そのことをお話ししたところ，案の定「チミ，何を言っているのか。卵巣内の未成熟卵が受精することはない」とお叱りの言葉を受けました。実はこの事態を予想して，実験を綿密に繰り返して十分なデータを取っておいたのでそれをお見せすると，先生は驚かれて「チミ，このことは論文にするまで誰にも言わないように」とご忠告を戴きました。それからというものは，泥棒稼業のような真夜中の仕事が博士課程の3年間続きました。皆が大学に来る前に自宅に帰るので，誰にも会わないため「岩松は大学に来ているのか」と先生方は尋ねておられたようです。とにかく，毎夜実験で寝ていない私は，昼食後の佐藤先生の講義「再生論」のとき，西陽の差す暖かい部屋で，受講生3人の机の前に先生が立って話しておられるので寝てはならないと，懸命に聴いているふりをしてペンを動かすがどうしてもミミズが

第3章　メダカはわが友

図5　名古屋大学理学部七号館生物学教室（1964年）

這ったような文字を書いてしまう。それを見ておられたであろう先生は何もおっしゃいませんでした。

　私が博士課程に進んでから理学部の立派な新館ができ上がりました。木造7号館（図5）の土埃がする床の研究室からビニール塗装のきれいな床の研究室に移ったのです。ただ不便なのは，メダカの飼育水は相変わらず7号館前の飼育場のそばの井戸からポリバケツに汲み取って2つ両手に持って新館3階の研究室まで登らなければならない点にありました。ある日飼育水を運んでいる途中新館の入り口で偶然山本先生にお会いして，階段，そして廊下と話しながら歩いた記憶があります。そのときの歩き話は確か大した内容ではなかったと思うが，別れ際に先生は「チミ，これは老婆心だよ」とおっしゃったのが，あまり先生とお話しする機会がなかった私には忘れられません。山本先生が「メダカの雌は体形が第二次性徴を示さない稚魚型である」とおっしゃったのはその折だったように思います。

　そのほか，山本先生の思い出はいくつかあります。その1つは，新年に研究室の数人で山本先生のお宅にお邪魔したときのことです。先生のお部屋は2階の暗い感じがする畳の間で，長机の上には文献が山積みにされていました。話が一区切りついて，先生にトイレを新しく造ったばかりだから行ってくるように勧められました。入って驚きました。屋根は半透明のビニール製波板で明るく，陽の光が直に差し込んで，便槽である大甕の底まで見えるのです。まだ誰も用を足していなかったので，使うのをやめました。

67

それから，話は変わりますが論文を見て戴いたときのことも，想い出されます。先生は夏風邪をひいておられて体調が悪いのに研究室に来ておられました。いつものようにドアをノックして入室を許されて，こわごわ先生と向かい合って椅子に座り，緊張して論文を見て戴いていました。先生はしばらくジッと原稿を見ておられました。私は先生の白髪交じりでまばらな口髭を伝って垂れてくる鼻水をジッと見ていました。そして，ついに一滴が私の論文原稿の上に糸を引いて落ちました。その瞬間先生と目が合ってしまいました。そのときの情景を昨日のことのように鮮明に覚えています。また，論文の原稿を見て戴くのに，先生が研究で常用しておられた今池交差点近くの喫茶店「スギウラ」，「たちばな」にはよく通いました。先生は夕食後バーでお酒を飲んでリラックスして帰宅しておられました。そのバーで手に入れられたのでしょうか。あるとき，先生はニヤニヤしながら"明美ちゃんにもらったのだけどね"と，おもむろに机の引き出しからナイロンのストッキングを取り出して，稚魚を掬う小さいタモを作るようにと下さいました。ちなみに，喫茶店はコーヒーが飲めるし，確かに研究室より緊張感があって勉強が捗るので，私も真似して繁華街の栄町や今池の喫茶店に大きい辞典を抱えて通ったものです。それも，朝から夜までコーヒー1杯で座っていますから，「ここは，勉強するところではない」と店員に幾度か追い出されたのは懐かしい。今では，それらの店はすべて潰れてありません。

　どうして手掛けたか思い出せませんが，動物学第一講座の佐藤忠雄先生の江口吾朗さんの研究室に電子顕微鏡があって，そこで江口さんから電子顕微鏡の解体整備からガラスナイフのつくり方など観察テクニックまで教わりました。しかし，山本先生は電子顕微鏡像を，オスミウム酸で固定するので黒いから炭のようなものと言って嫌っておられることを緋田さんから聞いていました。でも，私は卵の微細構造に非常に関心がありました。ですから，山田常雄先生と同じように両生類胚のオルガナイザーを生化学的に研究しておられた九州大学理学部の川上泉先生の所にも電子顕微鏡があったので，私は研究のために九州に出向きました。そのとき，不運にも電子顕微鏡は丁度故障していて，数日間文献での勉強だけで帰ってきました。その後，江口さんに手伝ってもらって，メダカ卵の受精による卵表の構造変化を観察して論文を書いたのですが，その原稿は山本先生の戸棚にお蔵入りになりました。

卵母細胞の成熟における卵核胞の役割

夜な夜な，メダカを殺して排卵前の卵巣から卵母細胞を切り出しては，周りの濾胞層を剥ぎ取って媒精する実験が続きました。その実験からGVBD（第1減数分裂の再開）の後でなければ卵母細胞には受精能を獲得できないこと，および第1減数分裂終期以前に精子が侵入して付活した場合，第2減数分裂を省略

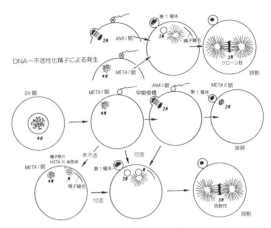

図6　メダカ卵母細胞の早熟受精による第2減数分裂の省略

して受精することを知りました。その早期受精によって倍数体の胚が生じるという新奇な結果が得られました。それらの研究成果をまとめて1965年に発表しました。それから35年後の1997年にも再度同様な実験を行い，早熟受精によって倍数体の胚が生じるという同じ結果を追認しました（図6）。こうして，メダカの卵母細胞は第一減数分裂を再開して間もなく受精能をもつようになりますが，第2減数分裂中期までは核の倍数化防止のために受精させないように排卵が起きない仕組みをもっていることを確認できました。すなわち，卵母細胞は第1減数分裂中期ごろから受精できるのに拘わらず，濾胞細胞が成熟・退化して起こる排卵まで第2減数分裂を中期で止めた状態で精子侵入を待っているのです。これは脊椎動物に共通した排卵と受精の基本的な現象です。発生がうまくいくように，卵母細胞は受精ができるのにしないで我慢させられているのです。まさに「できても，してはならぬが人の道」であります。しかし，どうして減数分裂を終えて排卵しないのかという疑問が残ります。

その後卵母細胞はGVBDの後でしか成熟（受精能獲得）を開始しないが，それはどうしてなのかを追求しました。時を同じくして，生物学教室の図書

室でカエル卵母細胞でもGVBD後に成熟するということをロシアのDetlaf女史が発表しているのを知って，研究の偶然性と焦りを覚えました。そこで，すぐ佐藤忠雄先生の高性能マイクロマニピュレーターをお借りしてメダカの卵母細胞に卵核胞成分の除去と注入を試みたのですが，操作したすべての卵母細胞は死んで失敗に終わりました。研究で失敗したのはこれが初めてです。その原因は微小ピペットによる卵核胞成分の注入テクニックの問題ではなく，カエル卵母細胞と違ってメダカ卵母細胞の卵黄球にはカルシウムが多量に含まれていて，注入操作で卵黄球から細胞質に流出する多量なカルシウムによって卵母細胞が異常になり，死んでしまうことを，ずっと後の卵内塩類濃度の測定に関する研究で知ることになります。

そこで苦肉の策で，毎日産卵している雌メダカを卵母細胞の成熟開始前に氷水に入れて1,500gの遠心力で5分間弱生きたまま遠心して，卵核胞を表層細胞質から卵黄球内に移して崩壊を阻止する実験を試みました。ラッキーなことに，氷水に入れ遠心してから26–27℃に戻したその雌は遠心力で卵黄球内に入った卵核胞をもったまま成熟した卵を産卵したのです。卵核胞を卵黄球内にもつ未受精卵は，精子の侵入を受けると，受精反応を示して発生を開始します。ところが，侵入した精子核は正常に染色体を作れず，卵は無核のまま卵割を続けて桑実胚（図7）で発生が止まることがわかりました。おそらく，染色体形成に関与するDNAトポイソメラーゼのような酵素が卵核胞内に入ったままで，細胞質に欠失しているため，正常な染色体が形成されないので無核になると考えられます。すなわち，卵母細胞はGVBDを起こさなくても成熟するが，正常な染色体を形成する能力がないため，すべての卵割球に核ができないのです。1966年に，その結果を佐藤先生のお勧めでEmbryologiaに発表することができました。その原稿作成の時には，ドイツでシュペーマンと15年間研究された佐藤忠

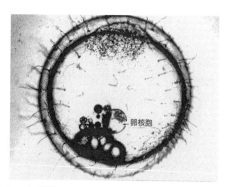

図7　卵核胞をもったまま発生したメダカ桑実胚

雄先生が直々に手直しして下さいました。そのとき，私の曖昧さで先生に叱責され，原稿を引き裂かれて部屋中にばら撒かれました。破れた原稿を拾って修復していたら，部屋に戻って来られた先生は"すみませんでした"とこぼされて原稿づくりを終えたことが昨日のように思い出されます。

　この後渡米した増井禎夫さんがイエール大学でカエル *Rana pipiens* を用いてプロゲステロンによる卵母細胞の成熟の研究を行い，1967年に卵核胞が卵成熟に不可欠であることを発表しています。さらに，卵母細胞の成熟における卵核胞の成分の重要性を追求して，卵母細胞成熟促進因子（MPF）の発見にまで発展させました。トロント大学に移った増井さんからGVBDのないまま起きるメダカ卵母細胞の成熟は岩松さんの発見であるとの手紙を戴き勇気づけられました。しかし，50年経った今なお，この現象は不可解のままです。

哺乳類の体外受精による卵成熟の研究

　さらに，メダカ以外の魚でも同じであるかを確かめたくて，山本先生のところに内地留学で来ておられた山形大学の久佐守教授（図8，のちの学長）のところにトゲウオの採集に出かけました。トゲウオの繁殖シーズンが終わっていましたが，久佐先生が住んでおられたドイツ風の大学宿舎の一室に泊めていただき，やさしい先生とトゲウオの採集に行ったのは楽しい想い出です。幸運にも，久佐先生のご紹介で北海道大学の後輩であり，かつてニシンを材料に受精を研究しておられた柳町隆造さんを知ることになります。当時ハワイ大学助教授であり，ハムスターの体外受精を研究していました。

図8　山本研究室の佐久間ダム旅行時の久佐守先生（左端，1963年）

彼の紹介で，オーストラリアのオースチン Austin 博士と時を同じくして独立にアメリカで精子成熟（sperm capacitation: Austin, 1951; Chang, 1951）を発見したチャン Chang 博士（ボストン近郊のウスターファンデーション研究所）とネズミ類（ハムスター，マウス）で卵母細胞の受精能獲得を研究することになりました。ちなみに，チャン博士は1959年に哺乳類（ウサギ）の体外受精に世界で初めて成功した研究者です。こうした研究者との出会いは，哺乳類の受精の観点から魚類の受精・発生を見ることができる絶好の機会でした。

　日本から途中ハワイ大学に立ち寄って，柳町さんにハムスターで卵の取り方などを教わってマサチューセッツ州の田舎町シュリュウスベリーにある目的の研究所に行きました。実際にハムスターやハツカネズミでホルモン処理をして排卵している未授精卵を輸卵管から体外に取り出し，副睾丸や輸精管から取り出した活発に泳ぐ精子と共に数時間培養しましたが，全く受精が起きませんでした。哺乳類の卵はメダカの卵と違って卵膜に卵門をもたないので，精子は卵膜に穴を開けて卵に入らなければ受精できません。そのため，卵と出会ったとき，精子はいくら運動が活発であっても，頭部にもつ先体から卵膜を溶かす酵素を出せるように精子成熟が起きていなければなりません。受精が起きない原因は先体から酵素を出せるように精子成熟が起きていないことにあったのです。ですから，ハツカネズミを使って卵巣内の卵母細胞が受精能を獲得するまでの時間的経過を調べるのには，卵母細胞に出会ったときすぐ受精できる成熟精子がどうしても必要です。そのためには，まず雌を開腹して輸卵管から卵を取り出して，予め体外で成熟（受精能獲得）させておいた精子で体外受精させる技術を取得しなければなりません。それに約１年間専念しました。休みも取らず，昼夜を問わず体外受精の実験は連日続きました。ボスのチャン博士からはネズミの使い過ぎを注意される程でした。１年近く経ったある日，体外培養で精子が侵入していた１個の卵を初めて見たときは，感激してしばらくその顕微鏡像が脳裡から消えませんでした。１個の卵で成功すれば，必ず２個，３個と受精卵の頻度は上っていくと信じて実験を続けました。こうして，やっとマウス精子の体外成熟に成功したのです（Iwamatsu & Chang, 1969）。アシスタントのドイツ出身の女史が私の手早さを後輩の研究者に言うように，卵の採取から培養までの時間が５分とか

図9　第1減数分裂中期の卵母細胞に侵入した精子核の分裂中期像（META III）

からない速いテクニックが1年近くで身についていたのです。体外受精の成功の秘訣は卵が室温に曝されて変化する時間を少なくするその速さにありました。まさに、"速さは力なり"を痛感したのです。ちなみに、哺乳類の体外受精を研究できて、生物学賞を受賞した柳町さんと迎賓館で天皇皇后両陛下に謁見でき、幸せを感じました。

　体外受精のテクニックを取得して、念願の卵母細胞の成熟過程における受精能獲得の研究（Iwamatsu & Chang, 1972）ができました。この研究から、魚類の卵母細胞でも哺乳類のものでも GVBD 後に受精能を獲得することは基本的には違わないことがわかりました。たとえ、GVBD 前の卵母細胞は精子侵入が起きても付活できないので、侵入した精子核は卵母細胞の核と同じ行動をとることもわかりました。これは精子侵入によって付活しないメダカ卵母細胞における精子核（図9）のように第3減数分裂中期（META III）が見られます。

　それらのことが確認できて、勤務大学に戻ってもしばらくマウスの体外受精の研究を続けましたが、研究費も僅かで研究補助員を雇えないし、週5〜6コマの授業と3〜4の小委員会に時間が分断されるため、研究には夜間と休日を当てざるを得ませんでした。特に、発生段階図の作成のように昼夜連続して10日間近くも要する観察には大変な苦労を伴いました。そのことをご存知だったのでしょうか、名古屋大学の臨海実験所の石川優先生に「君、いつ論文を書いているのか」と言われたことがあります。そうした勤務体制の厳しさもあって、続けていたマウスの体外受精の研究を諦めて、飼育管理や実験設備などの面で経済的、かつ簡便的に卵の形成・成熟や受精を研究できるメダカを再び研究の友にすることにしたのです。

　哺乳類の体外受精の研究を行っている間に、北海道大学と東京大学の水産

分野ではウナギやタイなどの海産魚の卵成熟の先駆けとなるメダカ卵母細胞のステロイドホルモンによる成熟の研究がなされ始めていました。そのため，メダカの卵形成と成熟の研究をすぐ再開しました。その後行った卵母細胞の体外成熟の研究で，卵門などの受精に必要な構造も出来上がった卵母細胞は卵黄形成がほぼ終わり，直径約850μmになると，ゴナドトロピンの刺激を受けて成熟した濾胞の顆粒膜細胞から分泌される卵成熟誘起ステロイドホルモン（MIS: 17α, 20β-pregnenorone）を感受できるようになります。名古屋大学助教授だった鬼武一夫先生の免疫化学テクニックで，顆粒膜細胞におけるMISの合成・分泌を証明できました。そのステロイドホルモンの刺激で吸水現象がおきて成熟卵と同じサイズになり，細胞質内に生じたMPF（ヒストンH1キナーゼ）活性によってGVBD，すなわち減数分裂が始まり，受精能を獲得するのです。これが核の成熟に先立って起こる細胞質成熟です。こうして，大学院の頃に知りたかったこと，すなわち卵巣内で卵母細胞は受精に関与する因子が揃い，受精できるようになることが少しわかってきました。

メダカの分類と種分化の研究

時を同じくして，山本先生から英文で書かれた「メダカ」の本（Yamamoto, 1975）を戴いて，メダカがアジアしか生息していないことを知りました。メダカを理解するには，当然そのルーツも知らなければなりません。その本のお蔭で，メダカのルーツを追ってみたいと思うようになりました。海を渡れない小さい淡水魚メダカは，果たしてアジアのどこで出現し，島々でどのように種分化して現在に至ったのでしょうか。現代のメダカの生息分布を知ることは，アジアの大陸や島々の地歴および民族の歴史を知る上にも役立つ筈です。そこで，山本研究室の1年後輩で信州大学理学部教授の宇和紘君に"メダカの地理的分布と種分化の研究"をもちかけました。そのとき，彼は雄メダカの臀鰭にみられる乳頭状突起の形成を研究していましたが，その研究の進展に思いあぐんでいました。そのせいか，喜んで同意してくれましたので，東京大学の江上信雄先生にも協力を戴くように依頼しました。一方，私は三重県の高校教諭で生物を教えていた教え子の平田賢治さんと意気投合して，東南アジアに行ってこれまで報告されているメダカ種を採集して生きたまま

第3章　メダカはわが友

図10　インドネシアの島々への採集旅行計画中の平田賢治さん（右）と筆者（左）（1982年2月18日付『中部読売新聞』）

持ち帰ってもらい，古い文献の種を再確認すべく計画を立てました。そのことが当時の読売新聞に報道されたのを想い出します（図10）。教師の職を辞してまでジャワ島とセレベス島に採集旅行にでかけた熱血の平田氏は，1979年にスラウェシ島でセレベスメダカ *Oryzias celebensis*，そしてジャカルタからジャワメダカ *O. javanicus* を日本に初めて生きたまま持ち帰ってくれました。私はそれらを飼育管理して形態などを調べました（岩松・平田，1980）。さらに，インドのO. P. サクセナ教授にインドメダカ *O. melastigma* の採集を依頼し，日本に持って来てもらって一緒に研究を行いました。その間，信州大の宇和氏も自ら現地に赴き，フィリピンメダカ *O. luzonensis*，タイメダカ *O. minutillus*，ハイナンメダカ *O. curvinotus*，そして新種メコンメダカ *O. mekongensis* を発見・採集して，それらを生きたまま次々日本に持ち帰りました。これら数種のメダカを愛知教育大学，信州大学，東京大学に分譲して飼育管理することにしました。これが日本におけるメダカの遺伝子を用いた種分化の研究の幕開けとなったのです。その後1984年に，私は招聘されてシンガポール大学に行ったとき，山本研究室の大先輩であるシンガポール大学客員教授の堀令司さんとシンガポール本土と周辺の島々でマレーシア系のジャワメダカの生息調査を行ったのも，堀さんが故人となった今では懐

かしい。シンガポールの周りの小さい島々のマングローブの汽水域には、メダカ、デルモゲニーや鉄砲魚などの豊富な魚種が生息していましたが、残念ながらエビの養殖用に島のマングローブは破壊されつつありました。その後も、ジャワ島にもメダカの学術調査に出かけることになります。

メダカにおける受精の研究に立ち戻って

　学生の頃からたくさんのメダカを犠牲にして未受精卵と精子を採り、受精の研究を行ってきました。あるとき、メダカが自分より鋭い感覚をもっていることに気付いたことがあります。それは、未受精卵を採取するために準備していた数匹のうち1匹のメダカを水槽の中から捕まえようとした時のことです。捕まえようと思った雌と目が合った途端、その雌は竦んでしまったのです。見つめただけなのにその雌だけは捕まえられると感づいたのです。日ごろ餌を与えようと水槽に近づくと私に向かってそのガラスに口を懸命にくっつけ続けるそんな可愛い雌を思うと、殺すなんてとてもできなくなってしまいます。その思いもありまして、最近では麻酔して腹部を押して塩類溶液に成熟した未授精卵や精子を得る方法を開発しました。

　受精時に卵内に精子によって持ち込まれた中心粒、鞭毛が卵割の起動に役立っているのですが、それらを人為的に注入しても卵割を誘起できる筈です。そう思って、種の分化の形態的研究と並行して、ホルモンによるメダカ卵母細胞の体外成熟の研究を行う傍ら、未受精卵に微小管や中心粒を注入して卵割の人為的誘導を試みました。すると、予想通りにウニ精子から分離した微小管、あるいは中心粒だけを注入しても卵割が起きますが、驚いたことに分子生物研究施設の能村（三木）堆子さんが体外で重合させたウサギの脳のチューブリンだけをメダカ未受精卵の細胞質に注入しても卵割を誘導できました。しかも、いずれの卵割も無核のまま進行して、遺伝子が発現する胚胞前で発生が止まることを発見しました。高校時代に夢見た細胞分裂の研究につながるので、その研究を続けたいと思いました。しかし、メダカやドジョウの卵母細胞の成熟の研究も続けており、指導学生太田忠之さんと一緒にメダカ受精卵の微細構造も研究しておりましたので、諦めました。

　メダカの受精の研究では、魚類において精子のミトコンドリアや鞭毛など

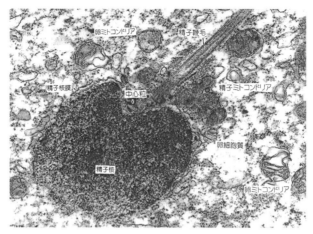

図11　メダカ卵に侵入した精子の電子顕微鏡像

成分のすべてが卵内に入ること，そして精子核からの受精前核が形成される過程を世界で初めて電子顕微鏡レベルで明らかにできました（図11，Iwamatsu and Ohta, 1978）。そうした研究をしているうちに，アメリカのギルキーら（1978）が，ノーベル賞を受賞した下村修さんが単離したオワンクラゲの発光たんぱく質エクオリンを使って，山本先生の発見した受精波が細胞内カルシウムの増加波であることを証明したのです。弟子としては，悔しい出来事でした。そのことを知った岡崎の基礎生物学研究所の客員教授平本幸雄先生の呼びかけで，下村さんからもらったエクオリンを使って吉本康明さんと浜松ホトニクスの高性能な装置を使って同様な実験をしまして，より美しい発光波を捉えることができました。さらに，メダカ卵の動植物半球には細胞内カルシウムの増加反応の違いがあることも示すことができました（図12：Yoshimoto et al., 1986）。そして，熊本大学に出向いて，伊東鎮雄先生と一緒に精子の刺激で起こるメダカ卵の膜電位および卵表層内のカルシウム増加波と表層胞崩壊波との関係も明らかにしました。

　メダカ受精卵において，第2減数分裂を完了して第2極体を放出してできた雌性前核は雄性前核に向けて移動しながら発達して大きくなります。精子侵入時から30-40分間にDNA合成とそれに続く染色体形成が雌雄両前核の合体前に起こることも明らかにしました（図13）。それら両前核が原形質盤

第Ⅰ部　メダカ先生の教え子とメダカ研究

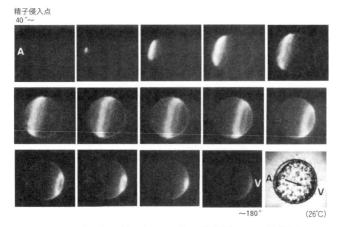

図12　メダカ卵の精子侵入に伴う動物極Aから植物極V
　　　への表層細胞質内のカルシウム増加波

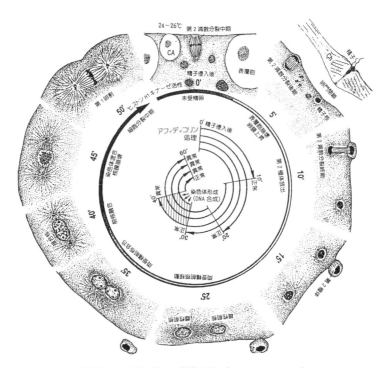

図13　メダカ卵の受精過程（Iwamatsu, 2011）

の中央で合体するとき，互いの核膜が融合して接合子核を形成することも2002年に小林啓邦先生と電子顕微鏡で初めて明らかにしました。それにしても，この現象は未だに他の魚類や両生類，鳥類のような大きい卵では観察できていません。魚卵での接合子核形成の観察は唯一この研究しかありません。メダカ卵における雌雄両前核の合体様式は接合子核を形成しないウサギのような哺乳類におけるものとは異なります。その原因はおそらく精子核から雄性前核が形成される様式にあるようです。雄性前核を作るとき精子の核膜を再利用しない哺乳類と違って，メダカの雄性前核の核膜は接合子核を形成するウニの雄性前核の核膜と同様に，精子の核膜を再利用して形成されますので，精子の核膜をモザイク状にもっています。

卵膜除去と裸卵の受精の研究

魚の卵には，発生過程に胚を護る厚い卵膜があり，先体をもたない精子は通常1つの卵門・卵門管を通って卵表に接して卵内に侵入します。メダカ精子は，哺乳類のように受精時に鞭毛運動の振幅が大きくなるような超活性化現象を起こさないで，振幅の小さい鞭毛運動で卵門管内を低速度で通過します（図14）。しかし，受精する精子にとってもそうですが，受精を調べる私にとっても卵膜は邪魔な存在です。従来の卵膜除去方法には孵化酵素や種々のプロテアーゼを使ってなされています。しかし，その操作には手間がかかりますし，未受精卵に及ぼすその酵素の影響が気になりますので，機械的に除去する方法をいろいろと思案しました。そして，コツさえつかめば，ピン

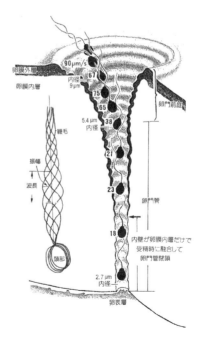

図14 メダカの卵門内への精子の進入と運動

第Ⅰ部　メダカ先生の教え子とメダカ研究

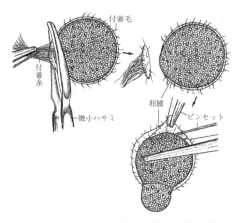

図15　メダカ精子の鞭毛運動と卵門内進入

セットとハサミで簡単にできる卵膜の機械的除去方法をあみ出しました（図15, Iwamatsu, 1983）。ただ，それには神経を集中させて行うテクニックが求められます。除去操作に移ると，私は自分に「空になれ」と念じながら無心になるように努力しました。得られた裸卵はミリポアフィルターで除菌した淡水に入れても，裸の細胞なのになぜか精子と同じように細胞膜に浸透圧調節機構が働いていて膨潤してパンクしてしまうようなことはありません。もちろん，この裸卵には精子はどこからでも侵入できますが，精子リセプターの分布の違いで動物半球側に多く入り，多精受精になります。非常に少ない精子を用いて媒精すれば，全く正常に受精して新しい無菌水内で裸のまま発生して，脳の発達によって泳ぎだします。海産動物や哺乳類の卵も浸

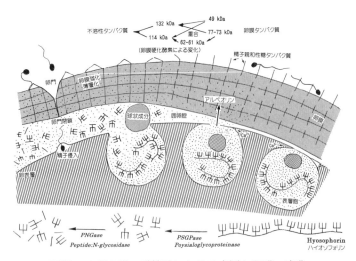

図16　メダカ卵の受精時における表層と卵膜の変化

第3章 メダカはわが友

透圧調節機構があって淡水の中でパンクしないか否か知りたいところです。少なくとも，大きいメダカの裸卵は低調液に耐えることができます。この方法を用いれば，受精する前に卵膜と卵自体を分離できますので，のちにこの手法を用いて卵膜の硬化の機構を研究することができました（Iwamatsu et al., 1995）。この卵膜硬化の研究は大学院の修士論文を想い出します。それをさらに発展させた指導学生柴田安司君は，受精時に卵膜を硬化させる Ca-依存のアスタシン・メタロプロテアーゼ・ファミリーであるアルベオリン alveolin が表層胞内に存在することを発見しています（図16）。

卵形成における卵母細胞の卵軸と回転

胚反復説で有名なドイツのエルンスト・ヘッケルも1855年にメダカと分類学上同じダツ目に属すダツやサヨリの卵でも付着毛や付着糸があることを観察しており，それらが卵母細胞表面の周りを一定方向に取り巻いているスケッチを描き遺しています（図17）。しかし，慧眼をもつ彼であるが，その回転には気付いていません。同様に，メダカの卵母細胞にも卵膜上に付着毛と付着糸がありますが，私はそれらが一定方向に巻いているのを見て，卵母細胞が成長と共に回転していることに気付きました（Iwamatsu, 1992）。そして，体外で培養してその回転を直接確認しました（Iwamatsu, 1994）。直径約300μmの卵母細胞は卵巣の中で1日に1回転（回転速度約40μm/hr）しています。メダカの濾胞では，おそらく基底膜内側を引っ掻くような顆粒膜細胞の動きによって，その細胞に密着している卵母細

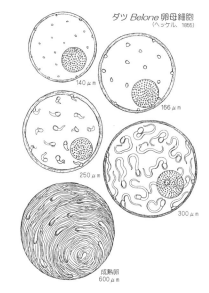

図17 ダツ卵母細胞のヘッケルによるスケッチ

胞が基底膜の内側で回転しているようです。なぜか，成熟時に卵母細胞は必ず植物極側が排卵される卵巣腔の卵巣上皮に接するようになります。メダカ卵母細胞は必ず植物極部分から排卵するのですが，その排卵の位置を決めるメカニズムは未だにわからないままです。この卵巣内における卵母細胞の動態の発見は山本先生に教わった観察力によると思っています。

　卵形成過程において，球体で極性のない小さい卵母細胞は細胞質内に卵黄核ができて初めて極性を生じて，放射相称になります。そして，その卵黄核の周りに濾胞細胞が集まってきて，そこに植物極のマーカーとなる付着糸が形成されます。その位置と卵核を結ぶ線が卵軸となって回転し始めるのです。付着糸の位置ときっちり反対側の卵表にある顆粒核細胞の 1 つが卵門細胞に分化すると，卵母細胞の動植物軸が具現化するのです。1987年には中嶋晴子さん，そして教え子の太田忠之さんや大島恵美子さんと共同で卵の形成や極性の微細構造を調べて，卵形成過程において球状である卵に卵黄核の形成と濾胞細胞の動態などによって極性が決まることを突き止めました。とくに，中島さんの見事なテクニックでねじれた卵門細胞の形成と排卵時の退化，そして巧妙かつ忍耐強い小林啓邦先生の技術で卵黄核の消長をそれぞれ電子顕微鏡によって観察できたのです。このように，メダカの卵母細胞は卵黄核，付着糸の形成とそれに回転が加わって動物極の位置にある 1 つの濾胞細胞の

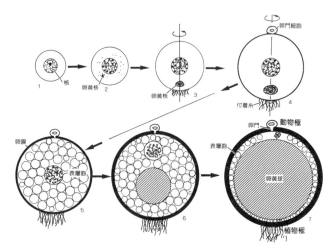

図18　メダカ卵母細胞の卵軸決定の模式図

卵門細胞への分化が起きて，卵軸（動植物軸）が明確になることを知りました（図18）。しかし，卵黄核への濾胞細胞の集合とそれらによる付着毛と付着糸の形成，および卵門細胞の位置と分化の決定などの詳細なメカニズムはまだ解明されないままです。

「メダカの本」への思い

　一方，メダカ胚の発生過程を毎日のように観察していましたので，それまでメダカの発生学者が使っていた松井喜三氏の発生過程の図（松井，1949）をより正確でわかり易い発生段階図を作成して役立てたいと思っていました。そのこともありまして，初めて試みた作図（岩松，1976）をきっかけに，不十分ながら作成して動物学会誌に発表したのが1994年です。それを見て，さらに多くの研究者の目に触れるようにと，東京大学の嶋昭紘教授のお勧めでアメリカの発生学会誌に再発表することになりました（Iwamatsu, 2004）。お蔭でその引用数がその雑誌のトップ10に入り，"*congratulation*" との連絡を受けました。このメダカの発生段階図を描く前から，素晴らしいメダカを多くの人びとに知ってもらうための本を書くことを心の片隅に温めて，資料を集めていました。宇宙の万物には価値のないものはないのであって，人に無価値なものを価値あるものに高めるのが人間の能力でありましょう。そう思って"たかがメダカ"と価値が認められていないメダカを価値あるものに高めるために，「メダカの本」を執筆しようと思いました。過去の研究者が遺した熱い思いのこもったレポートを書き記しておきたい思いもありました。心ひそかに，馬鹿な自分にしかできないことをしようと思ったのです。

　東京大学の山上健次郎先生と嶋昭紘先生から「メダカの生物学」（1990）の分担執筆の依頼を受けて「受精」の章を書きましたが，その本の題名が20年近くかけて準備中であったメダカの本のために予定していた題名でした。それだけに，先取りされたことにガッカリしました。その頃，名古屋市東山動物園の水族館の改設で，どのような水族館にするとよいかと担当者（獣医）の松山國臣係長と飼育主任佐藤正祐さんから相談を受けました。淡水魚水族館ではやがてできる岐阜の木曽三川公園に予定されているものと同じになるので，類のないメダカという単一魚類とその仲間の水族館はどうかと提

案しました。動物園の傍にはメダカの研究を活発に行っている名古屋大学があり，丁度私たちもアジアのメダカ数種を採集して保持していましたので提供できることもありまして，メダカとその仲間たちを展示する「世界のメダカ館」として開設することになりました。その水族館が開設されましたのが1993年10月で，題名を「メダカの生物学」から「メダカ学」に変更した私の本が丁度出版できましたので，西尾名古屋市長とのテレビ対談のときその本を紹介したのを想い出します。また，そのメダカ館に常陸宮殿下がご参観に来られた時に，案内役を仰せつかったのも光栄でした。それから，「メダカと日本人」という本の執筆依頼がありまして，出版したのが2002年です。そして，2000年に，スペインの研究者ターリンTarinさんに頼まれて魚の受精の総説を書いたこともあり，「魚類の受精」（培風館）を出版しました。その2004年には，日本動物園水族館協会総会が名古屋観光ホテルで開催されました。その協会の総裁であられる秋篠宮殿下と妃殿下が目の前にご臨席され，全国の動物園長・水族館長約170名が列席した会場で「メダカから見た日本人」と題して記念講演をさせて戴きました。

　こうして，55年の間，私はメダカのお蔭で，魚の卵形成，成熟，受精，発生，性決定，分類，形態や生態を勉強することができ，今では生き物というものが少しは解ったような気がします。懸命に研究を続けてきて，気が付くといつの間にか受精そして性分化と研究の流れが山本先生と同じになっていました。幸い，大学の定年退職を前にして，アメリカの発生学会誌から次々と投稿依頼があり，受精の研究をしてきてよかったと安堵感を味わうことができました。しかし，山本先生の提案された命題「性ホルモンが性の決定・分化因子である」（Yamamoto, 1969）は，性ホルモン産生の時期が性分化開始より遅いため，疑問視されるようになりました。そうしたことから，性の決定・分化に性ホルモンがどのように関わっているのかが山本先生の実験が投げかける問題点です。それを調べるには，山本先生の性転換技法ではホルモンを作用させる時間があまりにも長すぎて，ホルモンの作用点をしぼり込めません。そこで考えあみ出した方法が胚での短時間のホルモン処理方法です。即試みて，成功し1999年に発表しました。定年退職に近いころ，メダカの正常受精卵には性転換を引き起こすほどの性ホルモンは存在しないことを定量的に確かめました。また，胚は1日性ホルモンに浸されるだけで，孵

化時にはすでに性転換を起こしていることを確認しました。さらに，山本先生の助手をしておられた菱田富雄先生と一緒に研究しておられた小林啓邦先生の協力で性転換させる女性ホルモンと男性ホルモンの作用が互いに拮抗することもわかりました。しかし，性転換に関わり合う性ホルモンの作用機構は分子レベルではまだわかっていません。

卵巣において卵原細胞の分化の時点で分裂パターンが体細胞分裂から減数分裂に移行し，それが受精時に再び減数分裂から細胞分裂に戻るのですが，最近，ハンガリーの細胞工学の教授の依頼で「第7章 メダカの受精における染色体形成」という総説を書きました（Iwamatsu, 2011）。この本は人気があり，第2版が2017年にでました。核相交番における分裂パターンの変換は極めて重要ですが，脊椎動物ではそのメカニズムについてまだ十分解明されていません。

まだ卵形成に関するいくつかの疑問をもっています。その1つは，昆虫，軟体動物や魚類における卵では卵門をもっていますが，卵母細胞の成熟につれて卵核はどのように卵門の傍に位置するようになるかという疑問です。私の実験が示すように，排卵前の卵母細胞の段階で遠心力によって卵核胞を植物極半球に移して成熟させると，卵門から入った精子核はもはや卵核と合体できません。したがって，卵核は卵門（動物半球）の傍になければならないのです。2つ目は減数分裂が，どうして卵割のような等分裂様式をとらないで，卵母細胞の極一部分の分裂で極体を放出するかという疑問です。減数分裂は星状体を形作らないで紡錘体が卵表に対してほぼ直角に向いていること，および卵全体が付活していないので原形質盤ができないことに原因があるのでしょうか。そして最後の1つは，減数分裂の回数がどうして2回であるのかという疑問です。半数ゲノムであることに原因しているのではないようです。受精能を獲得する前の卵母細胞，あるいは麻酔状態の卵に侵入した精子核は半数ゲノム（n）であるのに卵母細胞の減数分裂に同調して，さらに第3減数分裂中期像（META-III：図6, 図9）を示すのです。一体どうして第2減数分裂中期に細胞静止因子 CSF（Mos）のような因子がどのように出現して2回で減数分裂を止めるのでしょうか。これらの疑問は年老いた私の頭の中では凍結状態です。

おわりに

　胚のホルモン処理による性転換に成功した1999年に，高知生態協会の中村滝男さんから「日本めだかトラスト協会」の設立と会長依頼の相談を受けまして，それ以来未だに微力ながらメダカを通して市民の方々の自然環境の保全活動に関わっています。環境というものは私たちの鋳型のような存在であり，それを壊しては私たちの身も心も壊れてしまいます。そう思って環境教育や保全活動のお手伝いをしています。また，小学校数校で5年生理科「メダカのたんじょう」のモデル授業を2010年から続けています。そのこともあって国内外の多くの研究者やメダカに興味をもっておられる方々とも交流ができて，ご指導下さったわが恩師山本先生とわが友のメダカに心から感謝しています。もちろん，私は両親，姉，兄，妹のお蔭でこれまで成長し，妻に支えられて現在に至っています。餓鬼の頃から人の役に立とうと思って研究してきた成果のうち，20以上引用してくれたアイルランドのクンツ Kunz 女史著の「魚類の発生生物学」のような嬉しい例はありますが，60年近く続けてきた私の研究成果を見て喜び，また感謝してくれる人はいないでしょう。でも，それが私の仕事であり，ごく自然のことと思っています。そう思って，いまだに毎年，鱗，鰭，歯，耳石，血管，脊椎骨，肋骨などが形成されて若魚になるまでのメダカの変態を観察しては，愛知教育大学研究報告書に連載しています。

　最近では，「空帰論」という考えをもっています。万物は，勝敗，苦楽，善悪などのない「空(くう)」より生まれ，その「空」に帰るという考えです。私の理想の存在は，「実入り」の無い「空」の存在です。すなわち，認（み）められず，意識（い）されず，かつ十分理解（り）されない，それでいて何らかの役に立つ存在です。悪いこともせず，私たちの心を癒して死んでいったメダカたちも，空気や水のように日ごろ意識されず役に立っている「空」なる存在です。私も生ながらにしてそういう存在でありたいと願っています。

文献

Austin, C. R., Observations on the penetration of sperm into the mammalian egg. Aust. J. Sci., B, 4, 581–596, 1951.

Chang, M. C., Fertilizing capacity of spermatozoa deposited into Fallopian tubes. Nature, 168, 697, 1951.

Chang, M. C., Fertilization of rabbit ova *in vitro*. Nature, 184, 466-467, 1959.

江上信雄・嶋昭紘・山上健次郎, メダカの生物学. 315p., 東京大学出版会, 1990.

Gilkey, J. C., L. F. Jaffe, E. B. Ridgway and G. T. Reynolds, A free calcium wave traverses the activating egg of the medaka, *Oryzias latipes*. J. Cell Biol., 76, 448-466, 1978.

Iwamatsu, T., On fertilizability of preovulation eggs of the medaka, *Oryzias latipes*. Embryologia, 8(4), 327-336, 1965.

Iwamatsu, T., Role of the germinal vesicle materials on the acquisition of developmental capacity of the fish oocyte. Embryologia, 9(3), 205-221, 1966.

岩松鷹司, 生物教材としてのメダカ. III. 発生過程の生体観察. 愛知教育大学研究報告, 25, 67-89, 1976.

Iwamatsu, T., A new technique for dechorionation and observations on the development of the naked egg in *Oryzias latipes*. J. Exp. Zool., 228, 83-89, 1983.

Iwamatsu, T., Morphology of filaments on the chorion of oocytes and eggs in the medaka. Zool. Sci., 589-599, 1992.

岩松鷹司, メダカ学. 324p., サイエンティスト社（東京）, 1993.

Iwamatsu, T., Medaka oocytes rotate within the ovarian follicle during oogenesis. Develop. Growth Differ., 36, 177-186, 1994.

Iwamatsu, T., A convenient method for sex reversal in a freshwater teleost, the medaka. J. Exp. Zool., 283, 210-214, 1999.

Iwamatsu, T., Fertlization in fishes. *In*: Fertilization in Protozoa and Metazoan Animals (J. J. Tarin & A. Cano, eds.), 89-145, Springe-Verlag Berlin, Heidelberg, 2000.

岩松鷹司, メダカと日本人. 213p., 青弓社, 東京, 2002.

岩松鷹司, 魚類の受精. 195p., 培風館, 東京, 2004.

Iwamatsu, T., Chromosome formation during fertilization in eggs of the teleost *Oryzias latipes*. *In*: Cell Cycle Synchronization, Methods in Molecular Biology (G. Banfalvi, ed.), 97-124, 2011.

岩松鷹司・平田賢治, メダカ *Oryzias* 3種の形態の比較研究. 愛知教育大学研究報告, 29, 103-120, 1980.

Iwamatsu, T. and M. C. Chang, *In vitro* fertilization of mouse eggs in the presence of bovine follicular fluid. Nature, 224, 919-920, 1969.

Iwamatsu, T. and M. C. Chang, Sperm penetration *in vitro* of mouse oocytes at various times during oocyte maturation. J. Reprod. Fert., 31, 237-247, 1972.

Iwamatsu, T., T. Noumura and T. Ohta, Cleavage initiation activities of microtubules and *in vitro* reassembled tubulins of sperm flagella. J. Exp. Zool., 195, 97-106, 1976.

岩松鷹司・大渕真龍, *Paramecium caudatum* EHRENBERG の原形質分離について. 農学集報, 5(2), 38-46, 1959.

岩松鷹司・大渕真龍, *Paramecium caudatum* EHRENBERG の原形質分離について (続報). 農学集報, 6(4), 341-347, 1961.

Iwamatsu, T. and T. Ohta, Electron microscopic observation of sperm penetration and pronuclear formation in the fish egg. J. Exp. Zool., 205, 157-179, 1978.

Iwamatsu, T., Y. Shibata and T. Kanie, Changes in chorion proteins induced by the time of exudate released from the egg cortex at the fertilization in the teleost, *Oryzias latipes*. Develop. Growth Differ., 37, 747-759, 1995.

Iwamatsu, T., Y. Yoshimoto and Y. Hiramoto, Cytoplasmic Ca^{2+} release induced b microinjection of Ca^{2+} and effects of microinjected divalent cations on Ca^{2+} sequestration and exocytosis of cortical alveoli in the medaka egg. Dev. Biol., 125, 451-457, 1988.

Kunz, Y. W., Developmental Biology of Teleost fishes. 636p., Springer, 2004.

Masui, Y., Relative roles of pituitary, follicle cells, and progesterone in the induction of oocyte maturation in *Rana pipiens*. J. Exp. Zool., 166, 365-376, 1967.

Matsui, K., メダカの発生過程. 実験形態学, 5, 33-42, 1949.

Nakano, E., K. Okazaki and T. Iwamatsu, Accumulation of radioactive calcium in larvae of the sea urchin *Pseudoventrotus depressus*. Biol. Bull., 125, 125-132, 1963.

Yamamoto, T., Physiological studies on fertilization and activation of fish eggs. I. Response of cortical layer of the egg of *Oryzias latipes* to insemination and artificial stimulation. Annot. Zool. Japon., 22, 109-125, 1944.

山本時男, 日本遺伝学雑誌, 26, 245, 1951.

Yamamoto, T., Artificially induction of functional sex-reversal in genotypic females of the medaka (*Oryzias latipes*). J. Exp. Zool., 123, 571-594, 1953.

Yamamoto, T., Sex differentiation. *In*: Fish Physiology, vol. 3 (Hoar W. S., Randall D. J. eds.), 1969.

Yamamoto, T., Medaka (Killifish): Biology and Strains. 365p., Keigaku Publ. Co., Tokyo, 1975.

Yoshimoto, Y., T. Iwamatsu, K. Hirano and Y. Hiramoto, The wave pattern of free calcium release upon fertilization in medaka and sand dollar eggs. Develop. Growth and Differ., 28(6), 583-596, 1986.

第II部

メダカ研究の最近

第 1 章

メダカ学最前線
日本が育てたモデル動物メダカ

横井 佐織・竹花 佑介
竹内 秀明・成瀬　清

1　メダカ研究事始め

　日本人は江戸の昔からメダカを愛玩動物として飼育してきました。メダカは浮世絵にも夏の風物として描かれています。江戸末期に出版された魚類の図版である「梅園魚譜」(1835)には野生のメダカとともにヒメダカやシロメダカも描かれています。20世紀は物理科学の時代といわれますが生物学においても1900年に大きな発見がありました。カール・エーリヒ・コレンス（ドイツ），エーリヒ・フォン・チェルマク（オーストリア），ユーゴー・ド・フリース（オランダ）の3人が独立に植物を用いておこなった「メンデルの法則」の再発見です。「メンデルの法則」は子が親に似るという遺伝現象がもつ基本的な性質を明らかにしたもので3つの基本ルール（優性の法則，分離の法則，独立の法則）よりなります。メンデルの法則は植物を用いて発見されましたので，これが動物にも当てはまるかどうかについては大きな関心事となりました。動物でもこのメンデルの法則が当てはまることは，外山亀太郎先生（1867-1918）がカイコを用いて世界で初めて明らかにしました。その後さらに外山亀太郎先生と石川千代松先生（1860-1935）（東京帝国大学教授）（図1）は江戸時代から知られていたヒメダカやシロメダカを用いて1910年には脊椎動物でもメンデルの法則が成り立つことを完全に証明して

第Ⅱ部　メダカ研究の最近

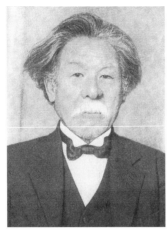

図1　(左) 石川千代松先生 (1860-1935) と (右) 外山亀太郎先生 (1867-1918)
　　　脊椎動物でもメンデル遺伝が成立することを世界で最も初期に証明した。

います[1,2]。メダカを用いた一連の研究は脊椎動物においてメンデルの法則を証明した最も初期の研究の一つです。これらの業績は世界的に見ても非常にすばらしい発見ですが日本語で発表されていることもあって，世界に広く知られる状況ではありませんでした。

1-1　メダカ研究世界へ (會田龍雄先生と山本時男先生)

　メダカを用いた研究が世界に知られるきっかけとなったのは會田龍雄先生 (1871-1957) (図2) によってなされた限性遺伝 (伴性) の発見です[3]。會田先生はこの研究によって帝国学士院賞を受賞されますが，生涯博士号は取得されませんでした (會田龍雄先生についての詳細は，本書第Ⅰ部第2章 (竹内哲郎先生) を参照してください)。會田龍雄先生は長い時間をかけて膨大な交配実験をおこない，1) メダカの黄色の体色 (黄色素細胞でのカロチノイド色素蓄積の有無) を決める遺伝子は性と連鎖しておりX染色体だけでなくY染色体上にも存在する。2) メダカの性決定はXX-XY型である。3) X染色体とY染色体の間でも乗換えが起こる，という3つの現象を明らかにしました。当時の遺伝学研究に最も多く用いられていたショウジョウバエでは，Y染色体は不活性な染色体で，機能がある遺伝子はY染色体上にはない

図2 （左）會田龍雄先生（1871-1957）と（右）自宅に設置した実験用水槽。會田先生はすべての実験を自宅で行った。

と考えられていました。またショウジョウバエではX染色体とY染色体の間で乗換えは起こりませんので，X染色体とY染色体の間での乗換えは起こらないことが動物では一般的であると考えられていました。會田龍雄先生の研究は当時の常識を塗りかえる画期的な成果でした。メダカで観察された，Y染色体上にも機能的な遺伝子があるということや，X染色体とY染色体で乗換えが起こるという現象は，ショウジョウバエが特殊な例であり，メダカで観察された現象がより普遍的であることが現在では明らかになっています。一連の研究は1921年にGenetics 6, 554–573[3]に英語で発表されました。これがメダカを用いた研究が世界へ羽ばたくきっかけとなりました。會田龍雄先生は本書の主人公である山本時男先生（1906-1977）（図3）とは直接師弟関係にはありませんが，お二人は同志ともいうべき深い絆で結ばれていたことが會田龍雄先生の最後の弟子である竹内哲郎先生の文章からよくわかります。

　山本時男先生（図3）はメダカを用いて様々な研究を展開されていますが，その中でも受精の生理学的研究から提唱された「受精波」の概念（1944）はその後の受精・発生の研究に大きな影響を与えました[4]。受精波説は精子の受精によって生じた発生を活性化させるシグナルが動物極から植物極に波のようにつたわるという仮説です。この実験のために考案されたメダカ用のリンガー液はサケ・マス類の人工孵化事業に現在でも用いられています。Gilkeyらは1978年にこの受精波の本体が一過性の細胞内カルシウムの増加

第Ⅱ部　メダカ研究の最近

図3　山本時男先生（1906-1977）（左）ニューヨーク州立大学ハミルトン教授宅での感謝祭での写真。山本先生とともに若き日の富田先生が同席されている。（右）野外メダカ圃場でメダカの系統名を墨汁にて木札に記載する山本先生。墨汁は耐候性に優れているため富田先生も利用されていた。

であることを示しました[5]。

　山本時男先生の業績の中でもっとも有名な研究はメダカを用いた人為的性転換の実験であろうと思われます[6-8]。山本時男先生だけでなく他の日本人研究者もメダカの稚魚に女性ホルモン（エストロジェン）や男性ホルモン（アンドロジェン）を餌とともに与えるとその性比が大きく変わることを報告していました。しかしこの現象が女性ホルモンによって，本来オスになるべき個体がメスになったのか（或いは男性ホルモンによって本来メスになるべき個体がオスになったのか）メダカの成長過程でオス（或いはメス）が選択的に死亡したのかをきちんと検証することは容易ではありませんでした。山本時男先生は會田龍雄先生が発見された限性遺伝の現象を利用して，性染色体がXYならば黄色（遺伝的にはオス），XXならば白色（遺伝的にはメス）の体色となるd-rR系統を作出しました。この系統の稚魚に女性ホルモンや男性ホルモンを与えるとその世代は黄色い体色（XY型の遺伝子型）をもったメスや白い体色（XX型に遺伝子型）をもったオスが多く出現しました。さらに正常なオスやメスと交配して次世代をとることで，その親世代が実際にXYメスやXXオスであることを示しました。さらにYY個体はオスであり生存可能であることも示しました。これら一連の研究は性ホルモン処理によって脊椎動物が機能的に性転換することを示した世界初の研究であり，現

在の「環境ホルモン研究」につながる重要な研究となりました。

1-2 メダカ突然変異体を自然の中から探す

　1980年代までのメダカの研究は世界的に見ても多くの優れた研究やユニークな研究が展開されてきました。その中で富田英夫先生(1931-1998)（図4）の自然突然変異体の同定を紹介します(9, 10)。突然変異体は体色や形態などが野生型とは少し異なる表現型を示す系統を言います。いわゆるヒメダカは体色の自然突然変異体の例です。富田先生は野外から採集したメダカや市販のヒメダカを用いて，3世代にわたる交配によって自然集団の中に潜在的に存在する突然変異遺伝子を同型接合にすることで顕在化させ，自然突然変異体を同定するという実験を30年以上にわたり繰り返し行いました。その結果60種類以上の突然変異体（アルビノなど体色・色素（細胞）に関する突然変異体，目のない変異体，鱗がない変異体，腹側の構造が背側にもできる変異体等）をたった一人で同定するという「偉業」を成し遂げられました。これらの突然変異体は現在では基礎生物学研究所を中核機関として実施されているメダカナショナルバイオリソースプロジェクトに寄託され，世界中の研究者に提供されています。これらの突然変異体を用いた原因遺伝子同定実験は現在でも行われており，今まで知られていなかった新たな遺伝子の機能が発見されています。富田先生はすでに亡くなられていますが，先生が同定された変異体コレクション（富田コレクション）は今でも現役の研究材料としてメダカ研究において非

図4　富田英夫先生（1931-1998）　名古屋大学教授。30年以上にわたる研究により，60種類以上のメダカの自然発生的突然変異を"ひとり"で発見した。

常に重要な地位を占めています。

1-3 モデル動物ゼブラフィッシュの誕生とメダカ研究

　国内を中心にユニークで特徴的な研究が展開されてきたメダカ研究ですが，1980年代からはじまった「モデル動物ゼブラフィッシュの誕生」という海外からの大きなトレンドの影響を受け始めます。ゼブラフィッシュはインド原産の熱帯魚で飼育が容易で同時に多数の卵を得ることができます。卵や胚が透明であるうえに，体外受精であることから体外で発生の全過程を詳細に観察できます。また世代時間も2～3カ月程度と比較的短いことから，発生や器官形成を遺伝学的方法によって解析できる実験系として期待され，欧米を中心に多くの研究者がこの分野に参入してきました[11]。このゼブラフィッシュを用いて欧米では大規模な突然変異体の同定やゲノム解析プロジェクト等が次々と実施されました。その結果，ゼブラフィッシュは線虫やショウジョウバエ，マウスと並ぶモデル動物として現在では世界中で利用されています。ゼブラフィッシュのもつモデル動物としての特徴はメダカにもほぼそのまま当てはまります。世界中で展開されているゼブラフィッシュ研究の影響を受け，メダカでもモデル動物化を目指した研究が展開されました。その中には変異源ENUを用いた大規模なメダカ突然変異体の収集や高密度の連鎖地図の作成，ゲノムライブラリーの作成，メダカゲノム解析計画，発現遺伝子の網羅的コレクション等があります。2000年前後からは富田コレクションを用いて突然変異体の原因遺伝子を同定する研究も開始されました。特に2001年に発表されたヒメダカの原因遺伝子同定は，富田コレクションをはじめとする従来から蓄積されてきた多くのメダカ突然変異体と新たに構築された多くのリソースがうまく結合し，メダカ研究の新たなステージが始まったことを明確に示すエポックメーキングな研究です[12]。このような研究をさらに推進することを目指したメダカゲノム解析プロジェクトも2002年より開始され，2007年にはメダカゲノムの全配列が公開されました[13]。さらにメダカリソースの収集・保存・提供を目的とするメダカナショナルバイオリソースプロジェクトも2002年より始まっています[14]。研究環境の整備が進むにつれ，メダカがもつユニークな性質をうまく利用した研究も次々に発表され始めました。その例として，メダカ性決定遺伝子の同定と

メダカ属を用いた性決定遺伝子の進化に関する研究とメダカの生殖行動を司る分子神経機構に関する研究をご紹介します。

2 メダカ属における性決定遺伝子の進化

　メダカが含まれるメダカ属（*Oryzias*）はアジアに固有のグループであり，これまでに30種ほどが報告されています。分布域はインド東部から日本列島まで幅広く，分布域の中心は東南アジアの熱帯域です（図5）。これらメダカの仲間は淡水から海水まで様々な環境に適応しており，その形態や体色，繁殖様式も種によって異なります。いずれも雌雄異体でオスとメスを容易に区別できますが，この「オス・メスを決める仕組み」にも著しい多様性が存在することが明らかになってきました。

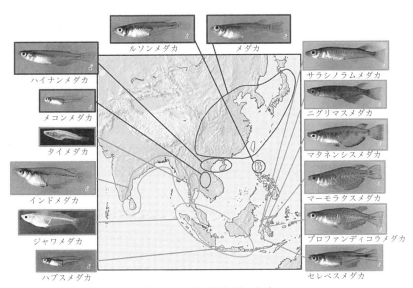

図5　メダカ属魚類の分布

2-1　脊椎動物における性決定のしくみ

　多くの脊椎動物では，性染色体の組み合わせによって遺伝的にオス・メスが決定されています。この性染色体による性決定様式にはXY型とZW型の

2パターンが存在し，XY型の場合は性染色体がヘテロ接合（XY）になるとオスに分化し，ZW型の場合は性染色体がヘテロ接合（ZW）になるとメスに分化します。XY型，ZW型いずれの場合でも，オス・メスの決定に必要なのは性染色体全体ではなく，性染色体に存在する決定因子（性決定遺伝子）が重要な役割を担っています。例えば哺乳類では，Y染色体上の「*Sry*」が性決定遺伝子であり，この1つの遺伝子の働きによってオスへの分化が始まります。

しかし，*Sry* は哺乳類だけにみられる性決定遺伝子で，他の脊椎動物には見つかっていません。また，哺乳類はXY型ですが，鳥類やヘビ類はZW型であり，脊椎動物にはXY型とZW型の性決定様式が混在しています。しかも，同じ性決定様式であっても，どの染色体が性染色体として働くかは生物種によって異なります。つまり，脊椎動物の進化過程では新しい性決定遺伝子が何度も生じ，それによって多様な性決定様式・性染色体が成立してきたと考えられます。しかし，性決定遺伝子の実体は多くの動物において不明で，性染色体の多様化をもたらした分子機構はこれまでほとんど明らかにされてきませんでした。

2-2　メダカの性決定遺伝子 *Dmy*

2002年に脊椎動物で2例目となる性決定遺伝子がメダカで発見され，*Sry* 以外の性決定遺伝子について，その分子実体が初めて確かめられました[15]。この遺伝子はY染色体にのみ存在し，ショウジョウバエのdsxと線虫mab-3という性決定に関わる因子が共通してもつDNA結合領域（DMドメイン）を含んでいたことから，「*Dmy*」と名付けられました。脊椎動物にはDMドメインをコードする遺伝子（*Dmrt* 遺伝子）が複数存在しますが，*Dmy* はそのうちの *Dmrt1* と最も高い相同性を示します。このことから，常染色体上の *Dmrt1* が別の染色体（現在のY染色体）に遺伝子重複した後，これまでなかったオス決定という機能を獲得することによって，新規の性決定遺伝子 *Dmy* が進化したと考えられています。

2-3　メダカ属魚類の性染色体

Dmy の発見当初，この遺伝子は多くの魚類に共通の性決定遺伝子ではな

いかと考えられていました。ところが，*Dmy*をいくら探しても，他魚種どころか，メダカの近縁種でさえ見つかりません。結局，*Dmy*はメダカ属の2種（メダカとハイナンメダカ）だけで見つかり，これらの共通祖先で生じた起源の新しい遺伝子であることが判明しました（図6）。つまり，他のメダカ近縁種は別の性決定遺伝子をもつことが示唆されたわけです。

では，他のメダカ近縁種はどのようにオス・メスを決定しているのでしょうか？　そこで私たちは，*Dmy*をもたないメダカ近縁種について，その性決定様式や性染色体を一つ一つ調べることにしました。それぞれの種について交配実験や遺伝解析を行った結果，メダカ属にはXY型とZW型の性決定様式が混在し，性染色体は種によって異なるという，驚くべき多様性が明らかになってきました。このことは，比較的短い期間に性染色体や性決定遺伝子の交代が何度も生じてきたことを示唆しています。すなわち，メダカ属は当初の予想を遙かに超えた多様性を示すことが明らかになったのです。そうなると次の疑問が浮かんできます。「*Dmy*以外の性決定遺伝子の実体は何か？」という問題です。

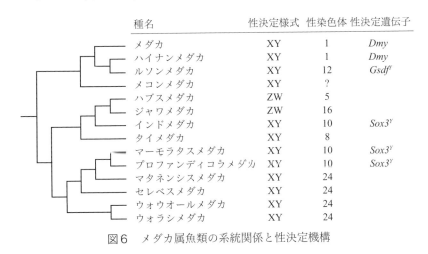

図6　メダカ属魚類の系統関係と性決定機構

2-4　ルソンメダカの性決定遺伝子 $Gsdf^Y$

メダカで発見された*Dmy*は，メダカ，ハイナンメダカ，ルソンメダカの3種の共通祖先において，1,000〜1,800万年前に誕生したと考えられます。

ところが、ルソンメダカは *Dmy* をもたず、その XY 性染色体はメダカの常染色体（12番染色体）と相同であることが判明しています。このことから、ルソンメダカでは12番染色体に新規の性決定遺伝子が生じ、これが *Dmy* の役割を後から乗っ取ったと考えられます。

そこでルソンメダカ性決定遺伝子の実体を明らかにするため、性染色体の詳細な解析が行われました。遺伝学的に特定されたルソンメダカの性決定遺伝子領域について全塩基配列を決定したところ、この領域内に遺伝子がひとつだけ見つかりました。その遺伝子は *Gsdf* と呼ばれ、TGF-β スーパーファミリーに属する増殖因子をコードしています。もともとはニジマスの生殖細胞や精原細胞の増殖を制御する因子として発見され、今のところ魚類にしか見つかっていない遺伝子です。ルソンメダカの *Gsdf* は X 染色体にも Y 染色体にも存在していて、両者のコードするアミノ酸配列は同一でした。しかし、Y 染色体の対立遺伝子（*Gsdf*^{Y}）がより早い時期に高発現することが判明し、しかも *Gsdf*^{Y} を遺伝子導入した XX 個体が機能的なオスに分化したことから、*Gsdf*^{Y} がルソンメダカの性決定遺伝子であることが示されました[16]。

また、*Gsdf* 周辺の塩基配列を XY 染色体間で比較すると、プロモーター領域の配列に違いが認められました。その変異の一部がオス特異的な発現に関わることが示唆されたことから、ルソンメダカでは一対の染色体の片方（現在の Y 染色体）で *Gsdf* プロモーターに変異が生じ、これによって *Gsdf*^{Y} の性決定機能が獲得されたと考えられています。

2-5　インドメダカの性決定遺伝子 *Sox3*^{Y}

さらに最近、XY 型の性染色体をもつインドメダカからも別の性決定遺伝子が発見されました。本種はメダカと比較的遠縁な関係にある近縁種で、*Dmy* の出現よりずっと前に分岐しているため、新規の性決定遺伝子をもつことが予想されていました。

ルソンメダカと同様の方法によって、性決定遺伝子領域の範囲を X 染色体上で140kb、Y 染色体上で310kb の領域に絞り込みました。ただ、この領域はトランスポゾンを始めとした反復配列で埋め尽くされており、この中にタンパク質をコードする既知の遺伝子は見つかりませんでした。しかし、この性決定領域に隣接した領域に *Sox3* という遺伝子があり、X 染色体にも Y 染

色体にも存在していることが明らかになりました。実験の結果，Y染色体の対立遺伝子（$Sox3^Y$）だけが生殖巣で発現することも判明し，遺伝子導入実験によって$Sox3$と性決定領域を含むY染色体配列の一部を導入すると，XX個体がオスに性転換し，また，ゲノム編集技術を用いてY染色体上の$Sox3$をノックアウトすると，XY個体がメスに性転換することが明らかになりました[17]。これらの実験から，$Sox3$がインドメダカの性決定遺伝子であり，Y染色体上の性決定領域内には$Sox3$の発現調節領域（エンハンサー）が存在することが示されました。インドメダカでは，このエンハンサーの獲得によって新たな性決定遺伝子（$Sox3^Y$）が生じてきたと考えられています。

2-6 性決定遺伝子の多様化機構

これまでにみてきたように，メダカ属からは3つの異なるオス決定遺伝子が同定されてきました。メダカのDmy遺伝子，ルソンメダカの$Gsdf$遺伝子，そしてインドメダカの$Sox3$遺伝子です（図7）。これらは互いに全く関係のない遺伝子にみえますが，何か関係があるのでしょうか？ 実は，これら3種では共通して，$Gsdf$がオス分化に関与するのです。Dmyや$Sox3$は転写因子と呼ばれる，他の遺伝子のスイッチをオンにしたり，オフにしたりする（転写を調節する）タンパク質をコードしていて，メダカやインドメダカでは，これらが$Gsdf$のスイッチをオンにするのです。一方，ルソンメダカでは，Dmyの制御なしに勝手にスイッチがオンになるような変異が，$Gsdf$のプロモーター領域に生じたと考えられています。つまり，これら3種は性決定遺伝子が異なりますが，いずれも$Gsdf$のスイッチが入ることによってオス分

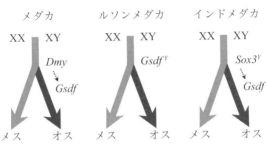

図7 メダカ属における性決定遺伝子の多様化

化が開始されるわけです．したがって，少なくともメダカ属魚類では，*Gsdf* より下流の性決定の仕組みは種間で保存されていて，*Gsdf* そのものの変化，あるいは *Gsdf* の転写制御因子（*Dmy* や *Sox3*）の獲得によって，新たな性決定機構が生じてきたことが示唆されました．

2–7 性決定遺伝子の起源

　脊椎動物では，メダカ属で発見されたこれらの3つ以外に，哺乳類，鳥類，両生類，魚類から合計6つの性決定遺伝子が明らかにされています．これらは系統的に大きく離れているため，下流の遺伝子群における共通性はほとんどわかっていません．しかし，これらの性決定遺伝子を眺めてみると，特定の遺伝子群に偏っているようにみえます．例えば，*Sry* の起源は *Sox3* であり，両者はもともと同じ遺伝子座を共有する対立遺伝子の関係にあったと考えられています．したがって，哺乳類とインドメダカでは同じ *Sox3* が独立に性決定遺伝子として進化した，と考えることができます．また，*Dmy*（メダカ）と *DM-W*（アフリカツメガエル）はどちらも *Dmrt1* が祖先遺伝子であり，*Dmrt1* はニワトリの性決定遺伝子と考えられています．さらに，魚類で発見された *Gsdf*（ルソンメダカ），*Amhy*（パタゴニアペヘレイ），*Amhr2*（フグ）はいずれも TGF-β シグナルに関与する遺伝子です．つまり，これまでに発見されている性決定遺伝子のほとんどは，*Sox3* 関連か *Dmrt1* 関連の転写因子，あるいは TGF-β シグナルのいずれかをコードする遺伝子と考えられます．

　それならば近縁種においても同じ遺伝子が独立に性決定遺伝子へと進化することがあってもよさそうです．実は，そのような例が実際にメダカ属で見つかっています．最近の研究によって，マーモラタスメダカとプロファンディコラメダカの2種が，系統的に遠い関係にあるインドメダカと相同な性染色体（10番染色体）をもつことが明らかになったのです．これら2種の性決定遺伝子領域には *Sox3* が存在し，塩基配列解析によってY染色体に特異的な挿入配列が認められました．この挿入配列はインドメダカのY染色体に存在しなかったことから，インドメダカとは独立に，この2種の共通祖先で *Sox3* が性決定遺伝子として獲得されたと考えられています[18]．このように脊椎動物では，限られた遺伝子レパートリーの中で，特定の遺伝子群が繰り返し性決定遺伝子として利用されてきたのかもしれません．今後，他の性決

定遺伝子に関する知見をさらに蓄積することによって，性決定遺伝子の実体やその進化過程がより詳細に明らかになってくると考えられます。

2-8 おわりに

メダカ属魚類から複数の性決定遺伝子が明らかになったことで，性決定遺伝子の多様化機構や下流遺伝子の保存性が見えてきました。しかし，「なぜこれほど頻繁に性決定遺伝子が移り変わるのか」，「XY 型と ZW 型の間の交代はどのように生じたのか」，「*Gsdf* が性決定における魚類共通のマスター遺伝子なのか」など，まだ多く謎が残されています。現在，様々な魚種について性染色体や性決定遺伝子の探索が行われていますが，メダカ属ほどの多様性を示すグループは発見されていませんし，海産魚のような非モデル生物では遺伝子機能解析が困難です。性決定機構における多様性と普遍性の全体像を俯瞰するのに，メダカ近縁種を用いた研究が今後ますます貢献していくことを期待しています。

3　メダカの性行動の研究

メダカの性行動はある儀式化された様式をとります（図 8）。まず，オスはメスの背後の下方から近づきます（近づき）。メスが泳ぎを止めたタイミングを見計らって，メスの下で円を描くように速く遊泳する行動を何回か行います（求愛円舞）。その後，横からそっと接近し，メスと寄り添うように並んだオスは，メスを背びれと尻びれで抱きかかえます（交叉）。そして，尻びれを細かく振るわせることで，尻びれの表面の突起がメスを刺激し，放卵を誘導するのです。観察していると，未受精卵に効率よく精子がかかるように，オスが尻びれでしっかりとメスの卵を受け止めている様子を見て取ることができます。このようなメダカの放卵・放精の様式は「抱接」と呼ばれています。以上の行動の様子はインターネット上で動画が公開されているので，ご覧いただけたらと思います（https://goo.gl/Mv9zno）。

メダカの雌雄の見分け方については，多くの人が小学校の理科の授業で勉強した経験があると思います。メダカにおいて，オスの背びれはメスとは異なり，切れ込みが入っていること，尻びれに関してはメスが三角形に近い形

第Ⅱ部　メダカ研究の最近

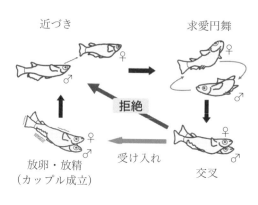

図8　メダカの性行動様式

なのに対し，オスは平行四辺形で少し大きいことが知られています。これらの特徴は，上記のようなメダカの性行動に関係しており，メスを抱きやすい，多くの未受精卵を受け止めやすい，といったメリットにつながるのではないかと考えられています。

　さて，以上はつつがなく性行動が成功したケースですが，現実はそう甘くはありません。メスは度々オスの求愛を拒絶することがあります。この場合，交叉中にメスがオスを振りほどき，「放卵・放精（抱接）」に至ることは，適いません。仕方なく，オスは最初の「近づき」を再び示し，「求愛円舞」「交叉」，「メスによる拒絶」，「近づき」…という一連の流れを，メスが求愛を受け入れるまで続けることになります。メダカのメスの性周期は一日で，健康状態が良ければ毎日放卵することができます。しかし，1日のうちでは朝の時間帯に1度だけしか放卵しないので，1匹のメスに対してオスの放精のチャンスは1日1回しかありません。このとき，メスが何を基準にオスの求愛を受け入れるのかに関しては，これまで様々な検証実験がされてきました。近年，研究室内で飼育されているメダカの行動観察の結果から，事前に相手のオスのことを「見ていること」が重要であることがわかってきました。さらに，メスが「見ていたオス」を受け入れるために必要な脳内のメカニズムが明らかになってきました。まずはこの，2014年に発表された研究の詳細について触れたいと思います。

3-1　メダカのメスはお見合いをしたオスが好き

　研究チームはまず，実験前夜にオスとメスとを透明なビーカーを用いて隔離し，「お見合い」させたペアにおいては，翌朝スムーズにメスがオスの求愛を受け入れるのに対し，不透明な壁を用いることで，お見合いができなかっ

たペアにおいては，翌朝メスがオスの求愛を拒絶し続けることを発見しました。さらに，「お見合い相手のオス」と「見知らぬオス」をメスと一緒にすると，メスは前者の求愛を積極的に受け入れ，前者の子孫を多く残すことを見出しました。これらの

図9　お見合いをしたオスを好むメスメダカ

ことから，メダカのメスは，オスを目で見て記憶し，「よく見知ったオス」を性的パートナーとして受け入れることがわかりました（図9）。

　次にこの性的パートナーの選択に異常が生じる遺伝子変異メダカ（以下変異体）を探索し，「見知らぬオス」からの求愛をすぐに受け入れてしまう2種類の変異体を同定しました。これらのメダカ変異体において，GnRH3と呼ばれる脳内ホルモンを合成するニューロン（終神経GnRH3ニューロン）の神経接続に異常が見つかりました。そこで次に，終神経GnRH3ニューロンがメスにおける性的パートナーの選択に関わる可能性を検証しました。まず，メスの終神経GnRH3ニューロンをレーザーで破壊したところ，そのメスは変異体同様に「見知らぬオス」をすぐに受け入れました。よって，終神経GnRH3ニューロンは「見知らぬオス」を拒絶する行動に必要であると考えられました。次に終神経GnRH3ニューロンの電気的な活動を記録した結果，特定のオスと長時間お見合いをさせると，メスの終神経GnRH3ニューロンの神経活動（自発的発火頻度）が活発になることがわかりました。これらの結果から，終神経GnRH3ニューロンは通常状態では，「見知らぬオス」の求愛の拒絶を促進する働きがある（破壊すると，拒絶ができなくなる）一方で，お見合いにより神経活動が活性化すると，「お見合い相手」を拒絶する働きが抑えられ，性的パートナーとして受け入れるスイッチがオンになると考えられました。さらに，終神経GnRH3ニューロン自体は壊さずに，そこから放出されるGnRH3脳内ホルモンの機能のみを欠損したメダカ変異体を作成したところ，オスとお見合いをしても，終神経GnRH3ニューロンの神経活動は活性化せず，「お見合い相手」の求愛に対しても，拒絶行動を多く示す傾向にありました。よって，GnRH3脳内ホルモンは，終神経GnRH3

第Ⅱ部　メダカ研究の最近

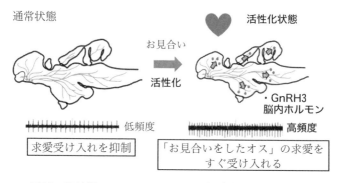

図10　終神経GnRH3ニューロンと求愛受け入れの関係

ニューロン自身の神経活動を促進する働きがあり，性的パートナーを受け入れるスイッチをオンにするために必要であると考えられました[19]（図10）。

この研究によって，メダカのメスが，オスを目で見て記憶し，性的パートナーとして積極的に受け入れる神経機構が明らかになりました。メスが性的パートナーのオスを選ぶ機構は様々な動物で報告されていますが，今回のようにその神経機構までを明らかにした研究はほとんどありませんでした。終神経GnRH3ニューロンのような神経が他の動物にも存在し，同様の役割を果たしているのか，今後の研究の進展に期待がかかります。

3-2　メダカのオスの配偶者防衛行動

以上はメスメダカの性行動に関する研究の紹介でしたが，オスメダカに関しても，性行動に関連する面白い行動を研究室内で観察することができます。オスが，メスとライバルオスとの性行動を阻止するように行動する，配偶者防衛行動です。次は，この配偶者防衛行動に関する研究についてお話したいと思います。配偶者防衛行動は，オス，オス，メスの三者関係により誘起されると考えられ，昆虫から哺乳類まで多くの動物で観察される行動です。しかしながら，これまでは二者関係（オス対オス，オス対メス）にのみ着目した研究にとどまっており，その分子基盤はほとんど明らかになっていませんでした。メダカにおいても，配偶者防衛行動の存在は1956年に小野らによって提唱されていました（「♀まもり」の観察）[20]が，その後の研究報告はあ

りませんでした。

まず研究チームは、水槽にメダカのオス2匹とメス1匹をいれ、オス、オス、メスの三角関係を水槽内で形成させると、「オスがラ

図11　割り込み行動（配偶者防衛行動）

イバルオスよりもメスから近い位置を維持するように、ライバルオスとメスとの間に割り込む」ことを発見しました（割り込み行動。図11）。そして、この行動の強さを「割り込み頻度」という指標で数値化し、オスの割り込みの強さを定量、比較することに成功しました。次に、この割り込み行動がメダカにおける配偶者防衛行動であるか否かを検証するために、割り込み行動において優位なオス（より割り込みを示すオス）が劣位なオスとメスとの性行動を実際に阻止できているかを検証しました。その結果、割り込み行動において優位なオスは劣位なオスと比較して子孫を残しやすいことを見出しました。よって、割り込み行動にはオスの生殖成功率を上げる意義があることが示され、割り込み行動はメダカにおける配偶者防衛行動であると考えられました。

次にメダカの配偶者防衛に関与する分子を探索する目的で、薬物投与実験を行いました。すると、バソトシン受容体阻害剤を投与したオスの割り込み頻度が低下しました。バソトシンとは、哺乳類ではバソプレッシンと呼ばれるホルモンと同等の機能を、魚類で持つと考えられているホルモンです。水分吸収を調節するホルモンとして、腎臓での機能が有名ですが、近年は絆形成などの社会性行動を制御するホルモンとして、脳での機能にも注目が集まっています。

次に、バソトシンがメダカに与える影響をさらに検証するために、バソトシンやその受容体を合成できないメダカ変異体を作成しました。その結果、三者関係（変異体オス、正常オス、メス）において、変異体オスの割り込み頻度は正常オスより低く、劣位となる傾向が得られました。よってバソトシンホルモンは配偶者防衛において優位になるために必要であることが遺伝学的にも示されました。さらに、バソトシン変異体オスが正常オスに勝つことができない原因が、異性に対する性的モチベーションを失ったためか、また

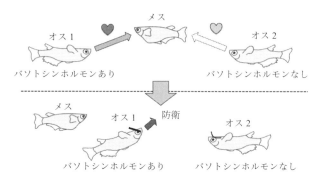

図12　バソトシンホルモンによる性的モチベーション制御と
配偶者防衛行動制御

はライバルオスに対する対抗心を失ったためかを検証しました。すると，バソトシン変異体オスは正常オスと同程度に，他のオスに対する攻撃行動を示した一方で，異性に対する求愛頻度は正常オスよりも低く，異性に対する性的モチベーションが低いことが明らかになりました。このため，バソトシンは異性に対する性的モチベーションを有するのに必要であり，このモチベーションを失ったことが，バソトシン変異体オスが配偶者防衛でライバルオスに勝てなかった原因になっていることが示唆されました（図12）[21]。これまで，「配偶者防衛行動はオス同士の攻撃行動の一種である」との見方が一般的でしたので，この結果は新しい可能性を提唱するものであると考えられます。これらの研究により，動物の三者関係における配偶者防衛の分子機構の一部が初めて明らかになりました。メダカの世界にも，メスに対する執着心や，嫉妬心が存在し，私達人間にも存在するホルモンがこれらを制御しているのかもしれません。

3–3　おわりに

ここではメスの性的パートナー選び，オスの配偶者防衛行動についての研究を紹介しました。以上の研究は変異体を作成し，行動を定量的に記録するために，長年実験動物として維持されている，飼育が容易なメダカ系統（ヒメダカの一種）を用いています。さらに，メダカのメスはなぜ「お見合い相手」をパートナーとして選ぶかはまだわかっていません。そのためには，野

生のメダカが自然状態で,同じような行動をするかを検証し,野生メダカのメスが「よく見知った相手」を選ぶことで,どのように子孫を残しやすくなるかを知る必要があります。近年,実験室内でのメダカの性行動についての研究は急速に進んできましたが,今後,野生に生息するメダカの行動の研究について進展が期待されます。

参考文献

(1) 外山亀太郎（1916）一二の MENDEL 性質に就いて．日本育種学会会報 1: 1–9.
(2) 石川千代松（1912）原種改良論．
(3) Aida, T. (1921) On the inheritance of color in a fresh-water fish, Aplocheilus latipes Temmick and Schlegel, with special reference to sex-linked inheritance. *Genetics* 6(6): 554–573.
(4) Yamamoto, T. (1944) Physiological Studies on Fertilization and Activation of Fish Eggs II. The Conduction of the "Fertilization-wave" in the Egg of Oryzias latipes. 日本動物学彙報 22(3): 126–136.
(5) Gilkey, J. C., Jaffe, L. F., Ridgway, E. B., & Reynolds, G. T. (1978) A free calcium wave traverses the activating egg of the medaka, Oryzias latipes. *The Journal of Cell Biology* 76(2): 448–466.
(6) Yamamoto, T. (1951) Artificial sex-reversal in the genotypic males of the medaka, Oryzias latipes. *Japanese Journal of Genetics* 26: 245.
(7) Yamamoto, T. (1953) Artificially induced sex-reversal in genotypic males of the medaka (Oryzias latipes) *J. Exp. Zool.* 123: 571–594.
(8) Yamamoto, T. (1958) Artificial induction of functional sex-reversal in genotypic females of the Medaka (Oryzias latipes). *J. Exp. Zool.* 137: 227–264.
(9) Tomita, H. (1982) Gene analysis in the Medaka (Oryzias latipes) *The fish biology Journal Medaka* 1: 7–9.
(10) Tomita, H. (1993) A study on the mutant pectral-finless, pl, of medaka Oryzias latipes. *The fish biology Journal Medaka* 5: 31–32.
(11) Westerfield, M. (2000) A guide for the laboratory use of zebrafish (Danio rerio). *The Zebrafish Book, fourth ed.* University of Oregon Press, Eugene.
(12) Fukamachi, S., Shimada, A., & Shima, A. (2001) Mutations in the gene encoding B, a novel transporter protein, reduce melanin content in medaka. *Nature Genetics* 28(4): 381–385.
(13) Kasahara, M., *et al.* (2007) The medaka draft genome and insights into vertebrate genome

evolution. *Nature* 447(7145): 714–719.

(14) Sasado, T., *et al.* (2010) The National BioResource Project Medaka (NBRP Medaka): an integrated bioresource for biological and biomedical sciences. *Experimental Animals* 59(1): 13–23.

(15) Matsuda, M., *et al.* (2002) DMY is a Y-specific DM-domain gene required for male development in the medaka fish. *Nature* 417(6888): 559–563.

(16) Myosho, T., *et al.* (2012) Tracing the emergence of a novel sex-determining gene in medaka, Oryzias luzonensis. *Genetics* 191(1): 163–170.

(17) Takehana, Y., *et al.* (2014) Co-option of Sox3 as the male-determining factor on the Y chromosome in the fish Oryzias dancena. *Nature communications* 5.

(18) Myosho, T., Takehana, Y., Hamaguchi, S., & Sakaizumi, M. (2015) Turnover of Sex Chromosomes in Celebensis Group Medaka Fishes. *G3: Genes| Genomes| Genetics* 5(12): 2685–2691.

(19) Okuyama, T., *et al.* (2014) A neural mechanism underlying mating preferences for familiar individuals in medaka fish. *Science* 343(6166): 91–94.

(20) Ono, Y. (1956) Experiments on medaka sexual behaviors in a triangle relationship. 動物学雑誌 65: 103.

(21) Yokoi, S., *et al.* (2015) An Essential Role of the Arginine Vasotocin System in Mate-Guarding Behaviors in Triadic Relationships of Medaka Fish (Oryzias latipes). *PLoS Genet* 11(2): e1005009.

第 2 章

メダカの色について考える

橋本 寿史

1　空前のめだかブーム

　近年日本は空前のめだかブームのようです。とはいえ，若い世代でめだか人気に火が付いたのではなく，幼少期にめだかに慣れ親しんだ世代に愛好家が増えたのだと思われます。いや，実際には古くから細々とめだかを飼う愛好家はたくさんいて，めだかをペットとすることは特に流行り廃りなく江戸時代から脈々と受け継がれてきた日本人の風習というべきでしょう。なんだか昨今めだかブームのように思われるのは，単に私自身が十数年前に研究上の目的でメダカを使い始め，段々とメダカへの愛着が増してきたために，なにかとめだかに関する世間の話題に注目するようになっただけのことかもしれません。

　ただ，敢えて言うなら，この十年足らずの間に，以前は見られなかった様々な「めだか」が商品として世の中に出回るようになったことは事実です。一昔前には，熱帯魚屋で売られているめだかといえば，大型肉食魚のエサ用のヒメダカと，野生（クロ）メダカくらいだったと思います。それが今では，キンギョや錦鯉に比肩するほど多くの，色とりどりの品種が熱帯魚屋だけでなくホームセンターやショッピングセンターのペットショップ，ネット通販などで売られています。これがめだかブームであるとするならば，立役者と

なったのは「楊貴妃」という品種だと私は思います（図1，文末にまとめた）。ヒメダカも育て方によってはかなり赤みを帯びた体色になりますが，楊貴妃の赤さは和金並みで，本当に美しいです。「これ，ほんとにめだか？」と言いたくなるほど赤いのです。そのほかにも，「幹之」や「小川ブラック」（図1），「出目」，「だるま」，背びれのない品種，錦鯉のように斑に色が入った品種など，めだかの品種の多さには今や目を見張るものがあります。

　めだかの品種の増加に貢献しているのは，実は一般のめだか愛好家であることは言うまでもありません。専門家でなくても新しい品種を発見できる期待感が，めだかの育種，特に色変わり品種の改良の原動力となるのでしょう。なぜ今，金魚や鯉ではなくめだかなのか，理由の一つはそこにもあります。金魚は飼うだけならいいのですが，自宅で繁殖を楽しむのは難しいです。なにしろ，性成熟（卵を産むまで成長する）に数年かかるのですから。それに比べて，めだかなら室内でも庭でもベランダでも飼育スペースを見つけやすい上，毎年卵（新しい世代）が採れて，上手くすると新しい「色変わり」めだかが見つかったりして，「単に飼う」以上の楽しみがあります。

　ここでは，「見て楽しい」色とりどりのめだかについて，「色素細胞」とよばれる細胞に注目して生物学的に説明できればと思います。また，「めだか」にゆかりのある名古屋大学において行われた数々のめだか研究のうち，体色に関連した研究成果を紹介したいと思います。

2　体色を表現する方法

　動物は種ごとにそれぞれ特徴的な体色や模様を持っています。体色を表現する方法は様々ですが，脊椎動物の体色発現に関しては，色素細胞が中心的な働きをしていると言えます。

　ヒトでは，皮膚の色は主にメラニンが決めています。日焼けは皮膚のメラニンの増加によるものだということはわざわざ取り上げるまでもないでしょう。図に示しますように（図2），皮膚は真皮，表皮から構成されています。表皮には角化細胞や色素細胞があり，角化細胞は活発に増殖しながらケラチンを合成し表皮表層へと移動し角質層を作ります。この際，表皮において色素細胞がメラニンを合成し角化細胞に供給しています。角化細胞は色素細胞

から受け取ったメラニンをケラチンに混ぜて分泌しています。毛の色も同様に決まります。真皮層にある毛包において角化細胞がケラチンを合成して毛を伸長しますが，その際色素細胞が供給するメラニンによって毛が着色するのです。

　ヒトの毛髪には黒色や栗色，赤色，金色，白色など様々な色があります。毛の色は遺伝的に決まっており，皮膚のように日焼けによって簡単に変化することはありません（図3）。上述のように，ヒトの色素細胞はメラニンを合成します。このメラニンには黒色～茶褐色のユーメラニンと赤褐色～黄色のフェオメラニンという2種類があり，どちらも黒色素細胞（メラノサイト）と呼ばれる1種類の色素細胞によって作られています（図3）。つまり，黒色素細胞がユーメラニンとフェオメラニンをどのような割合でどれくらい作るかは遺伝的に決まっているのです。そして，加齢などによって毛包の黒色素細胞からメラニンの供給がなくなったのが白髪です。

　さて，色素細胞とはどのような細胞をいうのでしょうか，一般的な定義をご紹介しておきましょう。色素細胞の国際専門誌に最近掲載された総説によると（Schartl et al., 2016），

> A pigment cell is a primarily pigmented cell that actively generates membrane-bound organelles to impart colour by containing chromophoric substances or structures, as well as the lineage-specific non-pigmented precursors specified to develop into such a pigmented cell and the pathological derivatives of pigment cell lineages

と定義されています。ここで言う'primarily pigmented'とは，細胞が色素や発色性の構造を合成，変換あるいはアセンブル（組み立てる，集める）することを指すのであって，ほかの細胞から色素顆粒を受け取って着色することではないと断られています。したがって，メラニンを合成することで体色の発現に寄与している黒色素細胞は色素細胞と呼べますが，着色した皮膚や毛を作っている角化細胞は，メラニンを黒色素細胞から供給されているため，色素細胞の範疇には入りません。ただし，この総説で定義されている「色素細胞」は，発生学的起源（神経堤や眼杯由来であること）についても言及されているため，厳密には脊椎動物以外の生物に当てはめることができません。

　「色素細胞」（藤井，1976）には，「…けっきょく今日慣例的に色素細胞と

して扱われている細胞を列挙する以外に適切な定義づけは不可能なように思える」としながら，「しいて規定しなければならないとすれば，非常に妙な表現とはなるが，"皮膚にあり，体色の発現に役立つ細胞のうちから表皮細胞を除いたもの"とでも記すほかはない」とされています。さらに，「本当はこの表現でもまだ支障がある」として，腹腔壁をはじめ体内にあって体色には直接関係のないメラニン含有細胞も発生学的には黒色素胞と同等であるとの問題を挙げています。

　私達ヒトを含むほ乳類は黒色素胞とよばれる1種類の色素細胞しか持っていませんが，黒色素胞はユーメラニンとフェオメラニンという色の異なるメラニンを合成することができるため，ほ乳類は黒だけでなく，黄色系や赤色系の体色を表現することができます。鳥類も同様で黒色素胞1種しか持ちません。にもかかわらず，黄や赤以外にも青色の鳥がいるのは何故でしょうか。

　鳥類の青色は構造色とよばれるもので，青い色素物質によって青く発色しているのではなく，光の反射と干渉により青色の波長が強調されて青く見えているのです（注釈：鳥の羽には規則正しく羽毛が並んでおり，光がこの羽毛構造に反射・干渉されて青色の波長成分が強調されています。コンパクトディスクが角度によっては青く見えるのと同じ原理です）。

　鳥類では，メラニンと構造色以外にも，エサや他の色素物質によって体が色づく場合があります。フラミンゴは元々白い羽を持ちますが，食餌由来の色素（カロテノイド）によって羽が赤く着色することはよく知られています。また，オウムの赤色や黄色は psittacofulvin によるとされています（Schartl et al., 2016）。しかしながら，これらの色素物質の合成・変換や分泌（角化細胞に供給する）を司る細胞は見つかっていません。もしこのような細胞が鳥類にあるのだとしたら，それは黒色素胞以外の，二つ目の色素細胞種ということになります。鳥の羽の根元にある毛包を詳しく調べたら，新たな「色素細胞」が見つかるかもしれません。

3　魚類の体色と色素細胞

　魚類には6種類の色素細胞が存在します。見え方（色）を基に名前が付い

ていて、魚類では黒、黄、赤、虹、白、青色の6色に分類されるのが一般的です。ただし、6色全てを持つ魚類は見つかっておらず、大抵の魚種が黒色、黄あるいは赤色、虹色の3種類の色素細胞を持っています。めだかを含め一部の魚種は4つ目の色素細胞として白色の色素細胞を持つことが知られています。また、めだかでは報告がありませんが、2色の色素顆粒を含む色素胞がニシキテグリ（マンダリンフィッシュ）などの魚種（ニシキテグリでは青と赤の2色）で見つかっています（Goda et al., 2013）。

　魚類の色素細胞は、ほ乳類や鳥類の色素細胞と相同な細胞種ですが、後述するようにいくつか異なった性質を持つことから、これとは区別し特に色素胞とよぶことが多いです。魚類では、黒色素胞、黄色素胞、赤色素胞、虹色素胞、白色素胞、青色素胞とよばれます。ほ乳類や鳥類の色素細胞と異なる性質の一つに、魚類の色素細胞は色素化合物を基本的に分泌せず顆粒状の細胞内小器官に蓄える点があります（図3）。

　黒色素胞はメラニンを合成し、メラニン顆粒として細胞内に蓄えます。魚類の黒色素胞は、ほ乳類や鳥類の黒色素胞と発生学的に同等であると考えられています。ただし、魚類の黒色素胞がユーメラニン以外にフェオメラニンを合成するという報告はありません。ヒメダカは、メラニン合成が著しく低下した突然変異体で、顕微鏡で観察すると体表には歪なメラニン顆粒がわずかに存在しているだけです。一般的には、ある遺伝子の突然変異が原因で、黒色素胞がメラニンを作る材料となる物質を細胞内に取り込むことができなくなっていると考えられています。

　黄色素胞と赤色素胞はいずれもプテリジンとよばれる色素化合物を合成・蓄積するほか、食餌由来のカロテノイドを蓄えることで黄色および赤色、もしくはその中間の色を発現します（梅鉢、2000）。カロテノイドについては、動物は合成することができない植物由来成分であるため、先の定義に基づけば、魚類においてその変換産物（代謝産物）を蓄えている細胞は色素細胞（黄色素胞あるいは赤色素胞）ですが、フラミンゴでは同じようなことを行う細胞があるのかないのか不明です。黄色素胞と赤色素胞は、見た目の色以外、区別できる明確な基準がなく、また、発生学的には同じものであると考えられています。ちなみに、めだかの緋色の色素細胞は黄色素胞とよばれることが多いです。楊貴妃めだかはヒメダカから派生した変異体であると想像でき

ますが、楊貴妃の赤い色素細胞はもともとヒメダカの緋色の色素細胞（黄色素胞）だったと思われます。おそらく楊貴妃では黄色素胞に含まれるカロテノイドやプテリジンといった緋色・黄色の色素物質が赤く変化した品種（変異体）であると思われます。あるいは、楊貴妃は黄色味が強いプテリジンを合成できない変異体なのかもしれません（実際、孵化したばかりの楊貴妃の稚魚は、ヒメダカの稚魚に比べて、白っぽいです）。

　虹色素胞は光反射性の結晶を含む細胞内小器官（反射小板）を持つ細胞です。結晶を形成する化合物はグアニンをはじめとしたプリン類です。このプリン結晶は「色素」ではありませんが、先述の定義でいうところの「発色性の構造」にあたるので、それを含む細胞は色素細胞であると言えます。多くの魚種において虹色素胞は腹側ほど密に背側ほど疎に分布しており、黒色素胞とは逆のパターンをとっています。一般的に、魚類では背が暗く腹が明るい色調となっているのはこのためです。魚種によっては腹側が白く見えたりメタリックな光沢を持っていたりしますが、これは反射小板の性質や配列が異なるためであり、どちらも虹色素胞によるところが大きく、白く見えるからと言ってそこに白色素胞があるとは限りません。

　白色素胞と青色素胞は、全ての魚種が持つわけではないという点で、比較的珍しい細胞種です。白色素胞はめだかやグッピー、ファンジュラス、アカメバル、ヒラメなどに存在することが報告されています（Nagao et al., 2014）。白色素胞も、虹色素胞と同様に、プリン結晶を含んでいますが、細胞内に反射小板は見られず顆粒状の構造にプリンを蓄積しているようです。めだかの白色素胞には尿酸（プリンの一種）が多量に含まれており、光を乱反射します。めだかの白色素胞のもう一つの特徴は、胚・幼魚期にプテリジンを合成・蓄積することです。白色素胞のプテリジンは黄色素胞のそれとは色が異なりオレンジ色であるため、幼魚の白色素胞は白色ではなくオレンジ色です（図6）。

　青色素胞は、今のところニシキテグリ（マンダリンフィッシュ）とサイケデリックフィッシュにしか見つかっていない細胞で、この二つの魚種が進化的に近縁であることから、ごく限られた魚種にしかない極めて希な細胞であると思われます（Goda & Fujii, 1998）。青色の色素化合物の正体はまだ明らかにされていません。青い魚は珊瑚礁に棲む魚種に数多く見られますが、こ

れらの青い体色は虹色素胞が作る構造色によるので，青い魚＝青色素胞ということはほとんどありません。魚類では，虹色素胞内に反射小板が規則的に配列され，反射する光の間で干渉が起こる場合に青く見えるのです。青色を作る虹色素胞の反射小板は白やメタリック（可視光全反射）を作る虹色素胞のものに比べて厚さが薄く，そのため特定の色の光だけが反射・干渉して強調されています。ちなみに，アオメダカの青色も虹色素胞の構造色ですが，アオメダカは黄色素胞の黄色（緋色）を持たない変異体です。めだかの青色は，体表に黄〜赤色の長波長が少ないために青色の短波長が強調され（構造色），しかも黒色素胞のメラニンがあって反対側から透過してくる光に邪魔されないときにはじめて見えるものなのです。

4　魚類の色素細胞と体色変化

　魚類の色素細胞に見られる特徴の一つは，魚類の色素細胞は色素化合物を基本的に分泌せず顆粒状の細胞内小器官に蓄えることであることは先に述べました。これに関連して，魚類の色素細胞が色素物質を細胞内に保持することに大きな意味があります。魚類の色素細胞は，色素物質を含む色素顆粒を細胞内の微小管（細胞骨格を構成するレール状の構造）に沿って輸送することで，色素の細胞内分布を変えることができます（図4）。例えば，暗い色の背地において，黒色素胞ではメラニン顆粒が，黄色素胞では黄色色素顆粒が細胞全体に拡散し，白色素胞では白色色素顆粒は核周辺に凝集します。これによって，黒色と黄色の色素顆粒が体表を覆うように分布し白色の色素顆粒は目立たなくなることで，体全体としては暗い色になります。明るい色の背地では，これらの色素細胞は逆向きの反応を示し，めだかの体色は明るい色に（白っぽく）なります。

　魚類の色素細胞に見られるこの反応は，「色素顆粒の拡散凝集」とよばれ，先述の通り細胞内で微小管依存的に色素顆粒が移動しているのであって，色素細胞そのものの形が変化していることによるわけではありません。拡散凝集反応は，神経やホルモンによって環境に応じて制御されています。ここでいう「環境」とは，背地色の明暗やストレスなどです。魚類は外界の変化に対する反応の一つとして色素顆粒の拡散凝集による体色変化を備えているの

です。一般に，拡散凝集は双方向とも数分のうちに起こる生理学的反応です。

めだかでは虹色素胞は拡散凝集反応を示しません（図4）。これは，虹色素胞の反射小板が微小管依存的な輸送を受けないためです。一方，環境変化に応答して比較的素早く体色を変化させる魚種，特に，濃淡というより色調を変化させることができるグッピーなど一部の魚種では，微小管との相互作用によって細胞内の反射小板が整列間隔や配向を変えると考えられています。

短期的な生理学的体色変化とは別に，数週間の単位で見られる長期的な形態学的体色変化があります（図5）。長期的な背地適応は主に体表の色素細胞の数（密度）が増加することによって起こります。これについても，短期的な背地適応と同様の神経やホルモンによる調節が関係すると考えられます。めだかを明背地あるいは暗背地で飼育すると，1カ月後には暗背地と明背地との間で色素細胞の数が数十倍も違ってきます。つまり，暗背地のめだかでは黒色素胞や黄色素胞が多くなり，明背地のめだかでは白色素胞が多くなります。この適応過程での色素細胞数の変化は当然のことながら細胞増殖と細胞死の結果であり，ここでも，拡散凝集反応と同様，黒色素胞と黄色素胞に対して白色素胞は逆向きの反応を示します。色素細胞数の増加が細胞増殖によるとは言え，着色した色素胞はもはや分裂しないとされていますので，皮膚に新たに出現する色素胞は幹細胞が分裂してできたものと考えられます。

5　色素細胞の発生——細胞がないのか，色素がないのか

色素細胞は神経堤に由来する外胚葉性の細胞で，魚類では全ての色素細胞に分化する能力を持つ色素芽細胞，着色前の前駆細胞を経て，成熟色素胞になると考えられています。この発生過程にはいまだ不明な点が多く，幹細胞である神経堤細胞あるいは色素芽細胞から多様な細胞種（色素胞の種類）が発生する仕組みはほとんど明らかになっていません。この分野の研究成果の詳細は発生学の専門書にまかせるとして，ここではめだかの色素胞発生についての基礎的な知見をご紹介します。

いわゆる色変わりのめだかには大きく分けて二種類の成り立ちがありま

す。一つは，めだかが持つ色素細胞のうち一部が色を失っている場合です。先述のようにヒメダカは，黒色素胞がメラニン顆粒を合成・蓄積できず，黒い色を失った変異体です（図1）。さらに黄色素胞が色を失うとシロメダカになります（図1）。このような変異体では，色を失ってはいるものの色素細胞は存在します。他方，色素細胞自体が存在しないために，体色が変化している場合もあります。

　これらのどちらであるか，一見しただけでは判定できません。図6は孵化したばかりのめだかの稚魚の写真を示しています。leucophore free（lf）とlf-2変異体，どちらの稚魚も体表に色を持たず透明です。一方，ヒメダカには体幹部正中線上に白色素胞が一列に並んでいるのがわかります。また，ヒメダカには黄色素胞が白色素胞の側方に広がっているのですが，lfとlf-2変異体では黄色素胞も見つかりません（この写真の稚魚の日齢では黄色素胞はまだ十分に着色しておらず，実際にはヒメダカでもその黄色はほとんど見えません）。両者ともヒメダカ同様，黒色素胞に色がない変異体です。さて，lfとlf-2に白色素胞と黄色素胞があるのかどうか，白色素胞および黄色素胞の着色前の前駆細胞を染色することで調べることができます。ヒメダカの胚（孵化する前の個体）では，体幹部，特に頭部側全体に染色される細胞が広がっています。lfの胚では，ヒメダカと同様の染色像が得られていますが，lf-2の胚には染色される細胞は見られません（図6）。このことは，lfは着色前の前駆細胞を持ち，lf-2は前駆細胞を持たないことを示しています。lfとlf-2ともに成熟（着色）した白色素胞も黄色素胞も持ちませんが，前駆細胞の有無によって両変異体の色変わりの成り立ちは区別されるのです。これらの変異体を研究対象として捉えるなら，lfは黄色素胞と白色素胞の着色に必要な遺伝子の研究に，lf-2は黄色素胞と白色素胞の発生，幹細胞（色素芽細胞）から黄色素胞・白色素胞の前駆細胞を産生する仕組みを解き明かす研究に役立つと考えられます。

6　幼生の色素細胞と成体の色素細胞

　孵化したばかりのめだか稚魚は特徴的な体色パターンを持っています。野生めだかの稚魚の体表には，黒，黄，虹，白色素胞がそれぞれある程度決まっ

た数，ある程度決まった位置に分布しています（図6）。黒色素胞は背中の正中線，背側と腹側の筋周膜境界，腹側の正中線，卵黄に並びます。黄色素胞は体表全体を覆うように分布します。白色素胞は背側正中線上に黒色素胞3〜4個に囲まれるように一直線に並ぶほか，腹側の正中線上にも見られます。虹色素胞は主に卵黄の背中側に分布します。また虹色素胞は黄色素胞とともに眼の虹彩にもたくさん見られます。

　めだかにも，幼生型から成体型に体を作りかえる時期があります。幼生型の細胞が成体型の細胞に置き換っていくのですが，一般にこの現象を変態とよびます。変態の前後で色素細胞も幼生型から成体型に置き換わります。これに伴い，それぞれの色素細胞種の分布も変化します。

　変態という現象が体色の変化で見て取れる変異体があります。先述のIfでは，孵化時点で黄色素胞と白色素胞に全く色素物質を含みませんが，変態ともに着色し，成体の体色はヒメダカと区別できなくなります。また同様に，ヒメダカの稚魚は，黒色素胞にメラニンを持ちますが，成体になるとその色はほとんど見えない程度です。

　幼生型色素細胞は神経堤幹細胞に由来することは先に述べました。成体型色素細胞の起源はまだ不明の点が多く残されています。成体型色素細胞を作る幹細胞は，変態までの間，未分化な状態のまま待たなければなりませんが，一体どこで息を潜めて分化するタイミングを図っているのでしょうか。いまだ諸説ありわからないことが多いです。幹細胞をどうやって温存しているのか，科学的に興味深い問題です。

7　めだかの体色に関係する研究

7-1　遺伝と体色，性転換とd-rR（山本時男）

　山本時男先生は名古屋大学におけるめだか研究の創始者です。1942年の着任から1969年の定年退官まで数多くのめざましい研究業績を残されました。その中の一つに「メダカにおいて人為的に性転換を誘発することが可能である」ことを証明した研究があります。つまり，孵化したばかりのメダカの稚魚に種々の女性ホルモンを経口投与する（エサに混ぜて与える）と，遺伝的には雄であるはずのメダカが雌として発育し卵を産むことを発見しま

た。のちに、その逆の性転換、すなわち男性ホルモンの投与によって遺伝的な雌を雄に変えることができることも示されました（Yamamoto, 1958）。

　この研究に使われたのが d-rR 系統です（図7）。d-rR は体色によって遺伝的な性が判定できる系統で、ヒメダカは遺伝的雄、シロメダカは遺伝的雌に対応しています。めだかは、ヒトと同様に、XY 型の性決定様式をとっていて、X 染色体と Y 染色体を1本ずつ持つと（XY）雄に、X 染色体を2本持つと（XX）雌になります。このように、めだかの性が遺伝的に決まることを初めて示したのは、會田龍雄先生（1921年、京都工芸繊維大学）です。めだかの体色を緋色にする遺伝子 R が Y 染色体上にあり、その対立遺伝子 r が X 染色体にあることを明らかにしました。Y 染色体上に優性遺伝子 R があるために、緋色の体色は雄のみに出現します。1945年、山本時男先生はこの知見を参考に、シロメダカの雌（X^rX^r）とヒメダカの雄（X^RY^R）を交配して得られた子供のヒメダカ雄（X^rY^R）をさらにシロメダカの雌（X^rX^r）に戻し交雑し、これを10世代以上繰り返して、シロメダカが雌（X^rX^r）、ヒメダカが雄（X^rY^R）になる d-rR 系統を作出しました。

　女性ホルモンで雄から雌への性転換が起こるかどうかを判定するには、d-rR 系統にヒメダカ雌が出現するか否かを調べればよいことになります。ちなみに、当然のことながら、性転換したシロメダカ（X^rX^r）雄をシロメダカ（X^rX^r）雌と交配すると、子供はすべてシロメダカ（X^rX^r）雌になります。

　d-rR 系統は放射線医学総合研究所の田口泰子先生によって近交系化され（Hd-rR）、メダカゲノムプロジェクトの材料に採用されました。現在ゲノムデータベースに登録されている遺伝子配列は Hd-rR 系統を中心に整備されているのです。d-rR メダカは山本時男先生から半世紀をこえて脈々と受け継がれた貴重な知的財産であり、今なお研究材料として世界的に使われている生物資源です。

7-2　色変わり変異体コレクション（富田英夫）

　富田英夫先生は山本時男先生の弟子の一人で、研究人生の大半をメダカの自然突然変異体収集に費やしたと言われます。1959年に最初の変異体を採集して以来、名古屋大学を定年退官する1994年までに、83の自然突然変異体を収集し系統化したとされています。この膨大な変異体コレクションは「富

田コレクション」とよばれます。その半数ほどが野外採集しためだかの家系から見つけられたと記録されています。富田コレクション83系統のうち52系統は体色に関わる突然変異体です。

　Va（Variegated）は，富田コレクションの中でも最も特徴的な形質を持つ変異体の一つです。図1のように，黒い斑が体表の所々に見られます。富田英夫先生によると，「Vaは黒色素胞の分布異常で黒斑になる。黒色素胞のある部域は黒斑となり，非黒色部は黒色素胞がない。黒色素胞の有無による黒斑である。黒色素胞はいろいろなタイプ（小型，大型，拡散型など）が混在する。VaVa（ホモ接合体，筆者注）は孵化前に死亡する。Va+（ヘテロ接合体，筆者注）も生長が遅れ生存率はよくない。しばしば骨格異常を伴う（脊椎骨融合）。長期間室内で飼育しても黒斑の特徴は顕著に残る」となっています。最近，筆者のグループはVa変異体の上記の形質が2つ以上の遺伝子座に支配されていること，この変異体がヒトの遺伝性疾患の相同モデルであることを見出しました。詳しいことは近い将来（おそらく）論文発表しますので，そちらをご覧下さい。

　lf-2（leucophore free-2）が黄色素胞も白色素胞も持たないのに対して，ml-3（many leucophores-3）は黄色素胞と白色素胞の発生に異常を示す変異体です（図6）。ml-3変異体では，幼生型の黄色素胞は全く形成されませんが，逆に白色素胞は増加します。筆者のグループでは，ml-3変異体を用いて，色素細胞の運命決定の研究を行っています（Nagao et al., 2014）。本書にも執筆されている成瀬清先生（基礎生物学研究所）のグループがlf-2変異体では黄色素胞と白色素胞が共通の前駆細胞（幹細胞）に由来することを示唆する報告をしていますが（Kimura et al., 2014），一方で，黄色素胞が減り白色素胞が増えるというml-3の形質は，この共通前駆細胞から黄色になるか白色になるかを決める「細胞の運命選択」が行われていることをうかがわせます。

　アルビノは4系統収集されています（i-1〜i-4）。名古屋大学の古賀章彦先生と堀寛先生は，1995年にi-1からトランスポゾンTol1（Koga et al, 1995）を，1996年にi-4からトランスポゾンTol2（Koga et al., 1996）をそれぞれ発見しました。トランスポゾンとは，染色体上を移動する（転位）ことのできる塩基配列のことで，Tol1，Tol2ともに転位酵素を使ってカット＆ペーストで転位するDNA型トランスポゾンに分類されます（これに対して，自己を複製

したRNA中間体を介してコピー&ペーストで転位するレトロトランスポゾンがあります)。当時脊椎動物において転位能を保持したDNA型トランスポゾンは見つかっていませんでしたが，古賀章彦先生と堀寛先生は，メダカにおいてTol1とTol2が今なお転位する活性を持っていて（内部に完全な転位酵素を保持する），機能的な遺伝子内への転位により新たな突然変異を誘発しうることを示しました。めだかを（特別な処理をせず）ただ飼っているだけで，新らたな変異体が見つかるのはこれらのトランスポゾンのせいかもしれません（図8）。

7-3　透明メダカ（若松佑子と尾里建二郎）

　若松佑子先生と尾里建二郎先生は富田コレクションの保存業務を引き継ぎ，系統維持をしながら，交配による新たな系統の作出に取り組みました。その一つにFLF系統があります。これは，d-rRと同様，体色マーカーにより遺伝的な性を判定できる系統です。富田コレクションには，lf（leucophore free）という白色素胞が着色しない変異体が含まれています（図6）。この遺伝子座が性染色体に乗っていて性決定遺伝子に強く連鎖していることを見出し，これを利用してX染色体に変異型のlf遺伝子を持ちY染色体には正常なlf遺伝子を持つFLF系統を作りました。この系統では，白色素胞を持つ個体が遺伝的雄，持たない個体は遺伝的雌であると判断できます。白色素胞は黄色素胞よりも早い段階で着色し可視化するので，FLF系統では，黄色素胞を目印（体色マーカー）としたd-rR系統よりも早い時期（孵化する前）に遺伝的性別を判定できるという利点があります。

　また，若松佑子先生と尾里建二郎先生は，富田コレクションに体色異常の変異体が数多く含まれていることを活かして，体壁に色素がほとんどない「透明メダカ」の作出に成功しました（図9）（Wakamatsu et al., 2001）。透明メダカは，解剖しなくとも生きたまま継続的に内臓の様子を見ることができるため，病態の経過観察や治療薬の効果の検証に有効です。例えば，富田コレクションの一つ，ヒトの多発性嚢胞腎症に酷似した病態を示すpc (polycystic) 系統は，透明メダカと交配して「透明pcメダカ」にすると，解剖しなくても腎臓が肥大している様子を観察できるようになります（図9）（Hashimoto et al., 2009）。

透明メダカの作出にあたって，富田コレクションの中から色素が少ない変異体がいくつか選ばれました．黒色のメラニンを除去するためにアルビノ，腹腔壁の虹色素胞を除去するために gu（guanophoreless）を掛け合わせて二重変異体にし（see-through-I，STI），さらに白色を減らすために lf を掛けて STII が作られました．STII はかなり透明ですが，さらに鰓蓋の虹色素胞が少ない il-1 系統と掛け合わせて鰓まで透けて見えるようにしたのが STIII です．

7-4　最近発見された色変わり変異体

はじめに書いたように，小生が近頃めだかブームだと感じている理由の一つは，周りにめだか愛好家が増えたというのではなく，世間で次々と新しい「色変わり」めだかが出回るようになったからです．

冒頭でも書きましたが，ブームのきっかけは「楊貴妃」の登場だったのではないかと思います（図1）．こんなにきれいな朱赤のめだかがいるのか，と驚いた人は多いはずです．楊貴妃がヒメダカから派生した品種だとすると，体表にメラニンがほとんどないのは納得できます．問題は，緋色の皮膚が赤く変わった理由です．これには黄色素胞の性質の変化がかかわっていそうです．黄色素胞には，カロテノイドとプテリジン（セピアプテリン）が含まれていることが知られます（梅鉢, 2000）．一つの可能性として，楊貴妃では，カロテノイドかプテリジンか，どちらかの色素物質が量的あるいは質的に変化し赤みを増したことが考えられます．面白いことに，楊貴妃の稚魚はヒメダカの稚魚よりも色が薄く，ほとんど黄色や赤色系の色を持っていません．めだかの孵化時の黄色素胞にはすでにカロテノイドとプテリジンが含まれているとされています（カロテノイドを含まない黄色素胞が存在するとの報告もあります）が，どちらの色素物質が主に赤黄系の発色を担っているのか，楊貴妃ではどちらがどのように変化しているのか，興味が持たれます．ちなみに，白色素胞は稚魚の時期には，白色ではなくオレンジ色をしていますが，楊貴妃では白いです．白色素胞のオレンジ色は，ドロソプテリンという，黄色素胞のセピアプテリンに似たプテリジン類の色であることがわかっています．このことは，楊貴妃の「赤」には体表において通常のプテリジン類が欠損している可能性を示唆しています．赤の発色についてはプテリジン類の合

成酵素群の同定とカロテノイドの取り込みや蓄積の遺伝的成り立ちを詳しく調べる必要がありそうです。

　最近盛んに流通している品種の一つに，幹之(みゆき)があります。2007年に愛媛県のブリーダーによって発見された当初は，背中の正中線の一部がキラキラ光る形質を持つめだかでした。が，それ以来どんどん改良が進み，現在では頭部から体幹部まで背中全体が光沢を持つ「スーパー幹之」（図1）が作出され，市場に出回っています。この品種改良が新たな突然変異の発生とその積み重ねによるものであったとすると，スーパー幹之はたくさんの突然変異の重複によって初めて現れた変異体（品種）であると言えます。実際，スーパー幹之の形質には多数の遺伝子座がかかわっていることがわかっています。

　スーパー幹之の最も際立った特徴は背中の光沢です。魚類の背中は黒っぽいのが普通で，スーパー幹之のように背中が光ると，目立ってしまい野生では生き残れないでしょう。スーパー幹之は野生では決して残らない突然変異を持っていることになります。幹之の背中の光沢は，人間が管理する場所で品種改良を重ねてこそ出現し得た形質です。スーパー幹之の背中には，虹色素胞が多数分布しています。このように，本来あるべきではない場所に細胞が出現することを「異所性」と言います。スーパー幹之では異所的に虹色素胞が形成されていると考えられ，発生生物学的な観点から見ると大変貴重な実験材料となります。ちなみに，スーパー幹之には黒色素胞が存在しますが，基本的にメラニン顆粒が凝集した状態になっており，ほとんど目立ちません。また，黄色素胞と白色素胞は全く存在しません。筆者のグループでは，スーパー幹之で色素細胞がその発生過程でどのような運命の変更を受けているのか明らかにしたいと考えています。

むすび

　ヒメダカが見つかってかれこれ2，3百年と言われています（岩松，2002）。ニホンメダカは日本の固有種で，昔からペットとしてあるいは里山の一部として日本人の生活にとけこんできた動物です。その基盤があってこそ，科学の世界でも今やなくてはならない実験モデルとして不可欠の存在と

なっているのだと思います。これからもきっとさらに新しい色変わりめだかが見つかることでしょう。体の内部が光る「体内光（彩光）めだか」なんていう変わり種まで出てきたのですから，今後が楽しみです。密かに研究対象として興味深い変異体が発見されることを期待しています。

　本稿では，人間にどのように見えるか，もしくは少し踏み込んで，細胞生物学的・発生学的にどうなっているかという視点から，めだかの体色について考えてきました。近年では，めだかの体色がめだか同士の認識や行動にどのような影響を与えているかに着目した研究も始まっています。めだかがめだかの色をどんな風に感じ，それを基にどんな行動をとるか，私達人間に想像できる日がくるのかもしれません。

参考文献

岩松鷹司，メダカ学全書，大学教育出版，1997

岩松鷹司，メダカと日本人，青弓社，2002

岩井光子，メダカ色のラブレター，風媒社，2014

梅鉢幸重，動物の色素，内田老鶴圃，2000

藤井良三，色素細胞（UP BIOLOGY），東京大学出版会，1976

Goda, M. and Fujii, R. The Blue Coloration of the Common Surgeonfish, Paracanthurus hepatus- II. Color Revelation and Color Changes. *Zoolog. Sci.* 15: 323-333 (1998)

Goda, M., Fujiyoshi, Y., Sugimoto, M. and Fujii, R. Novel dichromatic chromatophores in the integument of the mandarin fish Synchiropus splendidus. *Biol. Bull.* 224: 14-17 (2013)

Hashimoto, H., Miyamoto, R., Watanabe, N., Shiba, D., Ozato, K., Inoue, C., Kubo, Y., Koga, A., Jindo, T., Narita, T., Naruse, K., Ohishi, K., Nogata, K., Shin, I. T., Asakawa, S., Shimizu, N., Miyamoto, T., Mochizuki, T., Yokoyama, T., Hori, H., Takeda, H., Kohara, Y. and Wakamatsu, Y. Polycystic kidney disease in the medaka (Oryzias latipes) pc mutant caused by a mutation in the Gli-Similar3 (glis3) gene. *PLoS One* 4: e6299 (2009)

Kimura, T., Nagao, Y., Hashimoto, H., Yamamoto-Shiraishi, Y., Yamamoto, S., Yabe, T., Takada, S., Kinoshita, M., Kuroiwa, A. and Naruse, K. Leucophores are similar to xanthophores in their specification and differentiation processes in medaka. *Proc. Natl. Acad. Sci. USA* 111: 7343-7348 (2014)

Koga, A., Inagaki, H., Bessho, Y. and Hori, H. Insertion of a novel transposable element in the tyrosinase gene is responsible for an albino mutation in the medaka fish, Oryzias latipes. *Mol. Gen. Genet.* 249: 400-405 (1995)

Koga, A., Suzuki, M., Inagaki, H., Bessho, Y. and Hori, H. Transposable element in fish. *Nature* 383: 30 (1996)

Nagao, Y., Suzuki, T., Shimizu, A., Kimura, T., Seki, R., Adachi, T., Inoue, C., Omae, Y., Kamei, Y., Hara, I., Taniguchi, Y., Naruse, K., Wakamatsu, Y., Kelsh, R. N., Hibi, M. and Hashimoto, H. Sox5 functions as a fate switch in medaka pigment cell development. *PLoS Genet.* 10: e1004246 (2014)

Schartl, M., Larue, L., Goda, M., Bosenberg, M. W., Hashimoto, H. and Kelsh, R. N. What is a vertebrate pigment cell? *Pigment Cell Melanoma Res.* 29: 8–14 (2016)

Wakamatsu, Y., Pristyazhnyuk, S., Kinoshita, M., Tanaka, M. and Ozato, K. The see-through medaka: a fish model that is transparent throughout life. *Proc. Natl. Acad. Sci. USA* 98: 10046–10050 (2001)

Yamamoto, T. Artificial induction of functional sex-reversal in genotypic females of the medaka (Oryzias latipes). *J. Exp. Zool.* 137: 227–63 (1958)

第Ⅱ部　メダカ研究の最近

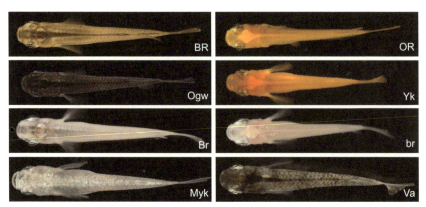

図1　めだかの色変わり品種

BR：クロメダカ（野生型, Nagoya）, Ogw：小川ブラック, Br：アオメダカ, Myk：スーパー幹之, OR：ヒメダカ, Yk：楊貴妃, br：シロメダカ, Va：Va斑メダカ（富田コレクション）

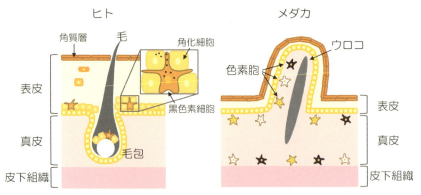

図2　ヒトとメダカの皮膚の構造

ヒト（左）でもメダカ（右）でも，皮膚は表皮，真皮，皮下組織の順に層構造になっている。
ヒトの皮膚では，黒色素細胞は表皮の最深部にあり，角化細胞にメラニンを供給している。毛包（毛根）においても同様である。
メダカの皮膚においては，真皮の最深部と最浅部に色素細胞が分布している。ウロコに付着しているのは最浅部の色素胞である。

第 2 章　メダカの色について考える

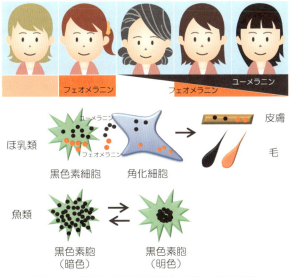

図3　ほ乳類の黒色素細胞と魚類の黒色素胞

ヒトの髪の色はユーメラニンとフェオメラニンの含有組成によって決まる。ユーメラニンが多いと黒色に、フェオメラニンの割合が高いと茶色になる。ユーメラニンがなくフェオメラニンのみでは赤毛になる。金髪はユーメラニンがなく、フェオメラニンの含量も少ない。どちらのメラニンもなくなると白髪になる。
ほ乳類では、黒色素細胞で合成されたメラニンは角化細胞に受け渡され、皮膚や毛を着色するのに対して、魚類（めだか）では、黒色素胞は合成したメラニンを細胞内の色素顆粒に蓄積し、拡散凝集による背地適応などを行う。

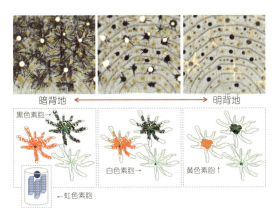

図4　めだかの色素細胞の拡散凝集

黒色素胞と黄色素胞は暗背地にて拡散反応を示し、明背地にて凝集反応を示す。
白色素胞はその逆の反応を示す。めだかの虹色素胞は拡散凝集反応を示さない。

129

第 II 部　メダカ研究の最近

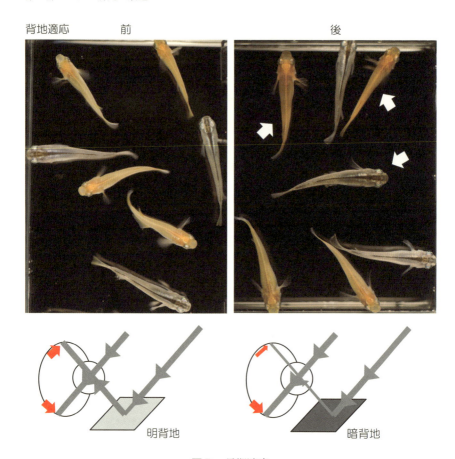

図5　長期適応
クロメダカと楊貴妃を暗背地と明背地で1カ月飼育したときの体色の比較。
背地適応前は，明背地で飼育していた2つのグループを（背地適応前，左写真），一方は暗背地に移し，もう一方はそのまま明背地で，1カ月間飼育した。暗背地で飼育した個体（白矢印）は明背地で飼育した個体に比べ，黒色あるいは赤色が鮮やかになっている（背地適応後，右写真）。
めだかは，水面から射す上からの光と底から反射してくる下からの光の量差を感知して，体色を背地に適応させているらしい。水面から射す光が同程度である場合，暗背地では上からの光と下からの光の光量の差が，明背地に比べて大きくなる。暗背地環境では，黒色素胞と黄色素胞が増え，白色素胞が減る。

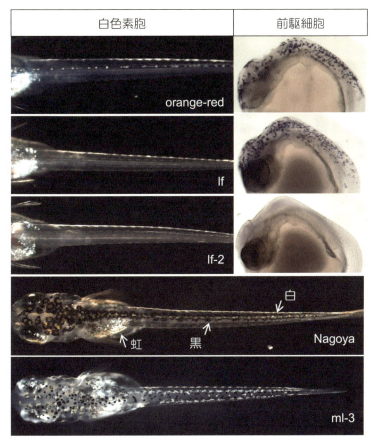

図6　稚魚における体色異常の成り立ち

孵化直後のヒメダカ（orange-red）では，白色素胞が背中の正中線上に一列に並び，その両側に黄色素胞が分布する（黄色素胞はこの写真では見えない）。lfおよびlf-2変異体はともに白色素胞を欠損しており，一見しただけでは区別がつかない。孵化前の白色素胞および黄色素胞の前駆細胞を染色すると，lf変異体胚ではヒメダカ胚と同様に，染色される前駆細胞が体全体に見られるが，lf-2変異体胚では見られない。このことは，lf-2変異体胚では白色素胞および黄色素胞が形成されない（細胞がない）のに対して，lf変異体胚では，両色素胞は存在するものの，着色していないために見えないことを示す。
ml-3変異体では白色素胞が過剰に形成され，黄色素胞は欠損する。野生型稚魚（クロメダカ，Nagoya）では背中の白色素胞は黒色素胞に囲まれるように一列に並ぶが，ml-3稚魚では白色素胞は黒色素胞の外側（側方）に並び，左右二列になる。

第Ⅱ部　メダカ研究の最近

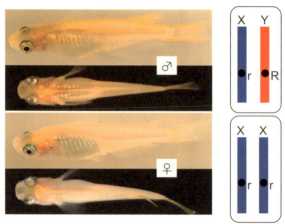

図7　d-rR系統

山本時男博士が系統化しためだか系統。♂はヒメダカ、♀はシロメダカであり、遺伝的な性を体色で判定することができる。
Y染色体には黄色素胞の着色を担う遺伝子R（優性）が乗っており、X染色体ではその対立遺伝子r（劣性）が機能を失っているため、遺伝的雄XrYRでは黄色素胞は着色し、遺伝的雌XrXrでは着色しない。

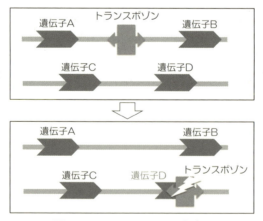

図8　めだかのトランスポゾン

上図では、トランスポゾンが遺伝子Aと遺伝子Bの間の領域に存在しているが、AとBを含む周辺の遺伝子に影響を及ぼさない状態である。下図では、トランスポゾンが転移して遺伝子Dの働きを妨げている。遺伝子Dが体色発現に重要な遺伝子であると、この転位の結果、新たな色変わりめだかが出てくる可能性がある。

第 2 章　メダカの色について考える

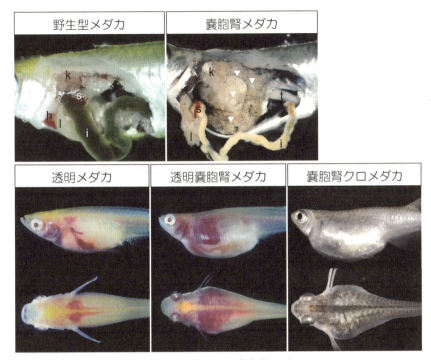

図9　透明メダカと囊胞腎メダカ

富田コレクションの一つに，ヒトの多発性囊胞腎症に似た症状を示す変異体（囊胞腎メダカ）がある。囊胞腎メダカでは，腎臓（k）が野生型メダカのそれに比べて50倍以上に肥大化する。囊胞腎クロメダカでは腹部膨満は見て取れるが，これが腎臓の肥大化によるものであることは解剖してはじめてわかる。
若松佑子博士は富田コレクションの体色変異体を掛け合わせて，内臓が透けて見える「透明メダカ」を開発した。囊胞腎メダカを透明メダカと交配した「透明囊胞腎メダカ」では解剖をせずに腎臓の肥大化を観察することができる。

第3章

東山動物園世界のメダカ館と
　　新種「ティウメダカ」の発見

田中　理映子

1　世界のメダカ館の紹介

　世界のメダカ館は1991年（平成5）10月に開館した，メダカをテーマにした淡水魚類を展示する世界で唯一の水族館です。メダカの仲間30種，カダヤシの仲間120種，日本産淡水魚50種，節足類8種，総計約200種18000点を飼育し，多種多様なメダカやその他の生物，それらの生息環境を通じて，自然環境の大切さを感じ学ぶ事ができる施設となっております。

　東山動物園の正門左手にあった1960年（昭和35）建設の旧水族館が老朽化し立て直す計画が持ち上がったことが，世界のメダカ館開館への最初の一歩でした。

　世界のメダカ館が開館した当時は，大阪の海遊館や東京の葛西臨海公園，名古屋港水族館など大型水槽の水族館が続々とオープンした時代でありました。これらとの競合を避けるために，小型水槽の水族館にするという計画で話が進みました。

　また，①日本人に馴染みが深い魚で，世界に広く分布する（当時はカダヤシとメダカが同じ仲間だったため，約1000種と考えられていた），②昔はどこにでもいたような魚だったが，だんだん生息地が狭められ数も減ってきているということ，そして小学校5年生の理科の授業で取り上げられ必ず学習

し、これが環境教育の材料となること、③魚の形や生態が多種多様で展示効果もあるということ、④ほかの魚に比べて繁殖しやすく野生からの導入を少なくできるということ、⑤東山動物園のご近所に名古屋大学があり、そこはメダカの研究において世界的な権威の先生がみえたことで、メダカの研究基盤があるということから、メダカを展示の中心に据えることになりました。

2　メダカ先生との出会い

その世界的権威でメダカ先生と呼ばれたのが、故・山本時男先生です（図1）。

メダカ館開館の計画が持ち上がった際には、名古屋大学では山本時男先生のメダカの研究を引き継いだ研究がなされていました。その研究材料のメダカ（突然変異種28種と野生ニホンメダカ（名古屋メダカ））を世界のメダカ館の展示種として譲り受ける事となりました。

野生ニホンメダカの地域個体群である名古屋メダカと呼ばれるメダカは、1950年頃（昭和30年前後）に名古屋市千種区の平和公園内（図2）にて、メダカ先生が採集したメダカの子孫たちです。現在は、かつての採集場所には残念ながら野生ニホンメダカは生息していません。ニホンメダカは生息する地域で遺伝的に異なる事が明らかなため、野生の名古屋メダカは絶滅してしまったと言えます。

図1　メダカ先生こと山本時男先生

第Ⅱ部　メダカ研究の最近

図2　名古屋メダカの故郷

図3　「名古屋メダカ里親プロジェクト」の様子

　世界のメダカ館では，その貴重な名古屋メダカの子孫たちを現在も継代飼育しており，身近な自然の大切さを伝える環境教育の主役としても活用しています。毎年行われるこのイベントは「名古屋メダカ里親プロジェクト」(図3) と題し，種の保存と環境教育を目的として，子どもたちを対象に野生では絶滅してしまった名古屋メダカの里親になってもらいます。とても好評なイベントであり，これもメダカ先生から引き継いだ名古屋メダカをこれまで継代繁殖して守ってこられた名古屋大学，生物機能開発利用研究センター(動

物器官機能研究分野）のスタッフの皆さんのおかげです。

これからも名古屋メダカをはじめとする名古屋大学から譲り受けた貴重なメダカたちの命を世界のメダカ館でつないでいきたいと考えています。

3　新種「ティウメダカ」の発見

筆者は，ニホンメダカの仲間29種約800匹を世界のメダカ館で担当しています。2016年9月現在，ニホンメダカの仲間（ダツ目メダカ科）は世界に36種生息しています。絶滅危惧種やさらに生息情報が少ない種も多く，世界のメダカたちをとりまく環境は危機的であると思います。世界のメダカ館では，これらのメダカたちの継代飼育により種の保存をし，展示することで小さなメダカからその周りの自然環境についても考えるきっかけになればと考えています。

現在世界のメダカ館では36種中29種を飼育しておりますが，この飼育種数を確保することは容易ではありませんでした。熱帯魚のように商業ルートでは日本へは入ってきませんので，自分たちの足で生息地へ行き，採集することが最速の入手方法でした。世界のメダカ館では，野生メダカの研究者との共同研究によるつながりがあり，その現地調査に同行するチャンスを得る事ができました。その現地調査にて運良く，36種類目となる新種メダカの発見に至ることとなりました（図4）。

図4　新種として発見したティウメダカ　*Oryzias soerotoi*

第Ⅱ部　メダカ研究の最近

3-1　新種メダカ発見となる現地調査

　2008年，世界のメダカ館未飼育種の採集と生息地調査を目的とし，インドネシア共和国のスラウェシ島（図5）へ現・琉球大学山平寿智教授の調査に同行しました。スラウェシ島には世界に分布する36種のメダカの中で20種が生息，そのうち19種が島固有種という，メダカのホットスポットです。

　ティウメダカを発見したのは，スラウェシ島の中央部に位置するティウ湖という南北に2kmほど伸びる細長い湖です（図6）。この湖の水は透明度が無い褐色で，現地民だけが漁業のために利用する静かな湖でした（図7）。この湖には他のメダカの生息が確認されていなかったため，ほとんど研究者が立ち寄る事がありませんでした。しかし，偶然にもこの調査の数年前に立ち寄ったインドネシアの魚類学者からの情報提供により，新種メダカの発見に至ることができました。

　ティウ湖は沿岸部を抽水植物などで覆われた湖で，採集のための船から水草の影をのぞくと，小さな魚の群れを発見することができました（図8）。ニホンメダカと同じように群れで水面を泳ぐ様子から，メダカの仲間であろうと予測ができました。丁寧にすくいあげ，側面から観察すると，今までに自分の眼でも文献でも見たことがないメダカだということを直感しました（図9）。

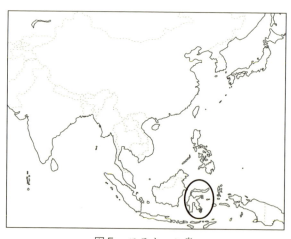

図5　スラウェシ島

図6　☆印：ティウ湖の位置

第 3 章　東山動物園世界のメダカ館と新種「ティウメダカ」の発見

図7　ティウ湖

図8　船上より魚の群れを発見

図9　陸地にてさっそく採集した魚を観察する様子

第Ⅱ部　メダカ研究の最近

3-2　ティウメダカの特徴

　成魚の体長は約3cmで，オスは尾ビレの両縁部と臀ビレの始点側にオレンジ色のラインが入ります。繁殖の際には，メスに対する求愛行動や縄張り争い行動時に，オスの体色が尾ビレ以外真っ黒に変化するのが特徴です（図10）。ニホンメダカと同様，産卵後にメスは，水草などに卵を付着させます。卵の大きさは卵径約1.3mmで，約10日間でふ化した稚魚は体長約5mmとなります。

3-3　ティウメダカの新種記載

　新種記載とは，新しく発見した生物に名前をつけることです。せっかく発見した新種も学術論文を書いて公表しなければ新種として認められません。

　2008年にティウメダカを発見後，日本に持ち帰り，新種記載のための研究が始まりました。魚の形態的特徴・遺伝的特徴・飼育下での生態観察による知見，また近似種との区別点をまとめました。これは琉球大学とメダカ館とそれぞれで分担して行われました。

　作成した論文が投稿・受理され，2014年9月アメリカ合衆国学術雑誌「Copeia」第3巻に掲載されました。こうして学名 *Oryzias soerotoi*，英名 Tiu ricefish，和名ティウメダカとして科学的に認められました。こうしてようやく名前が付いたティウメダカを展示できることとなりました。

図10　オスの体色変化（橋本直之氏撮影）

3–4 メダカ館でのティウメダカの未来

　現地より約120匹持ち帰ったティウメダカの飼育は当初，容易ではありませんでした。水質の変化や水槽飼育のストレスなどから死亡した個体も多く，その中で生き残ってくれたメダカたちを大事に育て次世代へと命をつなぎ，現在は安定した飼育ができるようになりました。2015年1月には，「祝　新種メダカの発見！　〜ティウメダカ採集から記載までの道のり」と題した特別展を行い，生き生きとしたティウメダカを多くのお客様に見ていただくことができました（図11）。

　現地では，森林のプランテーション化（図12）やゴミによる水質汚染を多く目にしました。また，ティウ湖やその他の湖でも，現地の漁師が食料として外来魚のティラピアを放流し漁業していました（図13）。自然破壊や捕食者の脅威により，ティウメダカやその他の固有な生物たちの生息が危ぶまれました。

図11　特別展展示の様子

第Ⅱ部　メダカ研究の最近

　野生下で絶滅の危機に瀕しているメダカたちを飼育下でも守る,「生息域外保全」をおこなっていくことが,世界のメダカ館の使命だと考えています。
　これからも生き生きとしたメダカたちを見ていただき,そのむこうに野生や自然の姿を想像していただけるような展示をおこないますので,名古屋市東山動物園・世界のメダカ館に足を運んでいただけたらと思います。

図12　切り開かれた森林

図13　メダカの捕食者であるティラピア

第4章

宇宙を旅した日本のメダカ

井尻 憲一

　1994年に日本のメダカが宇宙旅行をしました。日本人宇宙飛行士の向井千秋さんがスペースシャトル「コロンビア号」で実施する宇宙実験の一つとして筆者（井尻）が提案し，代表研究者として地上での準備，及び宇宙飛行後の解析を行いました。4匹の成体メダカが宇宙へ行き，メダカたちは15日間の宇宙滞在中に脊椎動物として初めて雌雄による産卵行動を行い，産卵された卵は宇宙飛行中に誕生（孵化）し，赤ちゃんメダカとなりました。
　ここでは，まず1）宇宙でのメダカ実験の全容，つまり打ち上げから地球へ帰還後の解析までを，次に2）宇宙実験の準備として4匹のメダカをどのように選んだかを，そして最後に3）本書の主役である山本時男先生と東京大学との関わりについて記述します。

1　宇宙メダカ実験

1-1　宇宙メダカ実験の目的

　今回のスペースシャトルによるメダカ実験の目的の1つに，将来宇宙ステーションにおいて魚に世代交代を繰り返させる実験（継代飼育）が可能かどうかを調べることがありました。スペースシャトルでは2週間の飛行が限度であるため，具体的には宇宙でメダカが産卵行動を行うことができるか，

もし産卵行動が実現できた場合には、産卵された卵が宇宙で正常に発生し孵化できるかを調べます。

　一般に魚は無重力では普通には泳げず、ぐるぐると回転運動を起こしてしまいます（感覚混乱といい、詳細は後述）。航空機の特殊な飛行によって約20秒間の無重力状態が作り出せます。私たちはこの航空機を使った方法で多くのメダカをテストし、無重力でもまったく回転せず普通に泳げる、すなわち無重力に強いメダカの系統を探し出しました。この系統のメダカをスペースシャトルで宇宙へ送り、そこでの行動を調べるとともに、無重力での産卵行動および産卵された卵が発生していく様子を観察しました。

1-2　宇宙でのメダカの産卵から孵化まで

　地上で産卵を続けている雌雄2ペア（計4匹）を入れた宇宙用のメダカ水槽（図1）はNASAの技術者に手渡され、打ち上げ30時間前にフロリダ州ケネディ宇宙センターにおいてスペースシャトル内の実験室(スペースラブ)に搭載されました。スペースシャトルは打ち上がり、打ち上げから9時間後に最初の観察が行われましたが、この時には水槽内に卵は見当たりませんでした。その後、産卵された卵3個を水槽内に発見したとの報告が打ち上げから約24時間後に、さらに翌日には水槽内の卵が10個に増えているとの報告が届きました。卵の数が増えていることから、メダカが宇宙で順調に産卵を

図1　最終的に選ばれた4匹のメダカたち。スペースシャトルに搭載する直前の宇宙用水槽の映像。

第4章　宇宙を旅した日本のメダカ

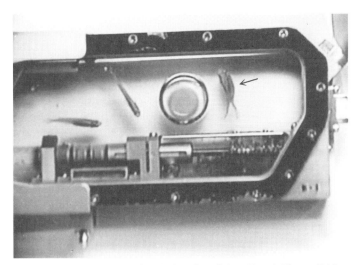

図2　宇宙でのメダカの産卵行動。丸い空気の塊の右横で，雌雄による産卵行動が行われている（矢印）。

行っていることが確認できました。

　メダカは毎朝，産卵行動をとるので，次の日からはビデオカメラをセットしてもらい，照明がついてからの行動を録画しながら，同時に地上へその映像を送ってもらいました。オスとメスがまさに産卵行動を行っているシーンも地上に届きました（図2）。

　産卵された卵の内部では日を追って体が形成されており，発

図3　親メダカと泳ぐ，宇宙で誕生した赤ちゃんメダカ（左下）。

生が宇宙でも正常に進んでいることが確信できました。その後もメダカの卵は順調に発生を続け，ミッション開始後12日目に最初の赤ちゃんメダカが誕生しました(孵化)。母親メダカと一緒に泳ぐ赤ちゃんメダカの映像はミッションの報告として宇宙から全米に，そして世界中に流されました（図3）。

宇宙では43個の卵が産卵され、うち38個が正常に発生し、そのうちの8個は宇宙で赤ちゃんメダカとして誕生しました（5個は未受精）。残り30個は孵化までの時間が足りず、地球へ戻ってから孵化しました。これらの数字は実験室（地上）での受精率や孵化率と比べて差はありません。

1–3　帰還後のメダカたち

15日間の飛行を終え、スペースシャトルはケネディ宇宙センターに無事着陸しました。着陸後5時間ほどでメダカ水槽はスペースシャトルから取り出され、NASAの車で我々のもとに運ばれてきました。メダカの水槽を見て、心臓が止まりました。4匹のメダカは水槽の底に沈んだまま動かないのです。えらが動いていることを確認し、やっと、重力のせいでメダカが下に沈んでいることが理解できました（図4）。

魚は地球上で水中にいる時、無重力に近い状態にあると考えられますが、実際には無意識ながらも魚は努力して、そのような状態を作り出しているのです。浮き袋の空気量を調節して浮力を加減し、尾びれや胸びれをうまく動かして上への力（揚力）を作り出し、無重力に近い状態を実現しているのです。ところが宇宙ではもともと無重力であり、このような努力さえ必要なかっ

図4　地球に帰還した直後の4匹のメダカ。3匹は水槽の底でじっとしており、残り1匹は泳ぐのに苦労している。

たわけです。このように楽をしていたため，宇宙から帰ってきた親メダカ4匹は地球での泳ぎ方を忘れていたのです。地球に戻ってからは水槽の底に沈んだままであり，時に上へあがろうとするが，すぐに下へ落ちるという動作が続きました。これに対し，宇宙で誕生した赤ちゃんメダカ（「宇宙誕生メダカ」と名付けます）は重力のある場所は初めてであるにもかかわらず，地上でも正常に泳いでいました。

　地球に戻って4日目には親メダカはほぼ正常に泳げるようになり，1週間後には再び産卵を開始し，以後も毎日産卵を続けました。約40日にわたって産卵数，受精率，ふ化率を調べましたが，15日間の宇宙滞在による子孫への影響は認められませんでした。現在，その子孫が全国で飼育されていますが，30世代を超えても正常なメダカたちです。

1-4　宇宙で誕生した赤ちゃんメダカは子孫を作れるのか？

　無重力で発生した赤ちゃんメダカ（宇宙誕生メダカ）は，はたして将来子孫を作れるのでしょうか。宇宙誕生メダカの体内には既に次世代を担う生殖細胞が形成されており，その生殖細胞は正常であることが以下の実験で示されました。8匹の宇宙誕生メダカのうち4匹については，スペースシャトルが地上に帰還して6時間後にホルマリンで固定し連続組織切片を作成して，顕微鏡で稚魚1匹ずつにつき体内にある生殖細胞の全数を計数しました（図5）。地上の研究室で産卵され孵化した赤ちゃんメダカとも比べましたが，その生殖細胞数に差は認められませんでした。生殖細胞の形成は無重力でも正常に起こっていたことがわかります。

　残り4匹の宇宙誕生メダカのうち2匹は飼育途中で死亡しましたが，2匹は成長し運良く雌と雄に分かれました。この雌雄が産卵した卵の受精率，発生の様子，孵化率を調べましたが，異常は認められませんでした。今ではこれらが全国のメダカ愛好家に配られ，宇宙誕生メダカの子，孫，ひ孫，…と直系の子孫が何世代にもわたり誕生しています。地球のメダカが宇宙ステーションで子孫を繁栄させる前に，宇宙から来たメダカの夫婦が新天地，地球で子どもを増やし始めたわけです。

　このように8匹の宇宙誕生メダカの解析から，宇宙空間で産卵され誕生した稚魚には形態および数的にも，そして機能的にも正常な生殖細胞が形成さ

第Ⅱ部　メダカ研究の最近

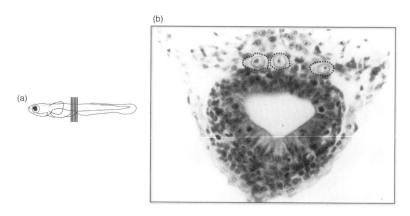

図5　宇宙で誕生した赤ちゃんメダカ（宇宙誕生メダカ）の(a)連続切片の切断様式と，(b)その1切断面を顕微鏡で見た画像。点線で囲った3個の大きな細胞が生殖細胞。連続切片を観察して体内にある全生殖細胞数を求めた。

れており，次世代をつくる能力が備わっていることがわかりました。無重力でメダカが世代交代を行えることが示されたわけで，宇宙ステーションでの継代飼育実験の実現にも希望が持てることとなりました。

　メダカは実験室では卵から3カ月弱で次の世代を産卵できるまでに成長する脊椎動物です。人が20歳で子供を作るとしても，メダカはその約80倍の速さで世代を繰り返す計算になります。人類が宇宙へ進出し，宇宙環境（無重力，宇宙放射線など）のもとで子孫を増やしていく時，どのような変化が生じていくのかがメダカを用いれば80倍早くシミュレーションができるわけで，人類に起こるであろう危険も予知でき，対処法も前もって考えられるでしょう。

　宇宙メダカ実験の詳細な報告はインターネットでのホームページで公開しているので，ご覧ください（URLは参考文献に示してあります）。

2　宇宙へ送ったメダカの選抜

　ここでは宇宙へ送った4匹の親メダカをどのようにして選んだかについて話します。一般的なメダカの習性に関することも含むので，メダカが好きな方々にも興味を持って頂ける内容だと思います。

2–1　魚を宇宙へ

　子孫を増やすということは，生物にとって重要な仕事と言えます。宇宙実験が可能になった初期から，宇宙でも子孫を増やせるかは人々の興味を引くテーマでした。とくに人類が将来宇宙で暮らすことを考えると，脊椎動物を用いた宇宙での実験が必要となってきます。脊椎動物とは魚類，両生類，爬虫類，鳥類，哺乳類のことであり，宇宙での子作り実験に最初に白羽の矢が立ったのは魚でした。

　1973年にNASAがフンジュラスという小型魚を宇宙へ送っています。ところが宇宙に着くなり（つまり無重力になるなり），この小魚はぐるぐると回転（ルーピング）を始めてしまったのです。まさに感覚混乱を起こしてしまったのです。当然メダカも無重力でぐるぐるとルーピンを起こすことが予想され，そうならばメダカの雌雄が無重力で産卵行動をとることなど到底期待できません。

2–2　感覚混乱と宇宙酔い

　魚だけでなく，無重力で感覚混乱を起こすことは多くの動物で報告されています。感覚混乱はどういう理由で起こるのでしょう。ヒトでも同じですが，動物では目からの情報（視覚情報）と，内耳にある耳石と感覚細胞による重力方向の情報（耳石情報）が神経線維を伝って脳へ運ばれ，この2つの情報が脳で統合されることで姿勢が保たれているのです。感覚細胞は耳石が重力で引かれることを利用して重力方向を検知しているため，無重力では耳石は沈まず，感覚細胞は検知できません。とは言っても，感覚細胞自体は生きているため，数は少ないが重力の有無とは無関係な信号を脳へ送ることになります。この信号と視覚情報が一致しないことで脳が混乱を起こすのが感覚混乱なのです。たとえば視覚からは周りの景色によって自分はちゃんと立っているという信号が脳に来ているのに，感覚細胞から出る無関係な信号は体がある方向に傾いていると脳に解釈させる信号となります。この不一致は脳に混乱を起こすこととなり，それがメダカでは回り続けるといった行動につながるのです。

　感覚混乱の状態が長く続くと，ヒトでは宇宙酔いが起こります。実は宇宙酔いとは我々の脳が脳自身を守るための，一種の防御機構とされています。

昔のロボット映画に無理な指令（たとえば「右を向きながら，同時に左を向け」という指令）を受けたロボットが考え込みすぎて，コンピュータの配線がショートし頭部から煙が出るシーンがよくありました。我々の脳も2つの情報の不一致で壊れてしまっては困るわけで，とりあえず何もせず脳を休めておくための方策，それが宇宙酔いなのです。そして宇宙酔いが治るころには，我々の脳は学習によって無重力でも姿勢が保てるようになっているというわけです。

2–3　感覚混乱を起こさないメダカがいるかも

　メダカを使って脊椎動物として初めて宇宙での産卵行動が実現でき，赤ちゃんメダカも誕生しました。現時点に至っても雌雄による子作りを宇宙で行った脊椎動物は日本のメダカだけで，これまで宇宙で実施された生物実験の中でも特筆すべき実験に挙げられています。実験が成功した最大の理由は無重力でも平気で泳げる，つまり無重力でも感覚混乱を起こさないメダカを発見したことにあります。

　発想の出発点は宇宙飛行士の宇宙酔いに関する報告でした。宇宙へ行った宇宙飛行士にも宇宙酔いのひどい人と，平気な人がいるとのことです。「それならば，メダカの中にも無重力に強いメダカがいるかもしれない」と考えたのです。そこで種々の系統のメダカを小型ジェット機に乗せて，無重力でも感覚混乱を起こさないメダカを探してみることにしました。

2–4　小型ジェット機を用いた無重力実験

　無重力状態というのは，ほんの短い時間なら，わざわざ宇宙へ行かなくても作れます。たとえば遊園地にあるフリーフォール（自由落下）でも，一瞬ならば無重力に近い状態が体験できます。宇宙でメダカの産卵実験を行うための予備実験として，我々は小型ジェット機を使って無重力状態を作り出し，メダカがどういう動きをするかを研究しました。と言っても，ジェット機の操縦は素人には無理ですし，そのうえ無重力状態を作り出すには通常の飛行ではなく，放物線飛行という特殊で難しい飛び方をしなくてはならないため，高度な技術を持ったプロのパイロットに操縦をお願いします。

　放物線飛行ですが，まず海上高くを通常に飛行（つまり水平に飛行）して

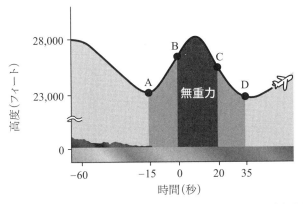

図6 小型ジェット機による放物線飛行で20秒の無重力状態が実現できる（BとCの間）。

いるジェット機の機首を下げて急降下し，すぐに急上昇し（図6のA点），上昇の途中でジェット噴射をストップします（B点）。こうすることでジェット機は斜めに上昇し，やがて斜めに落ちていく，つまり山形を描くように飛行します。これが放物線飛行であり，ジェット噴射をストップしてからの山形飛行の時間だけ無重力状態が実現できるのです（B点とC点の間が無重力）。B点とC点の間は自由落下状態なので，無重力となるのです。ただし，この状態を続けるとジェット機は海面に激突するため，ジェット噴射を再開し（C点），機首を立て直し（D点），通常の水平飛行に戻る必要があります。このため実現できる無重力状態の時間には限度があり，我々が使用した小型ジェット機で実現できる無重力状態は20秒間が限度でした。

2–5 感覚混乱を起こさないメダカの発見

メダカについては日本の研究者が多くの系統を作り出してきました。これには山本時男先生と，先生が名古屋大学で教えられた弟子の方々が大きく貢献されています。我々は種々の系統のメダカをジェット機に乗せ，無重力で感覚混乱を起こさない系統がないかと探してみることにしました。やはり無重力で多くのメダカはルーピングを起こし（図7），なかには回って水槽の壁に頭をぶつけて気を失うメダカまでも出ました。めげずに毎日，系統を取り替えてはジェット機実験を続けたところ，無重力でも感覚混乱を起こさず

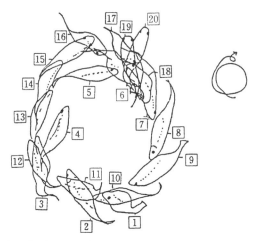

図7 無重力でぐるぐる回るメダカ。1匹のメダカの動きを1.3秒間重ねたもの。多くのメダカはこのように感覚混乱を起こすが、無重力でも感覚混乱を起こさないメダカの系統が見つかり、宇宙実験に用いられた。

平気なメダカの系統、つまり無重力でもルーピングしないメダカが見つかったのです（ccT系統）。日本にメダカの系統がたくさんあったからこそ、このような大規模実験ができたのです。

2-6 無重力でも感覚混乱を起こさないメダカとその視力

なぜこの系統のメダカたちだけが、無重力でもぐるぐる回ることなく（つまり感覚混乱を起こさずに）平気で泳げるのでしょうか。それを調べるために、水槽を真っ暗にして無重力状態に置いてみました。なんと、感覚混乱を起こさなかったメダカたちも無重力でぐるぐると回るではありませんか。と言うことは、このメダカたちは目を使って無重力での姿勢を保っている、つまり目が彼らの姿勢を保つのに重要な働きをしていることを意味します。

そこで、メダカの視力検査をしてみることにしました。人間の視力検査と違い、メダカの視力検査はメダカを入れた円形水槽の周りに白黒の縞模様を回転させ、この動きに追従するかどうかで検査します（図8）。縞模様をゆっくり回転させると、どの系統のメダカでも縞模様の動きに追従します（これは本能なのです）。しかし速く回すと、多くの系統のメダカは追従しなくな

図8 メダカの視力検査。回転する白と黒の縞模様にメダカが追従できるかどうかで検査する。縞模様の回転速度を上げていき、どの速度まで追従できるかを調べる。

ります。つまり白黒縞模様の回転が速いと、メダカたちには白黒模様が白と黒が別々の縞には見えず、白黒が混じって一様な灰色に見えてしまうため追従しなくなるのです。ところが、あのメダカ系統、つまり無重力で感覚混乱を起こさないメダカたちは白黒模様をもっと速く回しても、ちゃんと追従していくではありませんか。無重力で感覚混乱を起こすメダカは視力が普通であり、これに対して、我々が見つけた無重力でも感覚混乱を起こさない（無重力でも平気で泳ぐ）メダカたちは非常に視力が良いメダカだったのです。

2-7 無重力でも平気で泳げる理由

　感覚混乱の説明でも述べましたが、普通のメダカは視覚情報と耳石情報の2つを使って姿勢を制御し、地上では小川でも水槽でも難なく泳いでいます。ところが無重力では2つの情報が脳でうまく合わないため感覚混乱を起こし、ぐるぐる回ってしまいます。

　一方、無重力でも平気で泳げるメダカは視力が非常に良いので（と言うより、良すぎるので）、ふだん小川を泳いでいるときも視力だけに頼り、耳石情報にはほとんど頼っていません。このため無重力になっても、このメダカたちは視覚情報だけで泳ぐので脳が混乱することはありません。これが「な

ぜ，視力の良いメダカは無重力でも平気で泳げるのか？」の問いに対して，我々のたどり着いた説明なのです（現時点では，まだ仮説です）。

2-8　メダカにとっての上と下

　たとえ宇宙酔いをしないメダカたちを宇宙へ送ったとしても，宇宙の水槽内でオスとメスが勝手な方向を向いていては産卵行動はできません。無重力で上下の方向を一定にする方法はないかと考えた結果，光を使うことにしました。つまり水槽の一面だけから光を当て，そちらを上と思わせるのです。

　小川でメダカが泳いでいる状態を考えてもらえばわかりやすいでしょう。上からは太陽の光が当たっています。魚の性質として光の来る方向に背中を向けるという性質があり，これを「背光反応」または「背光反射」と言います。地球では太古の昔から重力は下に向いており，光は空（上）から来ているので，光でも上下を判断するようになったのでしょう。

　このことをジェット機の操縦を頼んだ自衛隊出身のパイロットさんに話したところ，戦闘機に乗っているパイロットも，雲からパッと出たときや霧が出てきたときには，瞬間的に光を上にするように機体を向けてしまうことがあるとのことでした。人間はかなり大脳皮質が発達しているわけですが，それを使わない反射という瞬時の本能の動作においては魚も人間も同じで，光に反応して上下を決定するのでしょう。

2-9　宇宙へ送ったメダカの選抜

　ジェット機を使った実験で無重力でも平気な系統が見つかったので，この系統のメダカ2000匹を育てて，これらに3つのテストを行い，最終的に宇宙へ行く4匹のメダカを決定しました。

　1つ目のテストはもちろん回転する白黒縞模様への追従度であり，これに合格したメダカたちには2つ目として背光反応のテストを受けさせました。試験管に入れたメダカに光を当ててみて，敏感に光の方向に，さっと背中を向けるメダカ，つまり上下をすばやく認識できるメダカだけを選抜しました（図9）。中には背光反応の鈍いメダカもおり，これらは残念ながら失格としました。

　視力が良くて無重力で感覚混乱を起こさないメダカで，上下がよくわかっ

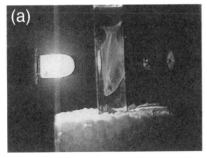 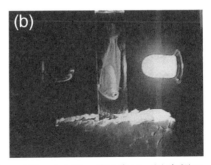

図9　背光反応能力の試験。(a) 左側のランプがつくと左へ背を向け，(b) 左側が消えると同時に右側がつくと，左から右へ背の向きを変える。この能力を反応に要する時間で検査する。

て光の方向にすばやく背中を向けるメダカたちを選抜した後，さらなるテストとして相性の良さを調べ，最終的に宇宙へ行く雌雄ペア2組（計4匹）を決定したのです（図1）。

2-10　メダカは毎日産卵する

宇宙（無重力）で産卵行動を起こさせようというのですから，相性の良いメダカでないと実験は成功しません。メダカの雌雄をペアにした場合，相性が良くて一度産卵すると，その後も毎日産卵します。そこで地上で毎日産卵しているペアを選んでスペースシャトルに乗せました。無重力の影響を受けないメダカで，毎日産卵を続けているメダカのカップルなら，宇宙へ行っても必ず産卵をするだろうと考えたのです。

毎日続けて産卵するのはメダカの特徴です。メダカは1回の産卵で20個ほどの卵しか産めないので，数をかせぐために5月の終わりから8月にかけてほぼ毎日産卵を続けます。100日産卵したとしても，20個×100日で，やっと2000個の卵が産める計算です。これに対して，成熟した金魚などは数千個の卵を一度に産むことができます。

2-11　メダカの産卵様式と宇宙実験

毎日産卵する。実はこのメダカの産卵様式こそが，今回の宇宙実験に必要だったのです。宇宙実験には巨額のお金が使われます。もちろん研究者自身

が負担するわけではありませんが,国民の税金ですから,宇宙実験が失敗した場合には研究者も大いに責任を感じてしまいます。ここでの「実験の失敗」というのは,実験を行ったのに結論が出ないことを言います。今回の宇宙メダカ実験で言えば,はたして無重力でメダカが産卵できるのか,それとも無重力での産卵は無理なのかの結論が出ることです。地上の実験室ならば何回でも実験ができますが,宇宙実験ではたった1回の実験で確実な結論を出すことが求められます。

今回は幸い宇宙でメダカが産卵したから良かったのですが,産卵しなかったかも知れません。産卵するのか,しないのかを調べるのが目的だったのですから,どちらになるかは実験してみないとわかりません。どちらになっても,それが確実な結論であれば実験は成功なのです。宇宙へ打ち上げる直前まで産卵を続けていたメダカのペアが宇宙で産卵しなくなったとしたら,それは無重力のせいだと結論できます。でも,これが一度で全ての卵を産んでしまう金魚では,そうはいきません。事前の産卵をチェックできないので,宇宙で金魚が産卵しなかった場合,雌雄の相性が悪かったとか,もともとメスの金魚の腹内に産卵できる成熟した卵が無かったといった可能性も否定できないからです。こういうわけで,もし金魚が産卵しなかった場合,無重力以外のことが影響したのかもしれず,結論が「あやふや」になってしまいます。毎日産卵を続ける習性を持つメダカを用いたのには,このような理由もあったのです。

3 東京大学と山本時男先生

山本時男先生はメダカの性転換についての素晴しい研究を名古屋大学でされたわけですが,先生の研究生活は東京大学理学部・動物学教室が出発点です。

東京大学は1877年(明治10)4月に東京開成学校と東京医学校が合併する形で創立され,同年9月には理学部に生物学科が設置されています。当時も今と同じく「東京大学」と呼ばれていました(東大が「帝国大学」と呼ばれるのは1886年の帝国大学令施行によるものです)。生物学科には動物学教授と植物学教授が置かれ,植物学教授は日本人でしたが,動物学の初代教授

は大森貝塚を発見・発掘したことで有名な米国人，モース（Edward S. Morse）です。モースは貝類の研究者で，とくに腕足類（シャミセンガイの仲間）を研究していました。日本に腕足類の種類が多いことから1877年6月に来日，採集の了解を文部省に求めるために汽車で横浜駅から新橋駅へ向かう途中に大森貝塚を発見し，そして訪ねた文部省で東大教授の就任を打診され，引き受けることになります。

　モースは2年間の契約が終了し米国に帰りますが，動物学の2代目教授として，モースの紹介したホイットマン（Charles O. Whitman）が就任します。そして3代目でやっと日本人の動物学教授の登場となります。箕作佳吉（みつくり かきち）です（この人の日本の動物学研究への貢献は多大なのですが，ここでは省略します）。時代は飛んで，7代目教授として谷津直秀（やつ なおひで）が就任します。谷津教授は実験を大事にした先生として有名です。「生物学って実験する学問じゃないの？」と思われるでしょうが，昔の生物学は形態をスケッチしたり，動植物を系統的に分類したりといった学問手法が多くを占めていたのです。ただ当時のドイツは科学の最先端の国であり，生物学も実験をもとに研究を進める手法が盛んになっていました。オーガナイザー（形成体）を発見し（論文は1924年），そしてノーベル生理学・医学賞を受賞（1935年）したシュペーマンなどが行っていたドイツの実験発生学は，日本の研究者に大いに刺激を与えており，その代表格が谷津教授であり，山本時男先生が師事されたのが，この谷津直秀教授だったのです。

　実験発生学者だった谷津教授のもとで，山本時男先生もメダカの発生現象を実験を行うことで研究されました。東大での研究は博士論文「目高早期胚の律動性運動に関する研究」（1936年）としてまとまっており，これにより理学博士を授与されております。律動性とは「リズミカルな」という意味です。受精卵からある程度の体の原形ができるまでの時期を胚といいますが，魚では胚のある時期に，この律動性運動（律動性収縮ともいう）が起こり，そこで初めて体の原形が出来るのです。受精卵は大きいですが，たったの1細胞です。それが細胞分裂（このような時期の細胞分裂をとくに卵割という）を繰り返して，2，4，8，16個，…と細胞の数を増やしていきます。細胞の数はどんどん増えますが，このままでは細胞の塊（細胞の集まり）にすぎません。細胞数が増えた時点で，メダカ胚が律動性収縮を起こします。胚はく

るくるとリズミカルに回転をし続け，回転が止まったときには細長い体の原形が形成されています。ただの細胞の塊が棒状の形になり，そこには将来，眼になる「ふくらみ」さえも出現しています。まるで手品のような，この不思議な現象に山本時男先生は心を奪われたに違いありません。今でも私はメダカ胚の律動性収縮を見ては，感激させられています。

　谷津直秀教授は1938年（昭和13）3月に東大を定年退官されます。その後任の教授として岡田 要（おかだ よう）先生が着任され，マウスやメダカを使ったホルモンの研究（実験形態学）が盛んになりました。岡田先生の弟子の一人にメダカを実験材料にされた江上信雄先生がおられ，筆者（井尻憲一）はその江上教授の弟子に当たります。図10に今まで述べた関係を示してあります。言ってみれば山本時男先生は，私にとっては東大一族としての「かなり近い親戚のおじさん」という関係でしょうか。

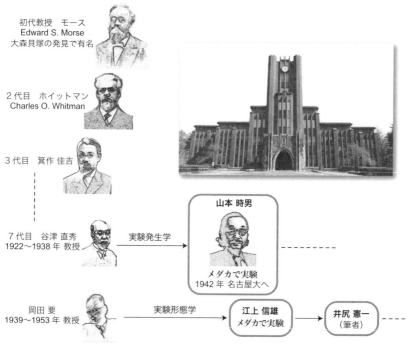

図10　東京大学理学部・動物学教室の歴代教授と山本時男先生，そして筆者。

第 4 章　宇宙を旅した日本のメダカ

　山本先生は1942年（昭和17），名古屋帝国大学の生物学科創設に合わせて名古屋に移られます。こうして名古屋大学ではメダカの実験発生学が盛んになり，先生のお弟子さんとしては，この本の共著者である岩松鷹司先生，鬼武一夫先生を筆頭に錚々たる方々がおられます。名古屋大学で山本時男先生はメダカの性転換についての研究を展開されました。私の直接の先生である江上信雄教授は山本先生が考案された性転換の手法（性ホルモン投与）を使用して，メダカの生殖細胞に起こる変化を研究されました。そのため山本時男先生とは交流があり，私も東大理学部・動物学教室の助手になりたての時代に2度ほど研究会で，白く立派な顎ひげを生やされた晩年の山本先生にお会いしたことを覚えております。

参考文献

宇宙メダカ実験の詳細については「宇宙メダカ・ホームページ」を参照ください。
http://cosmo.ric.u-tokyo.ac.jp/SPACEMEDAKA/J.html

東京大学理学部動物学教室の歴史については，磯野直秀「東京大学動物学教室の歴史」を参考にしました。これは，竹脇潔『ミズカマキリはとぶ——動物学者の軌跡—』学会出版センター，1985年，pp. 139–220に掲載されています。

本稿で紹介した宇宙でのメダカ実験については，DVD映像「宇宙メダカ実験のすべて」が存在します（解説冊子付き）。入手希望者は，井尻憲一（E-mailアドレス：spacemedaka@gmail.com）に申し込みください。送料のみご負担ください。

第III部

名古屋大学博物館の企画展の記録

第1章

第30回名古屋大学博物館企画展記録（その1）
めだかの学校　メダカ先生（山本時男）と名大のメダカ研究

野崎　ますみ

　本稿は，2015年2月17日〜5月9日に筆者が担当し，開催した「めだかの学校―メダカ先生（山本時男）と名大のメダカ研究―」の展示の報告書である（図1）。

展示タイトル：
　第30回名古屋大学博物館企画展
　めだかの学校　メダカ先生（山本時男）と名大のメダカ研究
期間：2015年2月17日〜5月9日，
開館の延べ日数：61日間，
期間中の入館者：6,580名

関連イベント：
　特別講演会
　　2月28日（土）「メダカ先生：山本時男備忘録と蓑虫山人」
　　　宗宮　弘明（中部大学教授・名古屋大学名誉教授）（図2）

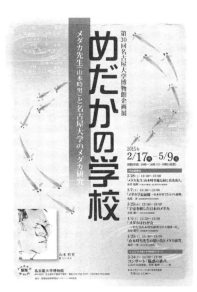

図1　企画展ポスター

3月7日（土）「メダカ学最前線～日本が育てたモデル動物」
　成瀬　清（基礎生物学研究所准教授）
3月25日（水）「宇宙を旅した日本のメダカ」
　井尻　憲一（東京大学名誉教授）
4月4日（土）「メダカはわが友～それは山本時男研究室から始まった」
　岩松　鷹司（愛知教育大学名誉教授）
4月25日（土）「山本時男先生の思い出とメダカ研究」
　鬼武　一夫（東北文教大学学長）
5月9日（土）「メダカの色はなぜ変わる」
　橋本　寿史（名古屋大学生物機能開発利用研究センター助教）
ワークショップ
2015年5月9日（土）「メダカと友達になろう！」
　橋本　寿史（名古屋大学生物機能開発利用研究センター助教）
コンサート
　3月14日（土）　14：00～15：00
　「魅惑の歌声」　演奏：井原　義則（テノール）他（図3）
ギャラリートーク（友の会会員限定）
　2015年3月9日（月）　野崎ますみ（図4）

図2　特別講演会

図3　コンサート

図4　ギャラリートーク

第1章　めだかの学校　メダカ先生(山本時男)と名大のメダカ研究

0．はじめに（チラシ裏ページより）

メダカ（*Oryzias latipes*）（図5）はダツ目メダカ科に分類され，サンマやトビウオなどの口のとがった種類のサカナの仲間である。日本ではなじみ深く，小学校の理科の教科書に取り上げられている。また，モデル動物（実験動物）としても，多くの系統（体色や形が異なる品種や野外から採集してきた野生メダカ，海外のメダカ近縁種など）が保存されている。さらにメダカは英語でも"medaka"と表記され，世界的に通用する生物だ。

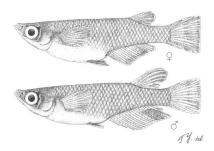

図5　山本時男自筆のメダカのスケッチ

故山本時男名古屋大学名誉教授（1906-1977）は，名古屋帝国大学理学部の生物学科創設時（1942年）に東京帝国大学から赴任し，その後名古屋大学の生物学科の顔として，メダカの研究と系統の確立などに没頭した。また，東洋レーヨン科学技術大賞（1964）で得た250万円で私設の山本魚類研究室[*1]も作った。山本の名大での27年間の教員生活は，生物学教室の設立，戦争による動物学教室の疎開，新制大学設立など多くを経験しながら，多くの研究者（弟子）と多くのメダカを育てた。育てたメダカは国内外の研究者に分け与えるだけではなく，小学校までも送った記録が残っている。山本のメダカは代々引き継がれ，現在では岡崎の基礎生物学研究所で飼育され，全世界の研究者にモデル動物として供給が可能となっている。

今回の展示では，山本の日記「備忘録」を中心に研究業績から交友・趣味にまで迫った。また，生きているメダカの展示も山本の使用していた飼育瓶などを用いて試みた。きっと山本の研究だけでなく，その人柄もご覧いただけると思う。

[*1]　山本魚類研究室は2014年に老朽化に伴いとりこわすことになり，ご遺族から名古屋大学博物館に研究資料の一部が寄贈された。

第Ⅲ部　博物館の企画展の記録

1．備忘録

　山本時男（名古屋大学名誉教授）は，備忘録を3冊遺している（図6）。1冊は縦書きの毛筆で，他の2冊は横書きのペンで書かれている。そしてその息子の山本時彦氏（故人）はこの備忘録を2006年に名古屋大学博物館報告に『メダカ博士山本時男の生涯―自筆年譜から― Autobiographical records given by Toki-o Yamamoto (1906-1977), Professor Emeritus of Nagoya University, famous for his Medaka (*Oryzias latipes*) works, with his son's memorial remarks』（名古屋大学博物館報告，**22**, 73-110.）として発表している。今回の展示のうち約半分はこの備忘録に従った。備忘録は生まれたときから始まっているが，最初の頃のものは，記憶を頼りに記したものと考える。また，山本時男が残した多くの遺品もこの備忘録で，時系列が判明したものが多い。さらに，戦中戦後の部分は名古屋大学史としても，良い資料だ。現在備忘録はご遺族の山本家に保管されている。

図6　備忘録

2．山本時男履歴（備忘録より改変）

1906(明治39)年2月16日　　秋田県富根に地主山本家　父：時宜（ときよし）と母：たま子の長男に産まれる
1912(明治45)年4月　　　　富根尋常小学校入学
1918(大正7)年4月　　　　秋田県立秋田中学（旧制）入学
1923(大正12)年4月　　　　弘前高等学校（旧制）理科甲類入学
1926(大正15)年4月　　　　東京帝国大学理学部動物学科入学
1927(昭和2)年4月　　　　卒業論文の題目として谷津教授よりメモを受け取

第1章　めだかの学校　メダカ先生(山本時男)と名大のメダカ研究

る。「On the development of Medaka in different media. The development of the egg of Medaka, which has been kept in a solution of NaCl.」

1929(昭和4)年3月	東京帝国大学卒業
4月	東京帝国大学理学部動物学教室　助手
1931(昭和6)年	東京帝国大学理学部紀要に処女論文を発表。Studies on the rhythmical movements of the early embryos of *Oryzias latipes*. I. General description. *Jour. Fac. Sci. Tokyo Imp. Univ.*, Sec. IV (Zool.), Vol. 2, pp. 147–152.
1935(昭和10)年5月	吉村球子(本名たま, 奇しくも生母と同じ名前)と結婚
1936(昭和11)年5月	長男時彦が生まれる
7月	東京帝国大学から理学博士の学位を取得
1942(昭和17)年1月	東京にて名古屋帝国大学理学部動物学教室の建物実験機器の準備をはじめる
4月	名古屋帝国大学理学部講師(名古屋帝国大学理学部設立)
5月	名古屋帝国大学理学部動物学助教授(名古屋帝国大学理学部動物学教室設立)
1943(昭和18)年11月	名古屋帝国大学理学部動物学第二講座を増設、『魚類の発生生理学』を養賢堂より出版
12月	名古屋帝国大学教授(動物学第二講座)
1944(昭和19)年5月	Physiological studies on fertilization and activation of fish eggs. II. The conduction of the "fertilization-wave" in the eggs of *Oryzias latipes*（日本動物学彙報）vol. 22, no. 3, pp. 126–136を発表。初めて受精波と言う言葉を論文で使用する
1945(昭和20)年5月	B29　400機　空襲　生物学教室全焼
7月	動物学第二講座は長野県北安曇野郡平村海ノ口公会堂に疎開し「名古屋帝国大学理学部生物学教室

	木崎分室」の看板を掲げる
8月	終戦
12月	木崎分室を解散して名古屋へ引き上げる
1946（昭和21）年1月	旧航空医学研究所の北側4分の3を『生物学教室』として借り，教室再建の活動を始める
1949（昭和24）年9月	『動物生理学の実験』を河出書房より出版
1951（昭和26）年9月	父時宜没す（75才）
10月	メダカの人為的性転換を初めて学会に発表する
1952（昭和27）年3月	秋田に疎開中の家族が名古屋に引き上げ
1956（昭和31）年6月	文部省交付金により『メダカの屋外飼育場が作られる』
1960（昭和35）年1月〜4月	文部省B項在外研究員として，90日間世界一周の遊学
1965（昭和40）年10月〜66（昭和41）年2月	ニューヨーク州立大学客員教授となる
1968（昭和43）年1月	理学部新館E棟に引っ越す
1969（昭和44）年3月	一過性虚血発作（脳梗塞）で名大病院に入院
	名古屋大学退官
4月	名城大学教授
6月	名誉教授，緑区に山本魚類研究室完成
8月	食道がん発病
1970（昭和45）年3月	緑区に自宅が完成
11月	球子夫人　没す
1975（昭和50）年	『MEDAKA (KILLFISH) Biology and Strains』（メダカの生物学と品種）を佑学社より出版
1977（昭和52）年8月5日	山本時男　胃がんにて没す。東区の長母寺に埋葬，富根村の山本家の墓に分骨

3．写真で綴る山本時男

3-1　秋田時代（1906〜1923）

秋田県　富根村の山本家

山本家は先祖代々の郷士で庄屋をつとめ，名字帯刀を許されていた。明治14年天皇が行幸の際に山本家で休息を取られたことからもその名家ぶりがうかがえる（図7，8）。また，名古屋市東区長母寺ゆかりの糞虫山人が山本家の公園墓地の設計をした。

自然に恵まれた秋田の富根では，虫や魚や鳥などが良い遊び相手となった。昆虫や魚類に対する好奇心が，後に動物学を志したきっかけとなる。備忘録では『10才の頃にフナの子であると聞かされていたメダカが卵を持っていたことに気付き疑問をいだく』と書かれ，これがメダカとの縁の最初ともいえる。

秋田中学校の時に母を亡くし，祖母つやにかわいがられて育った（図9，10）。

3-2　弘前高等学校時代（1923.4〜1926.3）

弘前高等学校では理科甲類のクラスに所属（図11-13）。

図7　山本家の碑

図8　天皇小休記念

第Ⅲ部　博物館の企画展の記録

図9　秋田中学時代　　図10　祖母つやと　　図11　生物実習風景（カエルの
　　　　　　　　　　　　　　　山本時男　　　　　　　解剖）。一番手前が山本

図12　物理実習風景

図13　弘前城のお花。学生時代（1926.4〜1929.3）

3-3　東京帝国大学時代Ⅰ　学生時代（1926.4～1929.3）

山本は東京帝国大学に入った（図14-16）翌年、『谷津直秀の「実験動物学」の講義を聴き将来の方針定まる』。

なお、三崎の臨海実験所は1886年東京帝国大学初の学外附属施設として、また生物研究の拠点地として設立された。これは世界的に有名なウッズホールやプリマスの臨海実験所より一足早いものだった。山本も学生時代は、ここでの実習が大変興味深く、思い出に残るものだったようだ（図15）。

名古屋大学では、椙山正雄名古屋大学教授（初代所長）

図14　東京帝国大学学生証

図15　三崎臨海実験所にて臨海実習集合写真。上段左2人目より出口重太郎、谷津直秀、下段左3人目より山本時男、青木熊吉。

図16　東京帝国大学動物学教室建物前で、動物学教室関係者と。山本：最後列右から3番目。中央右：谷津直秀教授。

の寄付によった菅島臨海実験所（三重県鳥羽1939年〜）がある。菅島は近年中部国際空港建設時の砂の採取により，海が荒らされたのが問題となっている。

3-4　東京帝国大学時代II　（1929.4〜1942.4）（図17, 18）

東京帝国大学を卒業と同時に同大学に助手として採用された（谷津直秀研

図17　東京帝国大学動物学教室の建物の前で。背景の扉の横には動物学教室の看板が掛かっている。

図18　東京帝国大学動物学教室研究室での一コマ

図19　たまとの結婚式

図20　時彦1歳頃の家族写真

究室）。

　遊覧船上で出会った4歳年上の吉田球子（本名たま）に一目惚れした山本は，父・時宜の反対を押し切り結婚。球子は福島の女学校教員を退職し山本家へ嫁いだ（図19）。

　長男が生まれ，代々の「時」の字の一文字を使い，時彦と名付ける（図20）。しかし当時は食べていくのがやっとの時代，朝ご飯に1つの卵を家族で分け合い食べた記憶があると時彦氏は記す。

3-5　名古屋帝国大学時代（戦中，戦後）　名古屋大学の歴史を中心として
　山本の名古屋帝国大学赴任は，日本が世界大戦に参戦して，まもなくのことだった。新しく建てた生物学教室も1年も経たないうちに空襲で灰となった。しかし山本は，戦時中に受精波の研究を論文にし，また，疎開先でも木崎湖畔の生物調査を行った。残念なことに物資の不足からか写真類が残っていない。以下，備忘録からの抜粋。

・昭和17年（1942）　37歳　満36才
　1月下旬　名古屋帝国大学に4月より理学部新設され，生物学教室も設立の予定の由にて同大学へ赴任の内交渉を合田教授より受け受諾し，3月末迄東京に於て新生物学教室建設の為，器具，機械，薬品，図書の購入，教室の設計等に従事す。生物学教室は最初は植物学の1講座あるのみにて動物学講座は半年後に出来る為に始めは講師となる筈。

　4月7日　名古屋帝国大学講師を嘱託（名古屋帝大）年手当　金千八百円給与

　4月18日　名古屋に米国機による初空襲（ドーリットル）

　10月7日　任　名古屋帝国大学助教授　本俸六給俸下賜　叙高等官五等　内閣命　理学部勤務（文部省）

　11月16日　叙　従六位　宮内省

・昭和18年（1943）　38歳　満37才
　5月1日　名古屋帝国大学開学式を東山新敷地に於て挙行。午前10時，全国の貴紳名士，設立功績者を招き式を挙行，午餐後学内参観，余も研究装置及研究成果を陳列し参観に供せり。「電気的刺戟

による魚卵の単為生殖」が人気を博す。
5月2日　午前9時より3時半まで名古屋市民一般へ公開，岡部文相も来学，余も説明の栄に浴す。
11月10日　著書『魚類の発生生理』第1版発刊。A5判221頁　発行者　東京養賢堂。
11月12日　名古屋帝国大学理学部に動物学第二講座増設。
12月13日　名古屋帝国大学教授に任ぜらる。高等官五等，本俸九給俸下賜内閣動物学第二講座担任を命ぜられる。

・昭和19年（1944）　39歳　満38才
1月12日　帝国学士院紀事へヤツメウナギの未受精卵の興奮―伝導勾配に関する論文発表。

On the excitation-conduction gradient in the unfertilized egg of the Lamprey, *Lampetra planeri. Proc. Imp. Acad. (Tokyo)*, vol. 20, pp. 30–35.

1月中の日曜，9，16，23，30日，2月の日曜，6，13，20日，名古屋近郊味鋺にスナヤツメ採集。
2月27－28日　東京へ出張，西荻窪善福寺池畔にてスナヤツメを，新小岩にてタップミノー採集。
2月1－5日　生物学教室2階建1棟新築落成移転を完了。
3月11－12日　信州明科へ出張，スナヤツメの幼魚を採集。
4月27日　教室教職員学生一同と共に滋賀県坂田郡醒ヶ井村醒ヶ井養鱒場に遊ぶ。
4月　　　スナヤツメの卵の賦活生理を研究す。
4月28日－5月4日　祖母・つや死亡（25日）の為に郷里に帰る。郷里富根村のメダカを採集。
5月8日　上京，学研79班「淡水魚稚魚飼育」の協議会に列席。
5月　　　Physiological studies on fertilization and activation of fish eggs. I. Response of the cortical layer of the eggs of *Oryzias latipes* to insemination and to artificial stimulation. *Anno. Zool. Jap.*（日本動物学彙報），vol. 22, no. 3, pp. 109–125.

Physiological studies on fertilization and activation of fish eggs. II.

第1章　めだかの学校　メダカ先生（山本時男）と名大のメダカ研究

    The conduction of the "fertilization-wave" in the eggs of *Oryzias latipes. Anno. Zool. Jap.*（日本動物学彙報），vol. 22, no. 3, pp. 126–136を発表。
- 8月8日　『魚類の発生生理』が日本出版会の第13回推薦図書に選定さる。10日夜ラヂオ放送される。
- 4月－8月　メダカの受精及賦活を研究す。同時にメダカの卵に於けるイオンの拮抗作用を研究す。

・昭和20年（1945）　40歳　満39才
- 3月7－8日　B29大空襲。
- 3月18－19日　B29大空襲。
- ［3月］24日－　主に千種区［に来襲］。
- 3月25日　教室に宿直して，B29の大空襲を受く。無事。
- 3月　Activation of the unfertilized eggs of the fish and lamprey with synthetic washing agents. *Proc. Japan Acad.*, vol. 21, no. 3, pp. 197–203（実際は4年後，昭和24年（1949）に発行さる（帝国学士院紀事は学士院紀事に改名）。
- 4月19日　教室の重要図書及器械器具の一部を信州野尻の奥田組へ疎開す。研究用具其他を入れたる私用品2箱も疎開す。
- 5月14日　B29，400機名古屋空襲，生物学教室全焼す。
- 7月1日　余の担当する動物学第二講座は長野県北安曇郡平村海ノ口公会堂に疎開し「名古屋帝国大学理学部生物学教室木崎分場」の看板を掲ぐ。分室員は小生，石田寿老（助教授）氏，学生中埜栄三，技術雇菱田富雄。雇服部迪子は7月21日より来室。これより木崎湖及湖畔の生物の調査をなす。疎開中隣接する海口庵主輪湖元定氏は種々便宜を興へられたり。疎開中も教授会及講義の為数回名古屋へ帰る。
- 8月15日　終戦の詔書下り敗戦国となる。
- 9月29日　松本生物学談話会第8回例会に出席，「受精波」と題して講演す。
- 12月24日　木崎分室を解散し，名古屋へ引上ぐ。

・昭和21年（1946）　41歳　満40才
- 1月　旧航空医学研究所の北側の建物の4分の3を「生物学教室」と

して借用し，教室再建の活動を始む。
5月－8月　メダカを材料として「受精及賦活に於けるカルシューム因子」に関して研究すると同時に「メダカの側線系と其機能」に関する研究を行ふ。
9月30日　新卒業生中埜栄三君を助手に採用す。
・昭和22年（1947）　42歳　満41才
6月19,20日　東大図書館にて戦時中の米国科学雑誌を閲覧。
7，8月　メダカの卵の賦活に於けるカルシウムの役割を研究，蔵六庵の秘伝書を書写す。
10月27日　メダカの遺伝学者會田龍雄氏を訪問，初対面である。体の短縮したメダカの変種を戴く。
10月　　帝国大学は国立総合大学となり，名古屋大学となる。

（以上抜粋終わり）

故郷で終戦を迎えた山本だが，信州の木崎分室ではその大自然が山本の心をいやしたようだ。貝の収集が趣味であった山本は，木崎湖周辺で陸産マイマイ類（カタツムリ）の採集した。これらの標本は，今もご遺族の山本家に残されている。

展示をした貝（図21）の山本の同定と現在の同定を次に示す。なお，現

図21　戦後木崎分室の周辺で採集したマイマイ類の展示

第1章 めだかの学校 メダカ先生（山本時男）と名大のメダカ研究

在の同定は早瀬義正氏（株式会社東海アクアノーツ）によって行われた。

山本が行った同定		現在の同定
・キセルモドキ *Ena reiniana*	→	キセルガイモドキ *Mirus reinianus* (Kobelt, 1875) 種同定 OK。ただしキセルモドキは略称。属位は現在変更。
・コシダカコベソマイマイ *Ganesella fusca*	→	コシタカコベソマイマイ *Satsuma fusca* (Gude, 1900) 種同定 OK。ただし，和名はコシタカ（濁らない）のほうが一般的。属位は現在変更。
・クロイワマイマイ *Euhadra senckenbergiana*	→	ミスジマイマイ（トラマイマイ型）またはオゼマイマイ *Euhadra peliomphala nimbosa* (Crosse, 1868) または *Euhadra brandtii roseoapicalis* Kira, 1959 誤同定（この標本は殻だけだと，同定が難しい）。
・パツラマイマイ *Gonyodiscus pauper*	→	パツラマイマイ *Discus pauper* (Gould, 1859) 種同定 OK。属位は現在変更。
・××マイマイ *Ganesella japonica*	→	ニッポンマイマイ *Satsuma japonica* (Pfeiffer, 1847) 種同定 OK。属位は現在変更。
・ナガマイマイの仲間	→	キセルガイモドキ（幼貝）*Mirus reinianus* (Kobelt, 1875) 誤同定。

3-6　名古屋大学時代 （戦後〜1969.3）

　山本は戦後に名古屋大学となってからも研究・教育に没頭した。メダカの圃場も整備され，ここから数々の研究成果が生まれた（図22-25）。

　山本は，名古屋大学時代の授業のない日常を今池の喫茶店の定席で過ごす

第Ⅲ部　博物館の企画展の記録

図22　研究室で愛用の顕微鏡を使用している一コマ

図23　メダカの圃場で（名古屋大学）

図24　メダカの圃場で（名古屋大学）

図25　掛け図を前に，性転換の説明をする

ことが多かった（図26）。朝，開店と同時にカバンを2つ3つ下げタクシーで駆けつける。そして書斎代わりにすごす。ここで生まれた論文も多い。

　また，後年胃がんで，「物がのどを通らなくなった」と長男時彦に電話をかけたのもこの喫茶店からだった。

　入院中も病院を抜け出しては，ここで執筆活動をした。

図26　名曲喫茶スギウラで執筆

第1章　めだかの学校　メダカ先生(山本時男)と名大のメダカ研究

図27　退官記念集合写真（名古屋大学理学部E号館の前で）

図28　勲章，褒章，賞状等の展示

3-7　退官

　1969年3月山本は定年退官を迎える。その時の最終講義やパーティーの様子は，テープに録音され，山本時男の研究資料と共に名古屋大学博物館に収蔵されている（図27）。

4．受賞歴

1950年10月　日本動物学会賞。魚類の受精・賦活に関する研究。
1952年5月　中日文化賞。魚類の受精の機構並びに性転換の誘導。
1957年9月　遺伝学会賞。メダカの性の人為的転換。

1964年5月　東洋レーヨン科学技術賞。メダカにおける性の人為的転換に関する研究。
1971年11月　紫綬褒章。
1976年6月　日本学士院賞。魚類の性分化の遺伝的・発生生理学的研究。
　　 11月　勲3等旭日中綬章（図28）。

5．山本時男研究室門下生一覧

山本は，たくさんのメダカを育て，多くの研究者を育てた（表1）。

表1　山本時男研究室（旧動物学第二講座）門下生一覧

教　　授：山本時男
助教授：石田寿老（東京大学名誉教授）

氏名（在籍年）	研究テーマ	修了後の所属
高橋康之助（1945〜1950）	魚類精子の運動量	高橋肛門科医院
中埜栄三（1946〜1946）	メダカの発生生理	名古屋大学理学部
堀　令司（1947〜1951）	メダカの卵の受精・膜電位	名古屋大学理学部・富山大学理学部
菱田富雄（1948〜）	メダカの生理・性転換	名古屋大学理学部・岐阜歯科（朝日）大学
緋田研爾（1950〜1957）	メダカの卵の生化学・受精	名古屋大学理学部・北海道大学理学部
大井優一（1950〜1955）	メダカの卵の生化学	名古屋大学教養部
富田英夫（1949〜1958）	メダカの生理・遺伝学	名古屋大学理学部
安藤　滋（1952〜1958）	バイオテレメトリー	名古屋大環境医学研究所・愛知県立大学
小島　豊（1952〜1958） 修士課程中退		
前田和彦（1952〜1958） 修士課程中退		
小笠原昭夫・生田・浅井（1952） 学部学生		
竹内邦輔（1953〜1959）	メダカの遊泳方向・神経伝達物質と骨・歯の形成	愛知学院大学
丹羽(鈴木)はじめ（1954〜1958）	メダカの性徴と性ホルモン	研究補助員
松田(小川)典子（1957〜1962）	メダカの脊椎変異	

津坂　昭（1959〜1964）	メダカの性転換と卵形成・受精	野村総合研究所
高井成幸（1960）	メダカ卵の受精波と性転換	分子生物施設・金沢大学医学部大学院修了後の所属：九州大学医学部・佐賀医科大学
岩松鷹司（1961〜1966）	メダカの性転換と受精	愛知教育大学
石田光代（1962〜1966）	メダカの卵の発生における代謝	
山本正明（1962〜1967）	メダカの卵の発生における代謝	
宇和　紘（1963〜1967）	メダカ卵の雌性発生についての研究突起形成と種分化	信州大学理学部
野間正紀（1963〜1968）	メダカの色素胞の発生生理	環境調査会社・造園家
松田和恵（1964〜）	大腸菌におけるタンパク質合成についての研究	研究翻訳家
及川胤昭（1965〜1969）	メダカ色素細胞におけるチロシナーゼ活性について	山形大学理学部・山形県の発生学研究所
鬼武一夫（1965〜1969）	器官培養法によるメダカ未分化生殖巣の分化について	名古屋大学理学部・看護学部・山形大学理学部
山本（河本）典子（1965〜1969）	メダカ成魚における脳下垂体の性ホルモンの作用に及ぼす影響	岐阜大学医学部
都築英子（1966〜1970）	メダカ卵に直接注入されたステロイドホルモン性分化に与える影響	神奈川歯科大学

他，竹内哲郎などに学位を与えている。

6．天皇家の生物学と山本時男

備忘録によると

・1948年（昭和23年）11月19日

　佐藤（忠雄）教授と共に宮城（皇居）に参内，生物学御研究所を拝観，同所にて天皇陛下に謁見，江川師蒐集の貝類標本，並びに小著『魚類の発生生理学』を献上せし，生物学者としての御立場から約1時間に亘り淡水魚の受精及び発生に関してご質問があった。

・1950年（昭和25年）27，28日

　名古屋にて開催の第5回国民体育大会に天皇皇后両陛下幸行（行幸），八

第Ⅲ部　博物館の企画展の記録

図29　義宮（常陸宮）様と山本。名古屋大学にて

事八勝館にご宿泊，28日午後7時侍従の内意により，佐藤（忠雄）教授と共に名古屋特産の金魚「六鱗」を持参して天覧に供し，ご説明申上，1時間に亘り生物学に関して御話しすることが出来た。侍従を通して，御紋章入りの煙草とラクガンを賜る。

・1958年（昭和33年）4月15日（図29）

義宮（常陸宮）御訪，メダカの体色変化におけるメラニン形成及びメダカの性分化の人為的変換を実物で説明。

山本の息子の時彦氏は山本の思い出として

『八勝館では「ご学友である佐藤教授は御簾の中，私は御簾の外で差を付けられた」と言っていた。さらに，「義宮様には，宮廷内で御臨講申し上げたこともあり，義宮様の論文についてご助言申し上げたりしたこともある。」（要約）』と記している。

7．會田龍雄（1872-1957）と山本時男

會田龍雄（図30）は帝国大学（東京大学）動物学教室を卒業した後，旧制第五高等学校（熊本）の教員となり，その後，郷里で京都高等工芸学校（現在の京都繊維大学）の教授（1903年）となった。職場では研究環境が整わないため，自宅にいくつもの水槽を作り，そこで，メダカなどの遺伝の研究をおこなった（図31）。會田の研究は緻密であり，また，学会等にほとんど

第1章　めだかの学校　メダカ先生（山本時男）と名大のメダカ研究

図31　會田龍雄の自宅のメダカ飼育施設

図30　會田龍雄。京都の自宅にて
　　　（竹内哲郎撮影）

参加しなかったため，発見した後の報告が遅れた。しかしメダカの体色が性に伴うことを発見し，オスのY染色体に赤い体色が連鎖していること（YR）を発表した論文は，世界に驚きをもって迎えられた。当時の常識であった「Y染色体は，オスを決める遺伝子しかもたない」と言うことをくつがえしたからだ。生涯博士号は取らなかったが，1932年に帝国学士院賞が授与された。山本の大きな業

図32　山本が行った會田龍雄の墓参

図33　會田関連展示

績「メダカの人為的性転換」も會田の発見があったからこそおこなえた研究であった。

　山本は會田を敬い，備忘録によると生涯5回面会した。当然，メダカのやり取りもあった。さらに，山本は會田の死後，會田の蔵書を国立遺伝学研究所の図書館に納める仲介もおこなった。また，雑誌「遺伝」には，3回にわ

たり會田の紹介文，追悼文を執筆している。残っている書簡を見ると會田の死後も家族との付き合いがあったようだ（図32）。山本の自宅横に魚類研究室（後述）を作ったのも，尊敬する會田の自宅の研究室を見たからであろう。

なお，山本の書庫には會田関係の原稿や書簡は他の書類とは区別して3箱収められていた。その中には，會田の長男である保守派の論客で有名な會田雄次（京都大学名誉教授・故人）の礼状も数多くあった（図33）。

8．山本時男の2つの大きな業績 I

山本時男は生涯多くの実験をして論文を残しているが，その中でもメダカの受精波説とメダカの人為的性転換の発見が最も評価されている。

受精波の提唱

受精波説の提唱は，戦前の東京帝国大学から戦中の名古屋帝国大学にかけての研究だ（図34）。メダカの未受精卵に精子が進入すると，卵の表面細胞の崩壊が起こることはわかっていた。これに先立ち「波のように卵の表面が変わっていくなにかがある」ということを発見した（図35）。

前提の研究

この実験の前提には人為的に卵と精子を混ぜて受精させるということが必要だ。ところが，メダカの未受精卵は普通の水の中では人工受精させることが難しかった。山本は，前任の東京帝国大学時代にメダカの未受精卵が長く生きられるような等張塩液（ヤマモトリンゲル）を開発した。このことが，その後の山本の発生の研究を進める上での大きな技術となった。

現在では，岩松鷹司（愛知教育大学名誉教授・山本の直弟子）らによって受精波はカルシウムイオンの放出であることがわかっている。また，この時開発された「ヤマモトリンゲル」は，今でもサケの人工授精などに活用されているなど，多くのサカナの受精に使われている[*2]。

*2 サケは世界各国で，養殖・放流されている。この養殖に使われるサケの人工授精にも「ヤマモトリンゲル」が欠かせない。メスから採った卵を「ヤマモトリンゲル」で洗い，そこへ精子をかける。それから，水へ戻すとほぼ100％の受精卵が誕生する。

第1章　めだかの学校　メダカ先生（山本時男）と名大のメダカ研究

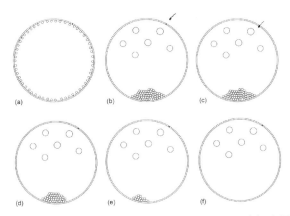

図34　受精波の模式図。(a) 未受精卵を遠心機にかけると，(b) 表層顆粒が片側に集まる。(c) 精子が入ると，(d, e, f) その後で表層細胞が徐々に壊れる。何か物質が移動して，波のように伝わり，表層細胞に働きかけた。

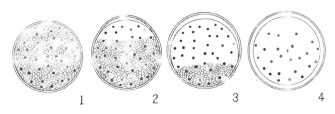

図35　山本のスケッチによる受精卵表層顆粒崩壊様子

「可視から不可視を観る」

　山本は，つねづねよく観察をするようにといっていた。観察とは，ただ見るというわけでもなく，見たままを記録すれば良いものでもない。見えた現象から，見えない現象まで観る（考える）のが観察するということだ。受精波説は見えないものを観た山本の仕事だ。

9．山本時男の2つの大きな業績 II

人為的性転換の発見

　人為的性転換の発見は，戦後名古屋大学で行われた。メダカの雄に孵化直後からエストロジェン（女性ホルモン）を食べさせて育てると雌に変わり，

さらに雌に性転換したメダカもその次の子孫を作る，というものだ。当時，雄雌は性染色体（遺伝子）で決まり，生まれたあとに変わることはないと思われていたため，強い衝撃を動物学界に与えた。

前提の研究

この実験の成功には，會田龍雄が発見した雄は緋色（XrYR），雌が白色（XrXr）というメダカの系統の確立が必要だった。形で雄雌を分ける従来の方法は，性転換の研究には使えないからだ（図36）。

図36　上：メダカ　メス（白色）
　　　下：メダカ　オス（緋色）

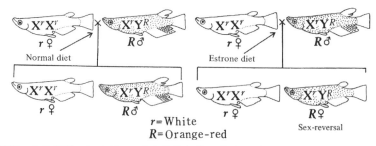

図37　山本が描いたメダカの人為的性転換の模式図（女性ホルモンを与えて，オスをメスに性転換）

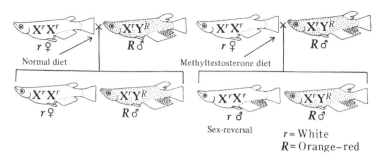

図38　山本が描いたメダカの人為的性転換の模式図（男性ホルモンを与えて，メスをオスに性転換）

性転換研究の競争

　戦後性転換の実験を行っていたとき，東大でも同じようにエストロジェンを使った性転換の実験を行っていた．しかし東大では，性転換した結果をオス：メス比のみで表そうとしたので，遺伝子情報を赤（緋色）・白で可視化した山本に軍配が上がった（図37, 38）．

　　「不死鳥のようによみがえる」

　　研究の鬼といわれた山本だが，B29の爆撃で研究資料やノート，実験器具まですべて焼き尽くされ，残ったのはメダカの囲場（飼育場）だけだった．茫然自失．しかし，木崎湖湖畔に疎開したことが，山本を助けた．食べ物はなかったもののそこには豊かな自然があり，山本の心をいやした．そして，戦後，不死鳥のようによみがえり，メダカの人為的性転換の研究につながった．

10．考えてみよう!!

ホルモンは大きく分けるとペプチド系とステロイド系の2種類がある

　山本は，経口投与が可能な（胃酸で分解されない）ステロイド系のホルモンの実験を選んだので，餌に混ぜて稚魚に食べさせるという形がとれた．ペプチド系のホルモン（例えばインシュリンなど）は，胃酸で分解されるため，注射などの形で直接体内に入れなければならない．

なぜ，次の実験ではメスをオスにすることに6年もかかったか？　メスをオスにするのは難しい！

　オスをメスにするには女性ホルモンであるエストロジェンを使用した．エストロジェンはコレステロールから始まるステロイド代謝（合成）系の最後にあるので，体の中に入ってもそれ以外の物質には変化しづらい．ところが反対にメスをオスにしたときに使った男性ホルモンのテストステロンは，コレステロールからエストロジェンの代謝途中にあるために，与えると直ぐに代謝が始まり，女性ホルモンのエストロジェンへと変化する．このため，メスをオスに性転換させるのには，食べさせる量や時期など数多くの実験が必要だった．

モデル動物（実験動物）メダカ

　明治時代〜昭和初期の動物学は，観察が大きな手段だった。また，当時の研究者のほとんどが，海外雑誌には論文を投稿しなかったためか，日本で独自に発展したモデル動物があった。メダカは日本で発展したモデル動物の代表だ。

なぜメダカがモデル動物として利用されてきたのか？
・入手がたやすいこと　　　・丈夫なこと　　　・飼育にお金がかからないこと
・限られた場所でも，多くの数を飼えること
・脊椎動物では，世代交代が早いこと
・卵が透明でなかの胚がよく観察できること
・体が小さい割に，卵が大きいこと
・江戸時代から伝わる体色変異体がいたこと

　この様な理由が挙げられる。メダカ研究を先導した江上信雄も絶筆となった著書『メダカに学ぶ生物学』の中で，戦後の食料難の中，特に世話もしない窓際の水槽で産卵された，キラキラと光るメダカ卵を見たときの感動を記している。

ゼブラフィッシュの人気

　ところが，1990年代に入るとオレゴン大学の George Streisinger の研究をきっかけにゼブラフィッシュ（図39）が脚光を浴び，遺伝学を用いて発生の謎を解くという研究が急速に進んだ。さらに突然変異体の大規模な作成やゲノム解析が進むと研究材料をメダカからゼブラフィッシュに変更する研究者も現れた。しかしこれを嘆いた国内の研究者も多い（岡田節人京都大学名誉教授，石崎宏矩名古屋大学名誉教授など，後述）。

メダカ再び表舞台に

　メダカを見直す会議が名古屋大学などを中心に持たれ，ついに2002年より，ナショナルバイオリソースプロジェクト「メダカ」（NBRP Medaka：メダカは英語でも medaka と表記する）が始まっ

図39　ゼブラフィッシュ

た。またメダカゲノムの解析も同じ頃始まっている。2007年にはゲノム解析結果が公表された。現在では，多様なメダカ系統や遺伝子とそれに付随する様々な情報がNBRP Medaka（中核機関：基礎生物学研究所，サブ機関：新潟大学，宮崎大学，理化学研究所）を通じて世界各国に発信されている。

メダカが実験動物として，ゼブラフィッシュよりも優れている点
・ゲノムサイズが約半分
・温帯に棲むことから広い生育温度に適応できる
・海産魚類（サンマやサヨリ）に近縁なことから塩分濃度の変化に強い
・光環境の変化により産卵が調節できる

11．他の研究者から見たメダカ先生

　山本を他の研究者がどう見ていたか，実験材料としてのメダカをどう見ていたか，参考になる雑誌，新聞等からの抜粋をあげる。

上田良二（名古屋大学名誉教授　博物館2階に関連展示電子回折装置あり）
〈「文藝春秋」1980年2月号「メダカの恋心」より引用して，展示（図40）〉
　　　めだかは魚類に属するから，もちろん体外受精である。しかし，放卵の前には雄が雌に寄り添い，ひれや尾を細かく動かして，抱擁せんばかりの愛情を示す。「嬉しそうでしょ」と指さし，「接触の刺激で放卵するのです」と教えて下さったのは，めだか先生こと山本時男博士だった。…中略…餌はめだか先生の調整になる「栄養食」だったが，それより糸ミミズが良いと聞いて，なりふりかまわずにどぶをあさったこともある。先生が平素からめだかを「めだかさん」とよび愛情を傾けて育てている理由が良くわかった…中略…小差で

図40　1956年1月，上田（中央）と山本（前列右端），英語の先生のメーランド夫人（後列中央）

めだかも似た者同士が愛し合うという結果が出た。その結果報告にめだか先生をお訪ねしたところ，大変なご機嫌で「物理学者がめだかの心理学をやるとは偉い！」とほめてくださった。…中略…戦後の貧しい時代に素晴らしい楽しみを教えて下さっためだか先生に感謝している。

石崎宏炬（名古屋大学名誉教授　生理学者　学士院賞受賞）
〈「遺伝」1995年7月号「メダカ―この日本で芽生えたものが大きく栄えてほしい」より引用して展示〉

名古屋大学理学部の裏に草ぼうぼうの囲場が広がり，常滑焼の径50cmの水がめ400個がずらりと並ぶ，その中にかの有名なメダカの突然変異の数々が飼われている。長髪短軀，真っ黒に日焼けしたかおに鋭い眼光の異相の老人が，かめの間を行き来してメダカの世話をしておられた姿は，今も鮮やかに眼底に残る。メダカの性転換で有名な"メダカ博士"山本時男名古屋大学名誉教授の在りし日の姿であった。喉頭がんで亡くなる寸前まで，術後ののどにさしこんだチューブへ，片時も離さなかった日本酒をチビリチビリと流し込み，あたりに酒気をただよわせつつ悠然とたたずむ御姿は，まさに学問の鬼と呼ぶにふさわしいものであった。…後略…。

岡田節人（京都大学名誉教授・元基礎生物学研究所所長）
〈「産経新聞」1996年5月12日の「いのちの響き　科学者の舶来品好み　鹿鳴館時代が続いている」切り抜きを展示（図41）〉

12．山本と外遊

山本は，1960年から4回の外遊を行っている（図42）。

12-1　第1次外遊　90日間世界一周

これは文部省B項在外研究員助成によるもので，1960年1月18日から4月17日までの間，第1次外遊では90日間のあいだ休む暇もなく，タフに巡る。

5カ国延べ21都市を巡り，63名の研究者に会い，11大学・研究所を訪問，

第 1 章　めだかの学校　メダカ先生（山本時男）と名大のメダカ研究

図41　岡田節人による山本時男評。産経新聞1996年 5 月12日「いのちの響き　科学者の舶来品好み鹿鳴館時代がまだ続いている」より切抜きを抜粋

図42　「山本と外遊」展示

5 カ所の博物館・水族館等を訪問，4 回の講演（内，1 カ所では集中講義）を行った。

12-2　第 2 次外遊　国際動物学会　国際遺伝学学会出席

　第 2 次外遊は1963年 8 月16日から 9 月19日にかけて国際動物学会（ワシントン D.C.）と国際遺伝学会（スケベニンゲン・オランダ）の参加のためであった。

　3 カ国 9 都市を巡り，31名の研究者に会い，4 大学を巡る，15カ所の博物館・植物園等を訪問。

　8 月28日にはワシントン D.C. に滞在しており，キング牧師の演説で有名な30万人デモにも遭遇した。

12-3　第 3 次外遊　フロリダ・魚類間性学会出席

　1965年 5 月18日から 5 月31日までは，フロリダに遊学する。生涯の友と

第Ⅲ部　博物館の企画展の記録

図43　魚類間性学会。矢印が山本とユージニ

図44　山本とユージニ・クラーク。山本自宅にて

なるユージニ・クラークと出会った。

　Eugenie Clark（ユージニ・クラーク）*3 と山本時男は，ずいぶん気があったらしく，生涯数回にわたって旧交を温めている。最初にあったのは，1965年のフロリダ旅行・魚類間性学会（図43）のときだ。クラークは，母の祖国の日本に対して好意をいだいていたこともあると思う。その年（1965年）の10月には，名古屋に来て，山本が鳥羽，菅島臨海実験所を案内している。

　また，その後も日本を訪れ，山本は自宅にも招いている（図44）。

*3　ユージニ・クラーク（1922-2015）。魚類学者，世界中の海に潜り研究を続ける。日本人の母とアメリカ人の父を持つ，1955年に寄付によりケープヘイズ海洋研究所の創設者・所長となる。1965年に初めて来日し，皇太子殿下（当時）にお土産としてコウモリザメを持参する。また，1967年には，皇太子殿下にケープヘイズにて水中マスクとシュノーケルで素潜りを教える。
（会期中の2月24日クラークさんがお亡くなりになりました。）

12-4　第4次外遊　ニューヨーク州立大学から客員教授

　第4次外遊はニューヨーク州立大学から客員教授に呼ばれたためで，1965年10月10日〜1966年2月10日にかけてである。1カ国9都市，19名の研究

者に会い，2つの大学で研究・講演等をする。3カ所の博物館・植物園等を訪問，講演を2回開催した。10月25日には早くもブラインシュリンプの実験を始めた。また，強盗などに遭うが，難を逃れた。ニューヨーク州立大学に温度と光の制御を完備したメダカの飼育施設を作り，それまで宿舎の部屋で飼っていたメダカを移した。さらに，ペットショップで金魚のアルビノを見つけて日本へ連れて帰る，などきわめて充実した4カ月間を過ごした。

13．山本時男魚類研究室

山本は，東洋レーヨン（現：東レ）科学技術大賞（図45）で得た賞金250万円で，名古屋市緑区に土地を求め「山本魚類研究室」を設立（1969年6月）。1970年には，自宅も敷地内に移し本格的な研究が始まった。山本魚類研究室の屋外には，常滑焼のカメがずらりと並べられ，また，建物内には多くの蔵書と顕微鏡などの実験機器も整えられた（図46, 47）。

図46　山本魚類研究室にメダカ飼育用の常滑焼のカメがずらりとならぶ。

図45　東洋レーヨン（現：東レ）科学技術大賞　授賞式

図47　山本魚類研究室内

さらに，山本が仰ぐ研究者の写真が掲げられていた（図48）。

14．晩年（闘病）

1969年8月に一番弟子の高橋義之輔（高橋肛門科医院院長）は名曲喫茶から息子時彦に電話を掛けた。「食道狭窄で食べ物が喉を通らない」山本は食道ガンを発病していた。家族はガンを隠していたが丸山ワクチン関連記事で雑誌に載り，本人の知るところとなった。食道ガンで流動食しか通らない間も病院を抜け出しメダカの世話や論文の執筆をつづけた。当時，抗がん剤は一種類しかない時代で，丸山ワクチンを試した。それが功をそうしたかわからないが，次第に元気になり，自分で東京までワクチンを取りに行けるようになり，ずらりと並んだ患者に「メダカ先生，治る」と手を振って帰る逸話も残っている。

図49　再起の自筆原稿と丸山ワクチン関連の週刊記事の展示

図48　（左上）谷津直秀（東京帝国大学名誉教授）。山本東大時代の恩師。谷津の授業を聴いて動物学を専攻した。卒業後は谷津の研究室へ助手として勤めた。（左下）會田龍雄（京都繊維専門大学校，後の京都繊維大学）。メダカ研究の父（前述）。（右上）Jacques Loeb。生理学者。ウニの単為発生を発見。（右下）O. Winge。グッピーの性分化の研究者。Winge の研究により，山本は性と色とを関連づけた。

第1章　めだかの学校　メダカ先生（山本時男）と名大のメダカ研究

　今回の調査で自筆原稿「再起」（図49）が見つかったが，どこに投稿したものかは，わからない。その後，1977年7月に今度は胃がんを発病し，8月5日に没した。絶筆は梶島孝雄（信州大学名誉教授）とのギンブナに関する論文だ。

15．再起（自筆原稿からの書き起こし文）

再起

山本時男

　停年の頃の私はまことに不養生な生活をしていた。ウィスキーをストレートで飲み、煙草は日に四〇本を越していた。それらが誘因になったのか、がん性の食道狭窄に罹った。だんだん食物がとれなくなり、ついに水も喉を通らなくなった。入院して点滴と並行して、流動食を灌流器（イルリガトル）から胃に注入する日々が続き、その間にコバルト60の照射をうけつづけた。

　幸いに四ヶ月ほどしてコバルトの効果で、食道が少しだけ開いてきたと告げられて、一縷の望みがでてきた。その後、M・ワクチンの効果があってか調子が好転してきた。

　これより先、名古屋市の東南端に家の新築を始めていたが、半年ほどして、棟上式があるというので、病院をぬけて出席したが、その時にコップ酒が飲めた時の喜びは忘れ難い。やがて水温も三月になると、名大にある飼育場の魚どものことが気になって、矢も盾もたまらず、病院をぬけ出して、飼育場かよいの日々が続いた。そのために、仕事の上でのブランクは七ヶ月に過ぎない。婦長の関係で入院生活が長びいたにも拘わらず、病院では黙認してくれた。

　それにしても入院当時は栄養不良と脱水症状で生死の境をさまよい、三日ももたないとした医師もあった中で、再起不能と思っていたのに、再び魚と取組めるようになったのは無上の喜びである。

　入院中に交渉のあった専門書（英文）の執筆も纏められるかどうか、覚束なかったが、退院後に精魂を傾けて脱稿し、文部省の援助で来春上梓の運びとなった。この本には若い時からの研究成果が要約されて居り、出版を楽しみにしている。

　私の隣に建てた一〇坪ほどの書庫は、その一部分は研究室風に作ってあり、私の砦である。裏には四〇坪の魚の飼育場があって、約七〇ほどの常滑焼の蓮瓶をしつらい、色とりどりのメダカの品種、十年前にニューヨークで見つけてピンク腹の金魚の子孫、透明鱗の鮒（突然変異種）などを飼って、交配実験を行っている。六年前に死ぬはずであったのに奇跡的に助かったので、日々が儲けもののようで、楽しい研究生活を送っている。

16. 名古屋大学のメダカの系統

16-1　富田英夫（名古屋大学名誉教授 1931–1998）

　山本の直弟子であった富田英夫（図50）は、山本が集めた（作った）系統を維持すると共に、メダカの自然集団から突然変異を見つけ、80系統を超す生存可能な（多くの突然変異のメダカは次の世代に引き継げず死んでしまう）突然変異体を同定し、ヒメダカの原因遺伝子同定などを行った。これがきっかけとなり、後の「突然変異体から遺伝子同定へ」という発生遺伝学の流れを決定づけた。

図50　富田英夫

16-2　若松佑子（名古屋大学名誉教授）

　若松佑子は、2001年に透明メダカ（図51）を作成した。透明メダカとは名前の通り臓器が透けて見えるメダカのため、解剖をしなくても生きているまま内臓の研究ができる。そのため正常な成長、成熟、老化の研究や、内臓の病気の研究、また GFP（緑色蛍光タンパク質…ノーベル賞コーナーに展示）遺伝子の導入により内臓における遺伝子の発現や組織の詳細な観察が可能となった。

図51　透明メダカ

17. 今回、明らかになった博物館所蔵のカメ

17-1　會田のカメ

　會田は死ぬ前に自分のメダカを山本に託し、山本もそれを受けた。このカメ（図52）は、會田から山本、山本から富田英夫（前述）と世代を越えて受け渡されてきたものだ。今回の展示調査で、博物館所蔵のこのカメが、竹

内哲郎（元岡山商科大学教授）と成瀬清（前述）からの聞き取り調査により，會田のものと判明した。

17-2　山本のカメ

名古屋大学で山本が使用して代々受け継がれてきた常滑焼きのカメだ（図53）。これと同じ形のカメは山本魚類研究室でも使用されていた。

18．放送による活動

一般市民対象の講演や中学・高校で講演会など数多いが，なかでもラジオ・テレビによる活動は，当時として珍しかったであろう。以下にその活動をあげる（図54）。また，魚類研究所に保管してあったテレビ，ラジオの台本や記録レコードは，今回展示のためにデジタル化をし，そのコピーをNHKアーカイブスに寄贈した。

1951（昭和26）年12月22日　CBC（中部日本放送）「性の転換」を放送
1957（昭和32）年4月28日　11:30〜11:50　CBCテレビ（JOAR-TV）「メダカの性分化の転移」に出演（資料を展示）
　　　　　　　　6月29日　NHK　「メダカの色素形成」を放送

図52　會田のカメ

図53　山本のカメ

図54　放送による活動の展示

第Ⅲ部　博物館の企画展の記録

1958（昭和33）年4月28日	NHKテレビ　みんなの科学で「メダカの生態」に出演（資料を展示）
1959（昭和34）年3月8日	8:00〜8:30　NHK　科学談話室で「メダカ談義」を放送
6月15日	11:15〜11:35　NHKテレビ「メダカの研究室」に出演
9月30日	NHKドラマここに人ありで「メダカ先生」放送（資料を展示）
1962（昭和37）年3月27日	NHK教育テレビ「メダカの一生」に出演
4月14日	NHK総合テレビ「おはようみなさん・はなしの散歩」の「メダカ先生」に出演
1963（昭和38）年3月18日	NHKラジオ第1　趣味の手帳「メダカ談義」を放送　（資料を展示）
1967（昭和42）年9月3日	NHKラジオ第1　趣味の手帳で「海を渡ったメダカ」を放送
6月1日	NHK教育テレビ　みんなの科学で「メダカ」に出演

　音声展示「メダカ談義」出演：山本時男。1963年3月15日，NHK第1ラジオにて放送。レコード盤（展示）で録音していたものをCDに直して，流した。

　映像展示　メダカの性行動，発生。16mmフィルムに保存してあったものをDVDに直し放映，撮影の年は不明，山本の研究室で撮影したものと思われる。

19．ハンズオンコーナー　見てみよう！

透明メダカに遺伝子導入して筋肉が緑に光って見える

　図55左の標本は筋肉にGFPを作らせるように遺伝子導入を行ったメダカです（図55）。実際には生きていても観察できますが，遺伝子導入をした生物は専用の施設から生きたまま持ち出すことができません。ここでは標本に

して観察できるようにしています。また，筋肉だけではなく，他の臓器（例えば肝臓，神経など）でもGFPを作らせることができます。尾の部分を見てみるとどこまで筋肉があるか良くわかります。

ノーベル賞の研究が2つも使われている（ノーベル賞コーナーにも関連展示がある）

1) GFP（緑色蛍光タンパク質）：このタンパクは下村脩名古屋大学特別教授が，研究発見したタンパクです。生物や医学の実験では，いろいろな目印として使われています。

図55 GFPを遺伝子導入させた透明メダカを展示。各自で覗き，観察できるようになっている。

2) 青色LED（発光ダイオード）：これは赤﨑勇名古屋大学名誉教授と天野浩名古屋大学特別教授が研究開発したLEDです。以前は，真っ暗な中で紫外線を使いGFPを光らせて観察していましたが，今では，光のある状態で青色LEDを使用して観察可能となりました。青色LEDが普及して随分観察しやすくなりました。

20. 名古屋大学メダカ研究 Now

メダカの体を黄や白に彩る色素細胞の多様性を生み出す仕組みが明らかに!!

　生物の体は色素細胞によって彩られている。私達ヒトを含めた哺乳類では黒色素細胞と呼ばれる色素細胞を一種類持つが，魚類では特に色素細胞の種類が多いことが知られており，黒色素細胞の他，黄色い色素を持つ黄色素細胞，白い白色素細胞，メタリックな光沢を持つ虹色素細胞などが存在し，鮮やかな体色や模様を作り出している（図56）。

　名古屋大学の生物開発利用研究センター動物器官機能研究分野　長尾勇佑研究員と橋本寿史助教らの研究グループおよび，基礎生物学研究所の木村哲

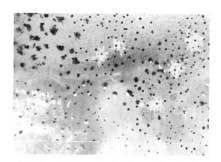

図56 メダカの体を彩る4種の色素細胞（黒色素細胞，黄色素細胞，白色素細胞，虹色素細胞）

図57 4つの色素細胞をもつ野生の黒メダカ（下）に比べ，黄色く見えるヒメダカ（中央）。ヒメダカから黄色と白の色素細胞が失われた変異体（上）

晃特任助教と成瀬清准教授らの研究グループは，メダカを使って，黄色素細胞と白色素細胞がつくられる仕組みを明らかにした。この成果は，米国科学アカデミー紀要および *PLoS Genetics* 誌に掲載された。今回の研究では，2種類の近縁な色素細胞が作られる仕組みを明らかにしたが，同様の仕組みは，神経や血液などほかの細胞でも使われている可能性がある。また，魚類が体表に複数の色素細胞を持つことにどんな意味があるか，今後明らかにするべき課題だ。色素細胞の種類や分布（模様）は種ごとに異なる。進化や行動学の視点を取り入れ，色素細胞の研究を展開することで，種内あるいは種間のコミュニケーションにおいて色素細胞が果たす役割を明らかにすることができるものと期待される（図57）。

21．ナショナルバイオリソースプロジェクト（NBRP）

ナショナルバイオリソースプロジェクトとは，基礎生物学研究所が中核となって2002年から開始された実験材料としてのメダカ，各種の遺伝子（cDNA及びゲノムDNA）等（生物遺伝資源と言う）を収集・保存するプロジェクトのことである。

保存している生物遺伝資源を利用したい研究者はウェブサイト（https://shigen.nig.ac.jp/medaka/）（図58）を用いて検索を行うことで自分の研究に利

第1章　めだかの学校　メダカ先生(山本時男)と名大のメダカ研究

図58　NBRP Medaka のホームページ

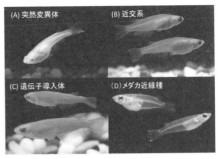

図59　いろいろなメダカの仲間

図60　メダカの保存施設。基礎生物学研究所内

用でき，生物遺伝資源を探すことができる。検索された生物遺伝資源はショッピングサイトと同様にウェブ上で分与の依頼をすることができる。このようにして現在では世界中の誰もがメダカを用いた研究に必要な材料を，NBRPを通じて利用できるようになった。

このようなプロジェクトが発足したことによって，研究材料を共有することで効率的に研究を進められるだけでなく，自分で作成した実験材料をNBRPに提供し，他の研究者が利用できる様にすることで，自分の研究に用いた材料を自ら保持していなくても，NBRPを通じて何時でも誰にでも提供でき，また自分自身の研究の再現性を保証するということが可能となった(図59, 60)。

22. 宇宙を旅した日本のメダカ

　この実験は井尻憲一（当時東京大学助教授）によって進められた。1994年7月9日午前1時43分に，日本人宇宙飛行士・向井千晶さんとともにスペースシャトルで宇宙に旅立ったメダカがいる。選ばれた4匹のメダカに名前を『コスモ，元気，夢，未来（ミキ）』と名付けた。目的は，宇宙でもメダカは産卵行動ができるか？　また，生まれた卵は発生ができるか？　さらに地球に帰った後も宇宙の影響はないか？　というものだった。

　離陸24時間後には卵を産んでいたことを向井飛行士が確認した。メダカは毎日卵を産み，卵の発生も順調に進み，ついに12日後には，『子めだか』もいることがわかった。

　7月23日の朝スペースシャトルは無事に地球へ帰還した。宇宙で生まれた43個の卵は，8個が宇宙で子メダカになり，30個は地球に戻ってきてからふ化した。メダカの寿命は3年ほどと言われる。今では世界中に宇宙めだかの子孫がいる[4]（図61）。

　　*4　詳しい結果は，展示の冊子「宇宙めだか実験のすべて」（井尻憲一著，1994）を
　　　ご覧いただきたい。

23. 生態展示

　博物館では，通常標本保護のため，生きものが生きたままの状態で展示されることは少ない。しかし今回は水槽に蓋をするなどして，特別に生きているメダカを展示し，その変異を紹介した（図62）。メダカは，山本が使ったメダカ（d-rR），透明メダカ，アルビノメダカ，青メダカ，白メダカ，楊貴妃などを展示した。

24. 山本の趣味

　山本は，鉱物，貝，メダカの描いてある日用品などを蒐集していた（図63）。この展示については，2016年の（名古屋大学博物館報告『第30回名古

第 1 章　めだかの学校　メダカ先生(山本時男)と名大のメダカ研究

図61　宇宙メダカ展示

図62　めだかの生態展示

図63　山本時男の身の回りの品々

屋大学博物館企画展記録（その 2）：博物学者・山本時男の集めた石と貝』Web site http://www.num.nagoya-u.ac.jp/outline/report/pdf/031_07.pdf）に足立守名古屋大学特任教授がすでに発表をした（名古屋大学博物館報告，**31**，85–93.）ので，そちらをご覧いただきたい。

あとがき

　今回の「めだかの学校」は，『1 人の科学者が，どう考えてどう生きたか，どんな気持ちで研究を行い，研究結果はどのようになったか，メダカの研究が現在どのようになっているか』を取り上げた展示だ（図64）。研究に対する取り組み方，考え方は，これから研究を続けていく学生にも大変興味深い

第Ⅲ部　博物館の企画展の記録

図64　展示風景

と思われる。また，当時の科学者は山本をどのようにみていたかなどについても面白いと思う。なお，この報告書は，展示全体を報告したわけではなく，北川民次によって描かれた山本の似顔絵をはじめ，宗宮弘明（名古屋大学名誉教授・中部大学教授）が担当した，山本を育てた宗教・精神性・自然など多くの山本資料の展示を割愛したことをご了承いただきたい（宗宮担当分は本書第Ⅲ部第3章に掲載）。

　なお，展示品の多くは，展示後，山本家の希望により山本家へ返却された。

第 1 章　めだかの学校　メダカ先生（山本時男）と名大のメダカ研究

謝　辞

　今回，めだかの学校を開催するにあたり，多くの方々にお世話になりました。ここに記して感謝をいたします。

　メダカの生態展示では，メダカは，成瀬清先生（基礎生物学研究所バイオリソース研究室准教授）及び，橋本寿史先生（名古屋大学生物機能開発研究センター助教）に提供を受け，さらに会期中のメダカの適切な管理も橋本寿史先生に行っていただきました。貝類は，早瀬善正氏（株式会社東海アクアノーツ）及び，林誠司先生（名古屋大学講師）の両名に同定していただきました。使用しました写真は，山本時男先生ご遺族からに加え，成瀬清先生，橋本寿史先生，竹内哲郎先生（岡山商科大学元教授），上村泰裕先生（名古屋大学准教授），井尻憲一先生（東京大学名誉教授）から提供を受けました。

　また，その他の聞き取り調査等においても井尻憲一，岩松鷹司（愛知教育大学名誉教授），竹内哲郎，鬼武一夫（東北文教大学学長），宗宮弘明の各先生に資料提供，ご指導，ご協力いただきました。ここに記した先生方の他にも多くの方々にご協力いただき，皆様の支えがあったからこそ展示を行えたと考えています。本当にありがとうございました。

　さらに，皆様から善意のご寄付89,470円を受けました。山本時男資料の燻蒸費として，使用させていただきました。重ねて御礼いたします。

＊本稿は「名古屋大学博物館報告」No. 32, 2017, pp. 79–104に掲載された報告に修正を加えたものです。名古屋大学博物館報告のウェブサイト http://www.num.nagoya-u.ac.jp/outline/report.html にてカラー画像のPDFファイルが閲覧可能です。

第2章

第30回名古屋大学博物館企画展記録（その2）
博物学者・山本時男の集めた石と貝

足立 守

　2015年の春（2月17日～5月9日）に，第30回名古屋大学博物館企画展「めだかの学校・メダカ先生（山本時男）と名古屋大学のメダカ研究」が開催された。

　この企画展の全容，会期中の特別講演会，博物館コンサート等については，野崎による報告が予定されているので，ここでは，メダカ博士であり博物学者でもあった山本時男が収集した石（足立担当，図1–13）と貝（野崎担当，図14–17）について，展示解説パネルと写真を使って報告する。

　石と貝（貝殻）の展示には3つのケースを使用し，主な石18個を2つの展示ケースに，貝（大11個，小35個）を1ケースにまとめて展示コーナーとした。

　メダカ博士の石コレクションの解説の前に，自然に対する考え方として筆者が一番重要と思っている「自然に学ぶ」（Learn from Nature）という基本スタンスについて，足立（2014）を引用して少しふれておきたい。

　『地球の自然物は動物・植物・鉱物の3つで，それらは水を介して密接に関係しています。大昔の人は，長年の経験から，生きていくための答えはすべて自然の中にあるので，自然に対して畏敬の念を持ち，自然をよく観察して，自然から教えてもらう（自然に学ぶ）ことの重要性をよく知っていました。残念ながら，現代人の多くは，この自然に対する謙虚さを忘れてしまったように思われます』。こうした謙虚さがないと人類の生き残りは難しい。

第2章　博物学者・山本時男の集めた石と貝

博物学者としての山本時男

　メダカ博士の山本が石に興味を持ち，様々な石を収集していたことは，彼が動物学者（生物学者）であると同時に，博物学者であったことを物語っている。山本は地球の自然物である動物・植物・鉱物（鉱物の集合体が石）のすべてに関心があり，動物学者でありながら，博物学者の目で身近な自然物全体をよく見て，常にその背後にあるものを考えていたと思われる。

　山本の博物学者としての側面は，1963年の国際動物学会議でニューヨークを訪れた時，会議後の「アパラチア山地の古生物」というエクスカーションに参加していることからも窺える。生きているメダカだけでなく，昔の生物である化石にも興味を持ち，外国に出かけた時には，必ずその町の博物館を訪れて，あらゆる博物学分野の展示品を見て回った。また，貝やヒトデ（写真）など海辺の生物も集めていたので，石以外のコレクションでは貝が一番多い。

　植物の収集品は残っていないが，オランダのライデン大学訪問の際は，シーボルトが日本から持ち帰った草花を見たり，大学近くの公園のトチやケヤキの大木について備忘録に書き残している。自宅では，庭の花を取ってきて自分で花瓶に生けたり，俳句や和歌にメダカだけでなく草花もよく詠んでいるので，植物も好きだったと言える。

　メダカ博士の座右の銘に，「雲悠々　水潺々」があるが，この言葉が書かれた扁額については別のパネルで解説する。

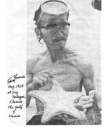

図1　博物学者（naturalist）としての山本時男

メダカ博士が大切にしていた扁額の言葉

「雲悠々　水潺々」
（くもゆうゆう　みずせんせん）

　「雲悠々　水潺々」は本来は禅の言葉で，「雲はどこまでも広がり，水はよどむことなく流れる」といった意味。山本は，自身の生き方として，敬愛する養虫山人のように，"雲のように自由にどこまでも"，研究者として"アイデアは水のように潺々と流れ出てくる"を念頭において，座右の銘としていたと思われる。

　なお，扁額中の一番大きな字は「雲」の草書体である。

雲
悠々
々　水
　　潺
永　　々
平
雲
亳

〈注〉
雲悠々　水潺々　は，中国の圜悟克勤（えんごこくごん，宋時代の臨済宗の高僧で，圜悟禅師と敬称された）の言葉と言われている。養虫山人の墓があり，山本が生前に墓を建てた名古屋市東区の長母寺は，臨済宗東福寺派の寺なので，臨済宗つながりがある。

図2　山本時男が大切にしていた扁額（写真は額の中心部のみ）

第Ⅲ部 博物館の企画展の記録

メダカ博士は石が好きだった

　メダカ博士の山本時男が"石好き"だったことはほとんど知られていない。今回の企画展にあわせて，山本の自宅の実験室に残されていた約40個の石について肉眼鑑定をした。

　家族の話では，山本はデパートなどで開催された"水石"や"名石"の頒布会に出かけ，気に入った石があると購入することがよくあったようだ。また，大学から家に帰って時間があると，気分転換に石を手に取って眺めたり，紙ヤスリや布で石を磨くことが生活の一部になっていた。きれいに研磨された石や木製の台座付きの石は，丸善やデパートで購入した品と思われる。ただ，石に関する記録は備忘録にも全く見当たらない。

　山本の集めた石は，化石マニアや鉱物マニアが集めたものとは違い，見栄えのする石，珍しい化石，きれいな色や形の鉱物は少ない。一見どこにでもあるような普通の石だが，後で少し詳しく解説する"壺石"のように，質のいい標本をいくつか入手している。山本はモノ（石）見る目があったのである。山本の観察眼の鋭さについては，息子の山本時彦が驚きとして書き残している。それは昭和20年の夏に親子二人で，故郷の秋田県米代川の川原を歩いていた時に，ただの石ころが延々と広がる川原で，珍しいメノウの小石を父親がパッと見つけた時のことであった。

　山本の石コレクションの特徴は，地元東海地方（愛知・岐阜・三重・静岡）の石が多いことである。外国産の石は南極の片麻岩1点，ブラジルの魚化石1点，産地不明の魚化石1点の3点であった。

図3　メダカ博士は石が好きだった。

山本時男の集めた東海地方の石

　主な地元産の石は，(1)壺石（岐阜県東濃地方），(2)亀甲石（愛知県），(3)バラ輝石（愛知県?），(4)赤褐色チャート（岐阜県），(5)赤白珪石（岐阜県），(6)鉄丸石（鉄分の多い石灰岩ノジュール）（静岡県），(7)静缶石（石灰岩の水石）（静岡県），(8)化石を含む瑞浪層群の砂岩（岐阜県），(9)さざれ石＝石灰岩礫岩（岐阜県），(10)三波川結晶片岩（静岡県?三重県?），(11)ボタン石（梅花石）（新潟県）などがある。これらのうち，(1)〜(8)の写真を下に示す。

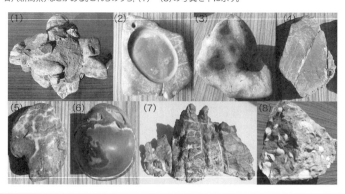

図4　メダカ博士・山本時男の集めた東海地方の石

壺石（アーマード・マッドボール）

　壺石は，岐阜県東濃地方，とくに多治見周辺に分布する土岐砂礫層（約100万年前）から産する礫岩の礫のことである。礫と礫を接着しているのは，褐鉄鉱（FeO(OH)・nH$_2$O）という鉄鉱物なので，全体として鉄サビのオレンジ色〜褐色をしている。山本コレクションの壺石は典型的なもので，礫はすべてチャートであった。壺の底に剣山が入っていたものは，花瓶として使われていたと思われる（写真右）。山本は花瓶になる前の壺石（礫岩の礫，写真左）も入手している。

　壺石の形成プロセスは，（1）地滑りによって，柔らかい粘土の塊が斜面上の小石（礫）の上を移動する，（2）粘土の塊が斜面を転がっていく時に，柔らかい粘土の周りに礫が付着して，球〜楕円体になる。欧米では，こうした球をアーマード・マッドボール（armoured mudball）「石の鎧をつけた泥のボール」と呼び，地滑り堆積物の証拠の一つになっている。（3）このアーマード・マッドボールが地中に埋まる。（4）地下水に含まれる鉄分が，長い時間をかけて，礫の間にしみ込んで褐鉄鉱となり，礫と礫を接着する。中心部の粘土は水を通さないので，粘土の塊の周りにだけ鉄分が沈澱する。（5）こうして褐鉄鉱のセメントで固められた礫岩（アーマード・マッドボール）が誕生する（写真左）。（6）表面の礫1個をハンマーで取り，内部の柔らかい泥岩を水で洗うと，空洞ができ，壺石ができあがる（写真右）。

← アーマード・マッドボールの断面と礫をハンマーで取るプロセス(6)

図5　壺石（アーマード・マッドボール）

ちょっと詳しい壺石関連情報

（1）褐鉄鉱（リモナイト，limonite）とは？
　壺石の礫を接着している褐鉄鉱は，厳密には針鉄鉱（ゲータイト，α-FeOOH）と鱗鉄鉱（レピドクロサイト，γ-FeOOH）の混合物になっている。
　ドイツ・フランクフルト生まれの文豪ゲーテ（Goethe）は，宮沢賢治と同じように石や鉱物が大好きで，生涯に2万点近くの石を集めたと言われている。ゲーテはフランクフルトのゼンケンベルク自然誌博物館の創設にも大きく貢献した。こうしたゲーテの鉱物や石との深い関わりから，彼の名前を冠して命名された鉱物がゲータイト（goethite）である。

（2）鬼板とは？
　砂と粘土の層が交互に堆積し，水をよく通す砂層（まれに亜炭層）が水を通さない粘土層の上にたまると，粘土層の直上に地下水中の鉄分が沈澱して，褐鉄鉱の薄い層（1mm〜1cm程度）が形成されることがある。こうした褐鉄鉱の層を"鬼板"（下の写真のオレンジ色の層）と呼ぶ。

　岐阜県多治見から愛知県瀬戸の陶器生産地では，"鬼板"を陶器の釉薬の一つとして使っていた。褐鉄鉱は親鉄元素のコバルト（Co）やニッケル（Ni）を含むことがあるので，こうした微量元素入りの鬼板を釉薬に使うと，油滴天目のような思いがけない色がでることがある。

ゲーテ　Wikipediaより

亜炭層と粘土層の境界部分にできた褐鉄鉱の層（茶色の部分，竹田某松名誉教授撮影）

図6　ちょっと詳しい壺石関連情報

赤褐色チャート

　SiO$_2$の含有量が90〜100％のチャートという堆積岩は，環太平洋造山帯を特徴づける岩石で，日本には多い。チャートにSiO$_2$が多いのは，石にSiO$_2$の殻をもつ放散虫（写真右）という微化石が大量に含まれているからである。チャートは硬いので，石器としてよく使われた。

　山本が集めた石には赤褐色チャートが4個あった。これとよく似たチャートは，愛知県犬山と岐阜県鵜沼の間を流れる木曽川の河床に多いので，この辺りのチャートから収集した可能性がある。

鵜沼産の中生代三畳紀の赤褐色チャート（左）と放散虫化石の電子顕微鏡写真（右）。放散虫のサイズは約0.25mm。

亀甲石
（きっこうせき）

　この黄灰色泥岩の裏には，『亀甲石　南知多』というラベル（写真左）があるが，典型的な亀甲石ではない。亀甲石という名前の由来になっている亀の甲羅状の割れ目が顕著ではないからである。類似の石は，愛知県知多半島南部の内海・豊浜・師崎付近に分布する師崎層群（約1600万年前）で見つかっている。

　この泥岩は硯に加工されているが，硯として使用された形跡はない。

図7　赤褐色チャートと亀甲石

赤白珪石
（あかしろけいせき）

　山本コレクションの赤白珪石（写真上）は，典型的な熱水性のチャートで，ジャスパーとも呼ばれる。霜降り牛肉のような赤と白のコントラストが特徴で，放散虫化石は含まれない。熱水性チャートの鮮やかな赤い色は，放散虫化石を含む赤褐色（チョコレート色）チャートの色とは全く違うので，簡単に区別できる。

　赤白珪石の白い脈状の部分は，大部分がカルセドニー（chalcedony，玉髄）という繊維状石英からできている。偏光顕微鏡で見ると，カルセドニーの成長方向が顕著で，カルセドニーが周辺から中心に向かって成長しているのがわかる（写真下）。

　東濃地方から尾張東部に分布する土岐砂礫層（名古屋では八事層・唐山層）から見つかる石に，土岐石と呼ばれる珍しい石がある。土岐石はチャートに似ているが，一般に緑・黄・赤・白の色が"かすり"の着物の模様のように複雑に混在する石である。珪化木と言えるものもある。土岐石の成因はよくわかっていないが，赤色の土岐石は赤白珪石によく似ているので，熱水が関与してできたと思われる。

　愛知県では，土岐石は昔から有名で，江戸中期には既に土岐石の愛好家が何人もいて，庄内川で拾ったきれいな土岐石を尾張徳川家の殿様に献上したという記録が残っている。石好きの殿様には格好のプレゼントになったようである。

カルセドニーの偏光顕微鏡写真（写真の横＝約0.5mm）

図8　赤白珪石

水石,静缶石

この石は典型的な水石(山水石)で,遠くの山並みを連想させるので,山形石とか遠山石とも呼ばれている。水石の下面がカットされ,マジックで『静岡県 静缶石』と書かれている(写真右)。

静缶石は黒色の石灰岩で,所々に見られる直線状の白い筋は方解石($CaCO_3$)という鉱物でできている。

日本水石協会は1961年に設立され,東京オリンピックの頃から水石ブームが始まった。この頃から,デパートなどで水石の頒布会が多くなり,山本が静缶石を購入した時期はこの頃かもしれない。

この水石は,イタリア北東部のドロミーティ山地(Dolomiti)の風景に似ている。ドロミーティの石はドロマイト(dolomite; $CaMg(CO_3)_2$)というマグネシウム方解石からなる石灰岩(ドロマイト岩)でできている。ドロマイトという鉱物名もドロミーティという地名も,18世紀にこの地を調査したフランス人地質学者のドロミュー(Deodat de Dolomieu)に由来する。

日本では,ドロマイトという言葉を鉱物にも岩石にも使うことがあるが,岩石にはドロマイトではなく,ドロマイト岩(白雲岩,苦灰岩)が正しい。

イタリア北東部のドロミーティ山地(Wikipediaより)

図9 水石,静缶石

鉄丸石(石灰岩ノジュール)

きれいに丸く磨かれた石の裏面に,『阿倍川(安倍川の書き間違いと思われる) 鉄丸石』というラベルがある。おそらく購入された石であろう。

鉄分の多い石灰岩が球状に固まってできたもので,石灰岩ノジュール(nodule)の一種。類似のノジュールが安倍川上流の瀬戸川層群や大井川上流の四万十層群で見つかっているので,鉄丸石は静岡県産の石と考えられる。

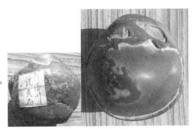

バラ輝石(ロードナイト, rhodonite)

淡いピンク色のこの石はきれいに磨かれているので,購入品と思われる。バラ輝石$(Mn,Ca)_5Si_5O_{15}$のピンク色は,マンガン(Mn)起源。

この石は愛知県西尾市吉良町の石塚峠付近の領家変成岩から産出するバラ輝石によく似ているので,三河の石の可能性が高い。

図10 鉄丸石とバラ輝石

瑞浪層群の砂岩（貝化石を含む）

　この砂岩は，今から約1600万年前（新生代第三紀中新世）の浅い海で堆積し，貝の化石を多く含む瑞浪層群の典型的な標本である。化石の大半はウソシジミ（*Felaniella usta*）で，まれにカガミガイ（*Phacosoma nomurai*）や巻貝のツリテラ（*Turritella sagai*）などが存在する。

　化石と砂岩の特徴から，この石は瑞浪市から土岐市にかけて分布する瑞浪層群戸狩層の砂岩に間違いない。

メノウ

　山本コレクションには灰色の大きなメノウが二つあり（どちらも長径約25cm），色や岩質がよく似ているので，同じ産地の石と思われる（産地は不明）。写真右のメノウには，石の中央にメノウ乳鉢のような凹みがあるので，メダカの飼育に使う餌の調合用，あるいは灰皿用に購入したのかもしれない。

　備忘録には，1963年の訪米中にドイツ製の実験用メノウ乳鉢を購入した記録があるが，この石ではない。

図11　瑞浪層群の砂岩とメノウ

外国産の石
（1）ブラジルの魚化石

　写真上の魚の化石には，*Rhacolepis buccalis* (Agassiz) という名前とブラジル・サンパウロというラベルが貼られている。おそらく購入された石。*Rhacolepis buccalis* は淡水魚で，化石の時代は中生代の白亜紀と思われる。

　山本コレクションには，魚（ダツ目？）の化石がもう一つ（写真中）あるが，ラベルがないのでこれについての手がかりはない。

（2）南極の片麻岩

　山本の石コレクションの中では，異質の岩石である。この石は南極の昭和基地付近に分布するガーネット（赤褐色の粒子）-黒雲母片麻岩によく似ている（写真下）。昭和基地付近の石なら，今から約5億年前の変成作用でできた石と考えられる。

　ただし，この南極の石がどのような経緯で山本の手に渡ったかはわからない。*

図12　外国産の石（ブラジルの魚化石，南極の片麻岩）

第 2 章　博物学者・山本時男の集めた石と貝

図13　メダカ博士・山本時男の収集した石の展示風景

＊山本コレクションの南極の石はスウェーデンからやってきた

　メダカ展の準備段階で，山本コレクションの石の整理をしていた足立は，コレクションの中に赤褐色の小さなガーネットを含む珍しい片麻岩が一つだけあることに気づいた。この石に関するラベルやメモはなかったが，片麻岩の岩石学的特徴から，これが南極の石であると直感しパネルを作成した（図12下）。しかし，確かな情報があった訳ではないので，ある意味，'フライング'的な部分はあったが，メダカ展の終了後に，この石が正真正銘の南極の石であることが明らかになった。

　メダカ博士の山本時男（1906-1977）は，日本のメダカ研究のパイオニア會田龍雄（1872-1957）と會田の弟子の竹内哲郎（1932-）（山本の弟子でもあった）と親しい研究仲間で，メダカや研究情報の交換だけでなく様々な面で親交があった。問題の石は，以下に記すように，1967年に竹内がスウェーデンから持ち帰り，その後，山本の手に渡ったという南極の石の由来に関する貴重な情報が，竹内から博物館の野崎に寄せられた。

　竹内はスウェーデン聖約キリスト教団によって1961年に岡山に設立され

213

た日本聖約キリスト教団のクリスチャンソン宣教師と親しかった。その縁で，1967年6月にスウェーデンのストックホルムを訪問した時に，クリスチャンソン師から珍しい南極の石を譲り受けた（図12下）。クリスチャンソン師の親族か知人がスウェーデン南極調査隊の隊員として南極で採集した石という話であった。帰国後の1967年10月頃，竹内がこの南極の石のことを山本に話したところ会話が弾み，南極の石は1967年12月に山本の石コレクションに加わった。

　竹内の話では，クリスチャンソン師夫妻はずいぶん前に亡くなっていて，あの石が南極のどこでいつ採集されたかはわからないとのことである。南極大陸のガーネット–黒雲母片麻岩であることは確かなので，石の採集地点の詳細については，今後，スウェーデンの南極調査隊の調査記録を調べる必要がある。

博物学者としての山本時男 II

　山本がメダカの研究を始めた頃の東京帝国大学は，生き物をあつかう多くの研究者は『生物学者＝博物学者』だった。生きているものは自然のままの観察が主流で，生物を材料に実験をしてもそれは不自然きわまりないものと考えられていた。

　山本は今ではごく当たり前の実験生物学を選んだが，博物学者としての要素を忘れたわけではない。特に『石・貝・植物』には，相当に熱を入れていたようだ。植物の蔵書はたくさんあり，すでに当館の野外観察園で活用されている。

　展示の大きな貝はほとんどが外国産である。例えば，ラクダガイの仲間 *Lambis truncata* ssp.，ヤシガイの仲間 *Melo* cf. *broderipii*，サカマキボラ *Busycon contrarium*，アラフラオオニシ *Syrinx aruanus*，オオオニコブシ *Vasum tubiferum*，ヒメシャコガイ *Tridacna crocea*，ヤコウガイ *Turbo*(*Lunatica*) *marmoratus* など。

　しかしコレクションの中には，日本産の貝もかなりある。備忘録によると，フロリダでオオタワラガイを採集したことや博物館で貝の標本を見たことが書かれている。また，アルビノの金魚と一緒にお土産にレッドスネイル（インドヒラマキガイ *Indoplanorbis exustus*）をもらったことも書いてある。また，日記には終戦後すぐの名古屋の市場（小売店が寄り集まっている場所）での貝の記述が頻繁に登場する。

図14　博物学者としての山本時男 II

第 2 章　博物学者・山本時男の集めた石と貝

図15　メダカ博士・山本時男の収集した貝殻の展示風景

図16　サイズの大きな貝殻

図17　小さな貝殻は木のケース（35に分割）を使って展示。貝殻を水洗いしクッションの脱脂綿を交換したので，真新しく見える。

＊本稿は「名古屋大学博物館報告」No. 31, 2016, pp. 85-93に掲載された報告に修正を加えたものです。名古屋大学博物館報告のウェブサイト http://www.num.nagoya-u.ac.jp/outline/report.html にてカラー画像のPDFファイルが閲覧可能です。

第3章

山本時男備忘録と蓑虫山人

宗宮　弘明

まえがき

　北海道を除いて，日本にはメダカと呼ばれる3.5cm前後の魚が水田や身近な小川に生息し，その魚の群れは「メダカの学校」として親しまれてきました。現在，メダカは，ミナミメダカ（Oryzias latipes）とキタノメダカ（Oryzias sakaizumii）の2種に分類されていますが，本文ではメダカという総称を使います。私の住む名古屋市天白区にも2010年頃まではメダカがたくさんいる池がありましたが，今はもう開発されて消滅しました。メダカは，分類学的にはダツ目（サンマ，サヨリの仲間）に属するため，おそらく焼いて食べるとサンマのような味だと思われます。このメダカの生物学に一生を捧げた学者が名古屋大学にいました。メダカ先生こと，山本時男博士（1906.2.16–1977.8.5）です。ここでは，1）2006年の名古屋大学博物館報告に掲載された「山本時男備忘録」の経緯，2）メダカ先生と蓑虫山人の関係，3）メダカ先生とメダカとの出逢いについてメモ風に書き，メダカ先生の人間像の一端に触れたいと考えました。

第3章　山本時男備忘録と蓑虫山人

1　山本時男備忘録「活字化」のいきさつ

　名古屋市平針に残された里山を保全する中で，近隣（名古屋市緑区）の友人（増田泰朋さん）に「私の家のすぐ近く（緑区）に，メダカ先生（故山本時男教授）の私設研究室があるのを知っていますか？」「よかったら，一度一緒に訪ねてみませんか？」と誘われました。当時（2006），私は名大博物館の運営委員をしていたことから，当時館長の西川輝昭教授にメダカ博士に関連する資料の有無を尋ねました。答えは，「何もない」とのことで，2006年5月に西川先生と増田さんとでメダカ先生のご長男山本時彦さんを訪問することになりました。

　山本時彦さんは，名古屋大学農学部生化学教室の出身で，「現在，父の資料を整理中であり，将来的には資料の一部を博物館で保管してほしい」という希望をお持ちでした。そして，私設の魚類研究室を案内して下さるとともに，父時男さんの研究・日常生活の多岐に渡る話をして下さいました。偶然，魚類研究室の本棚に，西川先生が「蓑虫山人」についての本を見つけて，「蓑虫山人がある」とつぶやいた際，時彦さんは，素早く「父は蓑虫山人が大好きでした」と返答されました。

　時彦さんは，皆さんに是非見て頂きたいものがありますといって，お持ち下さったものが「山本時男自筆年譜3冊」でした。1冊目は，和綴じの年譜で，生年（1906）から1957年（51歳）までの大部分が墨書のものであり，2冊目はA5のノート，インク書きで1958年（52歳）から1963年（57歳）までの記録，3冊目もA5のノートでインク書き1964年（58歳）から1969年3月31日（63歳）の定年までの記録でした。一見して，この備忘録の「科学史的」な重要性が判りました。そこで，墨書であること，ご親族の名前が多数あることなどから，私は時彦さんに備忘録の活字化をお願いしました。時彦さんは，にこにこしながら，二つ返事で活字化を引き受けて下さいました。さらに時彦さんは，「自筆年譜は名古屋大学退職時（63歳）までなので，父が他界する（71歳）までのことも書かせて下さい」とのことでした。そして，その年（2006）の秋には活字化と原稿が出来上がり，西川先生の取り計らいで大学の博物館報告に掲載された次第です。以上が，「山本時男備忘録」印刷の経緯です。今回，ご遺族と博物館の許可を得てここに再録させていた

だきました（資料1：後掲）。再録にあたって，できる範囲でのケアレスミスの訂正を行いました。

2 メダカ先生と蓑虫山人の関係

2-1 蓑虫山人について

　私（宗宮）は，メダカ先生の私設研究室で「蓑虫山人」の本を見るまで蓑虫山人の存在を知りませんでした。そのため，蓑虫山人とは，どんな人でメダカ先生とはどんな関係があるのかに興味を持ちました。最初に，蓑虫山人（以下山人と呼ぶ）の出身地，岐阜県安八町歴史民俗資料館で入手したパンフレット（2013）を元に山人のプロフィールを簡単に紹介します。

　山人のプロフィール：山人は，江戸末期の天保7年（1836）1月3日，美濃国安八郡結村（岐阜県安八町）に生まれ，本名は土岐源吾でした。土岐家は，美濃の名門であり，「結村の殿様」といわれる家系でした。しかし，二代にわたる道楽で家が傾き，数え年14で生母を失い，源吾はそれを機に諸国巡遊の旅に出たとされています。最初は，神社の軒下で野宿し，後には，笈と呼ばれる折りたたみ式テントを考案し，そのなかに生活用具，絵具，衣類等を入れ，気に入った場所で留まり，絵を描いて過ごすという流浪生活を展開しました。幕末には隠れた勤皇の志士として活躍し，その後には新政府への仕官の機会もあったようですが，元の漫遊生活に戻り，21歳頃から「蓑虫山人」と自称したとされています。もともと，絵心があり，長崎放浪時代に禅僧日高鉄翁に画を学んだとされています。絵師としては，ユーモアのある，輪郭のない自由奔放で独特な絵を残しています。山人は，造園家としても，青森の水沢公園にその名を残しています。また，考古学にも興味を持ち，主に東北地方で亀ヶ岡遺跡の発掘などに参加し，古陶器や石器を蒐集していました。晩年は東北の有力者の家に招かれ，巧みな造園，ほのぼのとした絵画，魅惑的な話術で多くの人を楽しませ，敬愛されたとのことです。還暦の頃（明治28年（1895）），「六十六庵」と名付けた博物館を作るために郷土に帰る準備をしました。しかし，尾張地方は明治24年（1891）の濃尾大震災の影響を受けており，博物館を作る計画は進みませんでした。山人は，最終的に終の住処を名古屋の長母寺に決め（1899.10），名古屋で博物館開設の運

動を展開しようとしましたが，翌年の明治33年（1900）2月20日に急逝しました。

2–2　蓑虫山人とメダカ先生の関係について

山人の没後6年にメダカ先生は生まれています。メダカ先生が蓑虫山人になぜそんなに興味を抱いたかについては時彦さんが，2010年に急逝されたため直接にお聞きする機会を持てませんでした。ただ，時彦さんが書かれた「父の想い出」には，三カ所に「蓑虫山人」が出てきます。1）山本家の「5代庄藏（1816–1891）は，（……）私有の山林に御堂（写真1，2）を建てて著名作家に壁画（写真3）を描かせ，善光寺と言う庭園墓地（写真4）を蓑虫山人に造園させ」た。2）「父（時男）の逝去後になるが，NHK大分が，長母寺の［川辺完道］和尚と私を出演させて『蓑虫山人と名古屋』を制作し，自宅と長母寺が撮影現場となった」。3）定年直後（1969年6月），「父は名古屋市北区大幸町にある長母寺に2基分の墓地を購入し，左に英文のToki-o YAMAMOTOの墓，右に山本家の墓を建てた。（……）理由は（……）富根村山林の善光寺庭園墓地を作った蓑虫山人の墓及び資料館が長母寺にあるこ

写真1　1887年（明治20）7月落成の私有の御堂「善光寺」の外観（平成20年8月撮影）

写真2　「善光寺」の内観

写真3　善光寺の天井を飾る抱玉龍（増田象江(きさえ)（1818-1895）の作画1887.8）

写真4　善光寺と山人が造園した庭園墓地

と，である」と書かれています。これらのことから，山本家と蓑虫山人が親しい関係を持っていたこととメダカ先生が山人に特別な関心を抱いていたことが窺われます。メダカ先生と山人との関係は「意外」な所からわかってきました。

　2014年の文化の日に，先に紹介したパンフレットを入手するために安八町歴史民俗資料館を訪ねました。驚いたことに，そのパンフの参考文献に，「蓑虫山人の東北漫遊」（山本時男氏）がありました。なんとメダカ先生はご自身で山人の基本的な文献をものしていたのです。早速その場でその資料の複

第3章　山本時男備忘録と蓑虫山人

写をお願いして読んでみました。その文献は、名古屋の鶴舞図書館内にある郷土文化会が発行した「郷土文化」(1949) に掲載されたものでした (資料2：後掲)。

　資料によると、43歳のメダカ先生は山人との関係を次のように回想しています。「私は子どもの頃祖母から蓑虫山人の話を聞いた (……)。秋田県の私の生家にも三度滞在して山の墓地の庭園を築いた (……)。米と味噌と身欠きニシンがあればよいと言って、山小屋に何日も閉籠って下男達を指図して造庭をやったが、重い石を担がせてから配置する場所を永い間考えるのにはほとほと閉口したそうである。(……) 長身で酒が好きであったことや、三尺位の長い煙管を愛用していたことも聞いた。これがそもそも私が山人に興味をいだいた始まりである」と書いています。つまり、メダカ先生は祖母 (つや1857-1944) から山人のことをいろいろ聞いていたのです。また、「山人の作品の絵を見ると、いかにも天真爛漫な人柄が反映しているので、その人物に対する興味が深くなった」

写真5　山本家所蔵の山人の軸「寒山拾得」

写真6　山本家所蔵の山人の「百老琴碁」(扇面)

と山人の絵の魅力を書いています。実際山本家には山人の絵が数点保存されており（写真5，6），メダカ先生はそれらを見ながら育ったことになります。さらにメダカ先生は「私が名古屋に来てから東京の美高［美術学校］の小場［恒吉］教授からの私信によって，［山人の］終焉の地が名古屋の長母寺であることを知って驚いた。長母寺の現住［川辺完道師］がはからずも母校［名古屋大学文学部卒業］の先生であったことも奇遇であった」と山人と名古屋と長母寺の繋がりを喜びを持って書いています。

　私設研究室に置かれていたのはおそらく高橋哲華著「蓑虫山人―隠れたる勤皇の志士―」（洋々社，東京，1967）か，安藤直太朗著「蓑虫山人―明治奇人の一典型―」（風媒社，名古屋，1967）のどちらかだと思われますが，その後の所在がはっきりしないため現在のところ不明です。幸いにも，この2冊が鶴舞図書館にあり，それらを読んだところ，両書ともにメダカ先生へ

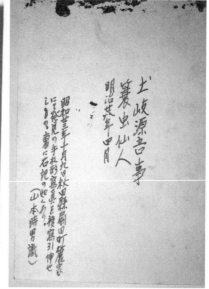

写真7　左：メダカ先生が見つけた山人60歳の写真。
　　　　右：メダカ先生による写真の裏書き。
　　　昭和23年10月9日秋田県扇田町麓家にて発見の手札形写真を複写引き伸ばせしもの。裏に右記の如くあり。（山本時男識）
　　　「土岐源吾事　蓑虫仙人　明治28年4月」

の謝辞があるところから，メダカ先生はこの2冊を所有していたと思われます。また，資料2を読めばわかることですが，山人の還暦記念の写真（写真7）を見つけたのは，なんとメダカ先生であったのです。

2–3　蓑虫山人がメダカ先生に与えた影響

山人は，数え14歳で生みの母（仲，数え45歳）を亡くしました。同じようにメダカ先生も17歳の1月，秋田中学卒業（3月）の前に生みの母（たま子，38歳）を亡くしました。山人は，母の死を機に故郷美濃を出奔しました。聞いた話では，メダカ先生は母親が亡くなった後約1カ月，当時(1923)まだ残っていた山人が住んだとされる山小屋（通称蓑虫庵）に籠ったそうです。そこで，祖母（つや）は，山人にしたと同じように三度の食事を運んだそうです。おそらく，メダカ先生はこの時に山人の「天真爛漫」な生き方を受け継いのだと，私は想像しています。さらに，名古屋大学に職を得てから，実家より小型の仏壇を取り寄せ，山人が折に触れて描いていた「不動堂」や「不動尊」の影響を受け，小型の不動明王を祀り朝夕に拝礼するようになったとのことです。不動尊信仰（仏教）の教えは，他人への献身性，相互扶助，苦難に負けない忍耐力，日々の精進，冷静で不動な精神の堅持などです。これらの教えは，母親の教えとない交ぜになってメダカ先生の生活態度を形成したと思われます。日本や世界各地の研究者への，メダカの提供に無償で応じたのはこの「教え」の影響と考えられます。メダカの生物学への献身的な寄与も，おそらく不動尊的な山人の精神的な影響だと思われます。

3　ふる里でメダカ少年として育つ

メダカ先生は，名古屋大学の定年2年前（61歳）に「ふる里のある人は幸福である。（……）米代川のほとりで生まれた私は，この川の水で産湯をつかい，この川の水を飲み，泳ぎ，この川の魚を食べて育った」とふる里の「富根公民館報（1967）」に認めています（資料3）。また，科学者としての幸福感について「何年もフナを飼うのは並たいていのことでないがぞくぞくするような面白い結果が出つつある。これこそ研究者が受ける報酬であろう」と書いています。さらに「小学五，六年ごろ，フナの子であると大人達から

教えられていたメダカの腹部に卵塊をつけているのを見つけて疑問を起こしたのもこの小川であった」とも書き，大学での研究テーマの大枠が「魚類愛好少年」の時代に胚胎したものであることが窺われます。また，公民館報を「私は幸いにも米代川畔に生をうけ，思う存分自然に親しんで育った。淡水魚が私の一生の伴侶となったのも母なる米代川との因縁であろうか。自分で卵からふ化して育てたフナッ子どもをいじっていると幼少年のころが懐かしく思い出される」という文で締めくくっています。まさに，メダカ先生は「米代川」から生まれたメダカの分身だったのです。このことは，山本時男少年が，メダカに魅了されてそのメダカ研究に一生を捧げたのではなく，メダカが山本時男少年を「メダカ研究の適格者」として選んだというのが正確なところだと考えています。

4 最後に

　魚類を研究しながらも，メダカ先生と1度しか話したことがない私がこのような文を書くことになることは思ってもみませんでした。偶然平針に住むことになり，近くにメダカが多数生息する池があったことから，その保全を試みました。残念ながら，池は開発されメダカは消滅させられました。しかし，その運動の中での知り合いである，増田さんに連れられて，山本時彦さんにお会いしたのがこの文の切っ掛けでした。将に人生とは，偶然と必然の混合物です。その意味では，この文は，消滅したメダカたちが私に書かせた文なのかもしれません。メダカ先生の1/3はメダカを代表とする淡水魚の分身であり，またその1/3が山人の分身であったというのが本文の結論でした。残りの1/3は，メダカ先生が独自に紡いだ人生であり，それはこの本の他の章を読んで理解して頂きたいと考えています。

　最後に山人について少々。山人は，放浪の絵師でした。しかし，単なる絵師，造園家，土器蒐集家に終わらず，全国をめぐって得た「知識」を庶民と共有したいという意志が強い人でした。知識を私物化するのではなく共有化がしたかったのです。その意味で山人は，博物館の意義を深く理解できた知識人だったのです。地位や名誉をものともせず，自然美の中を自由に生き抜いた山人の晩年の句を掲げておわりにします。おそらく，俳句の好きなメダ

カ先生も好きなものだったでしょう。

天地（あめつち）の　間（はざま）にたつた　月とわれ　　　蓑虫山人

謝辞：現山本家本家の当主山本達行氏と山本陽子さん（山本時彦氏の奥様）から色々とご教示いただいた。山本達行氏には，写真と資料3を提供していただいた。増田泰朋氏は時彦さんを紹介して下さった。記してお礼申し上げます。

資料初出
資料1　山本時彦（2006）「メダカ博士山本時男の生涯─自筆年譜から─」，名古屋大学博物館報告，22: 73-110
資料2　山本時男（1949）「蓑虫山人の東北漫遊」郷土文化，4: 482-486
資料3　山本時男（1967）「母なる米代川」館報とみね，第2号

＊資料1は「名古屋大学博物館報告」No. 22, 2006, pp. 73-110に掲載された報告に修正を加えたものです。名古屋大学博物館報告のウェブサイト http://www.num.nagoya-u.ac.jp/outline/report.html にてPDFファイルが閲覧可能です。

第Ⅲ部　博物館の企画展の記録

資料1

メダカ博士山本時男の生涯
―自筆年譜から―

Autobiographical records given by Toki-o Yamamoto (1906–1977), Professor Emeritus of Nagoya University, famous for his Medaka (*Oryzias latipes*) works, with his son's memorial remarks

山本時彦（YAMAMOTO Tokihiko）

Abstract

My father, Toki-o YAMAMOTO, had been occupied for a long time with embryological and genetic researches and education at Nagoya University. He was first in the world to succeed in inducing sex-reversal artificially in the Medaka fish (*Oryzias latipes*). He left an autobiographical chronicle until 1969 when he retired from the university on his official life as a biologist, worth reproducing here as an archival document. Added are my brief notes on his chronicle and my memorial remarks on his life after retirement.

はじめに

　私の父，名古屋大学名誉教授山本時男（1906.2.16～1977.8.5）は，メダカ類を中心とした魚類の発生生理学・遺伝学者として名古屋大学理学部で長く教鞭をとった。その間，メダカの人為的性転換に世界で初めて成功し，「魚類の性分化の遺伝学的・発生生理学的研究」で日本学士院賞を受賞した。定年後には名城大学に勤務するかたわら，自宅に「魚類学研究室」を建てて研究を続けた。父は，名大定年の1969年までの教育研究活動を中心とした年譜を，自筆の備忘録として遺した。研究活動，内外の学者との交流，若い世代や市民に向けた普及活動，あるいは外国生活の記録など，大学史ないし科学史的な研究の参考にもなろうと考え，名古屋大学大学院生命農学研究科宗

宮弘明教授や名古屋大学博物館西川輝昭教授の強いお勧めもうけて，この自筆年譜を翻字して紹介することにした(校閲を西川教授にお願いした)。なお，父時男の学問的業績の評価は，菱田 (1969)，江上 (1989)，大西 (1996)，岩松 (2001)，堀 (2005) などの記述に委ねたい。また，末尾に，父の想い出を，記録として付記する。

資料について

本稿で翻字する資料は，以下の3冊に含まれている（図1）。

(1) 表紙に「備忘年譜　山本時男　第1巻1906〜1957」と記された縦23.8cm，横16.8cm の袋綴。四針眼訂法で綴じられ，表紙のほか，内表紙1丁，白紙1丁，本文47丁，および白紙1丁からなる。内表紙と本文は縦罫半丁12行の市販罫紙が使用され，昭和27（1952）年5月10日分までは大部分が墨書きで一部インク書きが混じるが，それ以降は墨書きなし。表紙の表と裏，および内表紙の表に，「山本時男」と「山本」の丸印が押されている。

(2) 表紙に「山本時男備忘録　第2巻　vol. 2　1958〜1963」と記された，市販のA5判ノートブック（25葉，ページあたり29行の横罫）で，おもに右ページにインク書き。

(3) 表紙に「山本時男備忘録　第3巻　vol. 3　1964〜」と記された，市販のA5判ノートブック（上記(2)と同一製品）で，おもに右ページにインク書き。

翻字にあたっては，簡単のため原本のページは記さず，また改行についても表記しない。資料 (1) にある「一部インク書き」は，幼少期の記述や満年齢の表記などにその例があり，後日の付記かとも思われるが，翻字においては墨書き部分と区別していない。読者の便を考え，漢数字は算用数字に，そして旧字体は当用漢字にそれぞれ直し，句読点を補った。また，記述の順序が時間軸に沿っていない場合にはそれを正した。原文の表記に不統一がある場合でも，原則としてそのままにした。プライバシーに配慮して翻字を避けた個所がごくわずかにある。なお，角括弧 [　] 内に，必要最小限の注記を加えた。

図1　山本時男自筆年譜 3 冊

――――――― 山本時男自筆年譜 ―――――――

明治39年（1906）　　　　　　　　　　　　　　　　　1歳　満0才

　2月16日　秋田県山本郡富根村に生る，長男
　　父時宜（［ときよし］明治10年3月31日生）俳号　野石［やせき］，代々地主。母たま子（明治18年2月10日生，秋田市の医師原平蔵の妹，秋田県平鹿郡里見村の医師原順庵の女［むすめ］）

大正元年（1912）　　　　　　　　　　　　　7歳　満6才　小学1年

　富根小学校入学

大正3年（1914）　　　　　　　　　　　　　　　　　　　小学3年

　8月　第一次大戦［に日本参戦］
　［11月］　第一次大戦で青島陥落

大正6年（1917）　　　　　　　　　　　　12歳　満11才　小学6年

　小川で魚取り中，鮒の子であると聞かされていたメダカの腹部に卵塊をつけているものを観察して，疑問をいだく。植物の腊葉標本をつくる。

大正7年（1918）　　　　　　　　　　　　　　　　13歳　満12才

　3月　富根小学校卒業
　　古畑教諭の博物学の講義特に実物観察により，生物に興味をいだく。

第3章　山本時男備忘録と糞虫山人

図2　第1冊目の本文冒頭部分

大正9年（1920）　　　　　　　　　　　　　　　　　　　　　　　中学3年
　　安東伊三郎「生物界の現象」を愛読す。ダーウ［ィ］ン著，服部広太郎訳「食虫植物」を読む。

大正10年（1921）　　　　　　　　　　　　　　　　　　　　　　中学4年
　　東京へ修学旅行。神田古本店で松村松年「昆虫学」を買い，昆虫採集。丘浅次郎著「進化論講義」を愛読。

大正12年（1923）　　　　　　　　　　　　　　　　　　　18歳　満17才
　　1月3日　生母　死去
　　3月　秋田県立秋田中学校卒業
　　4月　弘前高等学校入学　理科甲類　　　　　　　　　　　　　　高校1年
　　9月1日　関東大震災

大正15年（1926）　　　　　　　　　　　　　　　　　　　21歳　満20才
　　3月15日　弘前高等学校理科甲類卒業
　　4月1日　東京帝国大学理学部動物学科入学
　　10月30日−11月11日　帝国議事堂に於て第3回汎太平洋学術会議（Pan-

Pacific Science Congress）開催，11月3日生物科学分科会を傍聴す．

昭和2年（1927） 22歳 満21才

3月6日 妹尾秀実氏の案内にて五島清太郎教授に引さ［ママ］つされて金沢（相州）の垂下式牡蠣［カキ］養殖場を見学．同行者，服部治助手，同級生 森安生，団勝磨，桑名寿一，林要次郎，森脇大五郎は不参加．東亭にてカキ鍋の昼食をとる．

4月 谷津直秀教授の「実験動物学」の講義を聴き将来の方針定まる．

昭和3年（1928） 23歳 満22才 大学3年

3月 五島教授停年にて勇退し，谷津教授教室主任となる．

4月18日 卒業論文の題目として谷津教授より左の如く記したる紙片を戴く．

- On the development of Medaka in different media.
- The development of the egg of Medaka, which has been kept in a solution of NaCl.

昭和4年（1929） 24歳 満23才

3月31日 東京帝国大学理学部動物学科卒業

4月15日 任東京帝国大学助手理学部勤務ヲ命ズ給六給俸 東京帝国大学

4月－8月 メダカ胚の心臓搏動と温度との関係及メダカ胚の律動性運動と温度との関係を研究す．

4月 日本動物学会図書委員となる．

7月 相州三崎の臨海実験所で魚類学者 C. L. Hubbs に会う．

昭和5年（1930） 25歳

4月－8月 メダカの卵の律動性運動を研究す．（主として温度との関係）

4月－8月 メガカ卵の研究と同時に成体の心臓搏動と温度との関係を研究す．

5月29日 金魚の卵も律動性運動をなすことを発見す．

10月－11月 汽水産多毛類バチ［ゴカイの仲間］の卵の透過性を研究す．

昭和6年（1931） 26歳 満25才

4月－8月 メダカの卵の律動性運動を研究す．（温度との関係及塩類の作用）

5月17－18日 千葉県浦安町秋山金魚養殖場に於て金魚の卵の律動性運動

を研究す。

10月−11月　バチの卵の光化学的変化を研究す。

- （処女論文）Studies on the rhythmical movements of the early embryos of *Oryzias latipes*. I. General description. *Jour. Fac. Sci. Tokyo Imp. Univ.*（東京帝国大学理学部紀要），Sec. IV (Zool.), Vol. 2, pp. 147–152.
- Studies on the rhythmical movements of the early embryos of *Oryzias latipes*. II. Relation between temperature and the frequency of the rhythmical contractions. *Jour. Fac. Sci. Tokyo Imp. Univ.*（東京帝国大学理学部紀要），Sec. IV (Zool.), Vol. 2, pp. 153–162.
- Temperature constants for the rate of heart beat in *Oryzias latipes*. *Jour. Fac. Sci. Tokyo Imp. Univ.*（東京帝国大学理学部紀要），Sec. IV (Zool.), Vol. 2, pp. 381–388.

昭和7年（1932）　　　　　　　　　　　　　　　　　27歳　満26才

1月−3月　メダカの黒色素細胞に対する塩類の作用を研究す。
　イオン係数 Na/Ca の増大による黒色素細胞の律的搏動　動物学雑誌　第44巻　208–209頁。

5月−8月　メダカ卵の律動性に対する塩類の作用を研究す。

7月25−31日　青森県浅虫東北帝国大学付属臨海実験所にて開催の J. F. McClendon 教授（米国 Minesota 大学）の講習会に参加，講習科目は「海水の物理化学的性質と生物」（講義及実験）

10月−11月　バチの卵の色の変化と酸，アルカリの関係を研究す。

昭和8年（1933）　　　　　　　　　　　　　　　　　28歳　満27才

4月−8月　メダカの卵の律動性運動に対する塩類の作用を研究す。

5月下旬　千葉県浦安町秋山金魚養殖場にて金魚の卵を研究す。

8月31日　給　四級俸　東京帝国大学

- Studies on the rhythmical movements of the early embryos of *Oryzias latipes*. III. Temperature and the amplitude of the contraction waves. *Jour. Fac. Sci. Tokyo Imp. Univ.*（東京帝国大学理学部紀要），Sec. IV (Zool.), Vol. 3, pp. 105–110.
- 日本パロロ虫の卵の光化学的変化（予報）。動物学雑誌　第45巻　32–33頁。

- Studies on the rhythmical movements of the early embryos of *Oryzias latipes*. IV. Temperature constants for the velocity of the wave and for the pause. *Jour. Fac. Sci. Tokyo Imp. Univ.* (東京帝国大学理学部紀要), Sec. IV (Zool.), vol. 3, pp. 111–117.
- Pulsations of melanophores in the isolated scales of *Oryzias latipes* caused by the increase of the ion quotient CNa/CCa. *Jour. Fac. Sci. Tokyo Imp. Univ.* (東京帝国大学理学部紀要), Sec. IV (Zool.), vol. 3, pp. 119–128.

昭和9年（1934）　　　　　　　　　　　　　　　　　　　　　29歳　満28才

4月－8月　メダカ卵の律動性運動に対する水素イオン濃度の影響を研究す。

- On the rhythmic movements of the egg of goldfish. *Jour. Fac. Sci. Tokyo Imp. Univ.* (東京帝国大学理学部紀要), Sec. IV (Zool.), vol. 3, pp. 275–285.

10月－12月　バチの卵の光化学的変化を定量的に研究す。

- Studies on the rhythmical movements in the early embryos of *Oryzias latipes*. V. The action of electrolytes and osmotic pressure. *Jour. Fac. Sci. Tokyo Imp. Univ.* (東京帝国大学理学部紀要), Sec. IV (Zool.), Vol. 3, pp. 287–299.

昭和10年（1935）　　　　　　　　　　　　　　　　　　　　　30歳　満29才

2月1日　谷津先生が公魚（ワカサギ）の卵を下さる。

2月5，6日　霞ヶ浦志戸崎藍見館にて公魚の卵を観察す。

5月　結婚（吉村貢三郎四女たま）

4月－8月　メダカ卵の律動性運動に対する水素イオン濃度の作用の研究を続行す。メダカ卵膜の透過性に関する研究をなし，異常浸透現象を発見す。メダカ卵の律動運動と酸化還元電位との関係を研究す。

- Photochemical phenomenon in the egg of a polychaete worm, *Ceratocephala osawai*. *Jour. Fac. Sci., Tokyo Imp. Univ.* (東京帝国大学理学部紀要), Sec. IV (Zool.), vol. 4, pp. 99–110.

10月－12月　バチの卵の色の変化と酸・アルカリとの関係を定量的に研究す。

昭和11年（1936）　　　　　　　　　　　　　　　　　　　　　31歳　満30才

2月－9月　メダカ卵の律動性運動に対する麻酔剤の作用を研究す。

5月10，11日　霞ヶ浦志戸崎藍見館にてシラウオの卵を観察し，律動性運

動を発見す。

5月21日　　長男時彦生る

5月22日　　学位論文提出『目高早期胚の律動性運動に関する研究』

○7月14日　　理学博士の学位ヲ授与セラル（東京帝国大学）

5月31日　　山形県飽海郡稲川村に出張し，カハヤツメの卵，胚を研究。

8月31日　　給　三級俸　東京帝国大学

11月　　善福寺川にてスナヤツメを採集

10月－12月　バチの卵の光化学的変化と酸素消費との関係を研究す。

- Studies on the rhythmical movements of the early embryos of *Oryzias latipes*. VI. The action of hydrogen ion concentration. *Jour. Fac. Sci., Tokyo Imp. Univ.*, Sec. IV (Zool.)（東京帝国大学理学部紀要），vol. 4, pp. 221–232.
- Studies on the rhythmical movements of the early embryos of *Oryzias latipes*. VII. Anaerobic movements and oxidation-reduction potential of the egg limiting the rhythmical movements. *Jour. Fac. Sci., Tokyo Imp. Univ.*, Sec. IV (Zool.)（東京帝国大学理学部紀要），vol. 4, pp. 233–247.
- 無気生的実験に於ける微量酸素の検出法，植物及動物，第4巻，11号，1962頁。
- Shrinkage and permeability of the chorion of *Oryzias* egg, with special reference to the reversal of selective permeability. *Jour. Fac. Sci., Tokyo Imp. Univ.*（東京帝国大学理学部紀要），Sec. IV (Zool.), vol. 4, pp. 249–261.

昭和12年（1937）　　　　　　　　　　　　　　　　　　　　32歳　満31才

1－2月　　善福寺川にてスナヤツメを採集，人工受精を行ひ，卵を［ママ］電流の作用の研究す。

2月－4月　メダカの卵の律動性運動の電気刺戟を研究す。

4月25, 26日　霞ヶ浦志戸崎藍見館にてシラウオの卵を研究す。

5月－10月　メダカ胚の律動性運動及心臓に対する塩化カリの作用を研究す。

8月2－3日　札幌にて開催の第13回日本動物学大会に出席，ヤツメの卵に関する研究発表，帰途，単独にて倶多楽湖に遊ぶ。

11月13, 14日　信州木崎湖に於て木崎鱒及カハマスの卵を観察し，律動性収縮運動を発見す。

10月　谷津先生還暦祝賀会の準備をなす。

10月30日　谷津教授還暦祝賀会開催，午後2時半より東大理学部動物学教室に於てティパーティを開催，同時に同所に於て同教授60年の生活記念の物品を陳列す，5時半より中央亭に於て晩餐会を開く。

- 魚卵の生理学的問題，植物及動物，第5巻371–378頁。
- 生活現象に於ける温度恒数の意義，総合科学，第2巻（5，6号），75–84頁。
- メダカに関する文献，動物学雑誌，第49巻，393–396頁。

昭和13年（1938）　　　　　　　　　　　　　　　　　　33歳　満32才

2月　善福寺川にてスナヤツメを採集。

3月　スナヤツメの卵の電気極性効果並びに極性移動に関する先年の研究を更に進める。

2月及8月　メダカ卵の浸透圧及水の透過性を研究。

5月－8月　メダカの卵の受精生理を研究。メダカ卵膜の異常浸透現象を研究す。

10月－12月　バチの卵の受精及賦活を研究す。

12月　日本動物学会庶務幹事となる。

- 八つ目鰻の卵の電気極性効果並に極性移動，動物学雑誌，第50巻，199頁。
- Contractile movement of the egg of a bony fish, *Salana microdon*. *Proc. Imp. Acad.* (Tokyo)（帝国学士院紀事），vol. 14, pp. 149–157.
- Studies on the rhythmical movements of the early embrys of *Oryzias latipes*. VIII. *Jour. Fac. Sci. Tokyo Imp. Univ.*（東京帝国大学理学部紀要），Sec. IV (Zool.), vol. 5, pp. 37–49.
- Photochemical process and oxygen uptake in the egg of a polychaete, *Ceratocephala osawai*. *Jour. Fac. Sci., Tokyo Imp. Univ.*（東京帝国大学理学部紀要），Sec. IV (Zool.), vol. 5, pp. 51–55.
- On the distribution of temperature constants in *Oryzias latipes*. *Proc. Imp. Acad.* (Tokyo)（帝国学士院紀事），vol. 14, pp. 393–395.

昭和14年（1939）　　　　　　　　　　　　　　　　　　34歳　満33才

1月　日本動物学会を中核として七学会連合にて国立自然博物館設立を帝国議会に請願することとなり，その請願書の調整に努力す。採択となる。

資源科学研究所となる。

2月　2.26事件

5月－7月　メダカの卵の受精及賦活を研究す。

6月－10月　日本動物学会大会の準備委員として多忙を極む。

6月4日　千葉県浦安の旅舎にて金魚の受精を研究す。

10月12, 13日　第15回日本動物学会大会を東京帝大理学部動物学教室に於て開催, 盛会裡に終了。

11月11日　信州木崎湖に出張し, 鱒の卵を得, 帰京後研究す。魚卵の生体染色の新方法, 植物及動物, 第7巻, 1097-1100.

- Studies on the rhythmical movements of the early embryos of *Oryzias latipes*. IX. Potassium poisoning of 'rhythmical movements' and of heart beat in *Oryzias* embryos. *Jour. Fac. Sci., Tokyo Imp. Univ.*（東京帝国大学理学部紀要）, Sec. IV (Zool.), vol. 5, pp. 211-219.
- Studies on the rhythmical movements of the early embrys of *Oryzias latipes*. X. The distribution of temperature constants in Oryzias. *Jour. Fac. Sci., Tokyo Imp. Univ.*（東京帝国大学理学部紀要）, Sec. IV (Zool.), vol. 5, pp. 221-228.
- 受精によるメダカ表層の変化及卵膜扛挙の機構, 動物学雑誌, 第51巻, 607頁
- Changes of the cortical layer of the egg of *Oryzias latipes* at the time of fertilization. *Proc. Imp. Acad.* (Tokyo)（帝国学士院紀事）, vol. 15, pp. 269-271.
- Mechanism of membrane elevation in the egg of *Oryzias latipes* at the time of fertilization. *Proc. Imp. Acad.* (Tokyo)（帝国学士院紀事）, vol. 15, pp. 272-274.
- 魚卵の受精の生理的問題, 科学, 第9巻, 450-453頁。

昭和15年（1940）　　　　　　　　　　　　　　　　　　35歳　満34才

2月－3月　善福寺川にてスナヤツメを採集, 人工授精を行ひ, 卵及胚の研究をなす。（主として卵及胚の還元力及酸化力の局部的差異）

4月－8月　メダカの卵の受精及賦活を研究す。

7月30日－8月7日迄　日本大学歯科の学生の為に夏期講習を行ふ。総時間15時間, 場所　神田区同大学

8月31日　給二級俸　東京帝国大学

10月－12月　バチの精子の活動を研究す。

11月　日本動物学会評議員に当選す。

- Rhythmical contractile movement of eggs of trouts. *Annot. Zool. Jap.*（日本動物学彙報）, vol. 19, pp. 68–79.
- 総説「魚卵の発生速度と温度」, 植物及動物, 第8巻, 860–868頁。
- The change in volume of the fish egg at fertilization. *Proc. Imp. Acad.* (Tokyo)（帝国学士院紀事）, vol. 16, no. 9, pp. 482–485.

12月　総説「魚類の孵化の機構」, 理学界, 第38巻, 12号, 1頁。

昭和16年 (1941)　　　　　　　　　　　　　　　　　　　36歳　満35才

4月－8月　メダカの卵の受精及賦活を研究。

5月9－10日　信州上田　農林省水産試験場上田分場に至り, 千曲川産ウグヒの卵を研究す, 人工受精を行ひ, 発生を研究し, 早期卵に於て『律動性収縮運動』を発見す。

12月　再び日本動物学会庶務幹事となる。

3月　魚卵研究余録Ⅰ, Ⅱを植物及動物　第9巻（3号）430–432頁に発表。

4－6月　総説「魚卵の浸透圧と透過性（1, 2, 3）」を植物及動物第9巻（4号）543–549頁, （5号）683–690頁, （6号）848–851頁に発表。

7－9月　総説「魚卵の律動性収縮運動」(1)(2)(3)を動物学雑誌第53巻7号348–357頁, 8号411–417頁, 9号452–457頁に発表。

- Osmotic properties of the egg of fresh-water fish *Oryzies latipes*. *Jour. Fac. Sci. Tokyo. Imp. Univ.*（東京帝国大学理学部紀要）, Sec. IV (Zool.), Vol. 5, part 3, pp. 461–472.

11月　受精及賦活による魚卵表層の変化（第2報）, 動物学雑誌53巻（11号）543–544に発表。

昭和17年 (1942)　　　　　　　　　　　　　　　　　　　37歳　満36才

1月下旬　名古屋帝国大学に4月より理学部が新設され, 生物学教室も設立の予定の由にて同大学へ赴任の内交渉を合田教授より受け受諾し, 3月末迄東京に於て新生物学教室建設の為, 器具, 機械, 薬品, 図書の購入, 教室の設計等に従事す。生物学教室は最初は植物学の1講座あるのみにて動物学講座は半年後に出来る為に始めは講師となる筈。

3月31日　東京帝国大学助手を辞任。
4月6日　来名，龍ケ池荘に寓す。
4月7日　名古屋帝国大学講師を嘱託（名古屋帝大）年手当　金千八百円給与
4月18日　名古屋に米国機による初空襲（ドーリツドル［ママ］）
6－7月　綜説「魚類の胚に於ける機能及運動の発生」（1，2）を植物及動物，第10巻6号（540頁），7号（641頁）に発表。
7月　信濃博物会主催の動物生理実習講習会の講師となり，松本中学に於て中学教員に指導す。
8月1日　最高温度38.9°C，2日　39.9°C，3日　39.6°C，16日　38.7°Cを記録。
6月－8月　メダカの卵の人工的賦活を研究す。
10月7日　理学部講師ヲ解ク　名古屋帝国大学
10月7日　任　名古屋帝国大学助教授　本俸六級俸下賜　叙高等官五等　内閣命　理学部勤務（文部省）
11月16日　叙　従六位　宮内省
11月　受精及賦活による魚卵表層の変化（第2報），動物学雑誌，53巻（11号）543-544.

昭和18年（1943）　　　　　　　　　　　　　　　　　　　38歳　満37才
1月－2月　名古屋近郊味鋺にてスナヤツメを採集。受精及賦活による魚卵表層の変化（第3報），動物学雑誌，55巻58頁に発表。
1月25日　第3回生物学談話会（教室）に於て「魚類ノ受精ニ就テ」講演。
2月－3月　スナヤツメの卵の受精及賦活の生理を研究。
4月－8月　メダカの受精及賦活生理を研究す。
5月1日　名古屋帝国大学開学式を東山新敷地に於て挙行。午前10時，全国の貴紳名士，設立功績者を招き式を挙行，午餐後学内参観，余も研究装置及研究成果を陳列し参観に供せり。「電気的刺戟による魚卵の単為生殖」が人気を博す。
5月2日　午前9時より3時半まで名古屋市民一般へ公開，岡部文相も来学，余も説明の栄に浴す。
7月20日　文官一時恩給金（1280円50銭）を返納（日本銀行名古屋支店）

(東京帝大助手ヲ依願免職ノトキ受ケタルモノ)

10月2,3日　東京にて開催の第18回日本動物学会大会に出席。『魚類及円口類の未受精卵に於ける興奮―伝導勾配』に就て講演，3［−］4人の講演の座長を務む。

10月13日　比較生理学開講。

11月12月　講演要旨「魚類及円口類の未受精卵に於ける興奮―伝導勾配」は，動物学雑誌，第55巻（11-12号）365頁に発表。

11月10日　著書『魚類の発生生理』第1版発刊。A5判221頁　発行者　東京養賢堂

11月24日　名古屋帝国大学理学部に動物学第二講座増設。

12月8日　日本動物学会評議員ニ再選。

12月13日　名古屋帝国大学教授に任ぜらる。高等官五等　本俸九給俸下賜　内閣動物学第二講座担任を命ぜられる。

昭和19年 (1944)　　　　　　　　　　　　　　　　　　　39歳　満38才

1月12日　帝国学士院紀事へヤツメの未受精卵の興奮−伝導勾配に関する論文発表。

・On the excitation-conduction gradient in the unfertilized egg of the Lamprey, *Lampetra planeri. Proc. Imp. Acad.* (Tokyo), vol. 20, pp. 30–35.

1月中の日曜，9,16,23,30日，2月の日曜，6,13,20日，名古屋近郊味鋺にスナヤツメ採集。

2月27−28日　東京へ出張，西荻窪善福寺池畔にてスナヤツメを，新小岩にてタップミノー採集。

2月1−5日　生物学教室2階建1棟新築落成移転を完了。

3月11−12日　信州明科へ出張，スナヤツメの幼魚を採集。

4月27日　教室教職員学生一同と共に滋賀県坂田郡醒ヶ井村醒ヶ井養鱒場に遊ぶ。

4月　スナヤツメの卵の賦活生理を研究す。

4月28日−5月4日　祖母死亡（25日）の為に郷里に帰る。郷里富根村のメダカを採集。

5月8日　上京，学研79班「淡水魚稚魚飼育」の協議会に列席。

5月　・Physiological studies on fertilization and activation of fish eggs. I.

Response of the corti- cal layer of the eggs of *Oryzias latipes* to insemination and to artificial stimulation. Anno. Zool. Jap.（日本動物学彙報），vol. 22, no. 3, pp. 109-125.

・Physiological studies on fertilization and activation of fish eggs. II. The conduction of the "fertilization-wave" in the eggs of *Oryzias latipes*. 同上, vol. 22, no. 3, pp. 126-136を発表。

8月8日　『魚類の発生生理』が日本出版会の第13回推薦図書に選定さる。10日夜ラヂオ放送され，26日朝日新聞発表。

8月20−24日　三重県志摩郡菅島村名古屋帝大理学部附属臨海実験所に於て主として磯の稚魚を採集，ナベカの習性に関する小実験を行ふ。

4月−8月　メダカの受精及賦活を研究す。同時にメダカの卵に於けるイオンの拮抗作用を研究す。

9月9日　名古屋帝大学生課主催の日本文化講義の講師となり，理学部教職員並に学生に講演，演題『人工単為生殖』。

9月26−28日　上京，文理大に根来［健一郎］氏を尋ね，淡水産藻類（単細胞緑藻，ミヂンコの餌）の同定を依頼，東大動物学教室を訪問。

11月−12月　名古屋産バチの受精を研究し，発生を観察，数体節の幼生迄飼育に成功す。

昭和20年（1945）　　　　　　　　　　　　　　　　　　　40歳　満39才

3月6日　陞敍高等官四等　内閣

3月7−8日　B29大空襲

3月15日　敍　正六位　宮内省

3月10−11日　愛知県宝飯郡三谷町愛知県水産試験場及碧海郡明治村東端油ヶ淵漁業会を視察。

3月16−19日　公魚の卵研究の為，長野県諏訪郡諏訪市上諏訪，諏訪湖漁業会へ出張，六斗川畔の採卵場に於てワカサギの受精を研究す。

3月18−19日　B29大空襲

［3月］24−　主に千種区［に来襲］

3月25日　教室に宿直して，B29の大空襲を受く。無事。

3月　Activation of the unfertilized eggs of the fish and lamprey with synthetic washing agents. *Proc. Japan Acad.*, vol. 21, no. 3, pp. 197-203（実際は4年

後，昭和24年（1949）に発行さる。帝国学士院紀事は学士院紀事に改名）
4月19日　教室の重要図書及器械器具の一部を信州野尻の奥田組へ疎開す。研究用具其他を入れたる私用品2箱も疎開す。
4月24日　妻たま及長男時彦は郷里秋田県山本郡富根村に疎開することになり，中央線経由にて一緒に出発，長野駅にて分れる。余は上田小牧の水産試験場分場へ立寄る。26日帰名，これ以後孤影，自炊生活に入る。
◎5月14日　B29，400機名古屋空襲，生物学教室全焼す。
5月31日　本俸八級俸下賜　内閣
7月1日　余の担当する動物学第二講座は長野県北安曇郡平村海ノ口公会堂に疎開し「名古屋帝国大学理学部生物学教室木崎分場」の看板を掲ぐ。分室員は小生，石田寿老（助教授）氏，学生中埜栄三，技術雇菱田富雄。雇服部廸子は7月21日より来室。これより木崎湖及湖畔の生物の調査をなす。疎開中隣接する海口庵主輪湖元定氏は種々便宜を与へられたり。疎開中も教授会及講義の為数回名古屋へ帰る。
8月11－18日　墓参及妻子へ面会の為郷里へ帰る。
◎8月15日　終戦の詔書下り敗戦国となる。
9月18日　枕崎台風　最低中心気圧910ミリバール。
9月29日　松本生物学談話会第8回例会に出席，「受精波」と題して講演す。
10月11日　阿久根台風　最低中心気圧955ミリバール。
12月24日　木崎分室を解散し，名古屋へ引上ぐ。

昭和21年（1946）　　　　　　　　　　　　　　　　　　　41歳　満40才
1月　旧航空医学研究所の北側の建物の4分の3を「生物学教室」として借用し，教室再建の活動を始む。
1月21日　第1回理学部懇談会に於て「電流ニヨル魚類未受精卵ノ賦活」と題して講演す。
4月23日－5月4日　帰省，郷里ニ疎開中ノ妻子ト生活ヲ共ニス，父上ノ古稀ノ祝宴ニ列ス，途中新潟医大ニ立寄リ図書ヲ借リル。
5月19日　千種区本山町加藤氏方ニテ春ノ木崎会ヲ開キ，木崎疎開中ノ思ヒ出ヲ話ス。
6月10日　生物学教室談話会にて「バチの受精及発生と塩分との関係」に関して講演。

6月18日－7月9日　名古屋教育講習所主催長期講習会に於て4回に亘り講演す。場所名大理学部三号館　第1回6月18日「受精」，第2回「人工単為生殖」，第3回「発生」，第4回「再生と調節」

5月－8月　メダカを材料として「受精及賦活に於けるカルシューム因子」に関して研究すると同時に「メダカの側線系と其機能」に関する研究を行ふ。

7月1日　22号俸下賜　名古屋帝国大学

8月5日　長野県佐久郡中込町へ出発，7日野沢国民学校講堂にて開催の第1回佐久夏期大学の第3日目に「受精と人工単為生殖」と題して講演す。主催　佐久文化会，聴講者約200名，7日午後野沢町　長野県諏訪水産指導所佐久支場を参観し，鯉の養殖状況を見学。8日帰名す。滞在中の宿舎は三ッ谷部落三ッ谷鉱泉。

8月17日－9月3日　郷里秋田県富根村へ帰省，墓参，疎開中の妻子，父母，弟夫婦と生活を共にす。魚類の採集をなす。9月1日親和会に於て談話す。

9月17日　東大名誉教授柿内三郎博士の来訪を受け，研究の話をなし，学問的快談をなす。

9月30日　新卒業生中埜栄三君を助手に採用す。

10月25日　信州佐久文化会発行の雑誌　高原文化，第3号，10頁へ石田寿老，中埜栄三両氏と共著にて「龍燈の本体に就て」を発表す。

11月　名古屋産のバチの卵に就て受精と賦活を刺戟生理学的に研究。

昭和22年（1947）　　　　　　　　　　　　　　　　　　　42歳　満41才

1月　「合成洗滌剤によるメダカ及ヤツメの未受精卵の賦活」を，動物学雑誌，第57巻，第1・2号，1-5頁に発表。

1月　「メダカの側線系とその機能（講演要旨）」を，動物学雑誌，第57巻，第1・2号，13頁に発表。

2月　スナヤツメの卵を研究。

3月30日－4月10日　帰省，妻子と会ふ。

3月20日　高原文化，第4号に昨夏信州の夏季［ママ］大学講義の草案「受精と人工単為生殖」掲載さる。

4月　「汽水産多毛類バチの受精及発生の最適塩分」を，生理生態，第1巻，

第2号，25-34頁に発表。

5月6日　六鱗園（増田冬輔方）に於て金魚（ヂキン）の卵の研究を行ふ。

5月10日　弥富前ヶ須佐藤方にて金魚の卵の研究をなす。

5月20日　教室員と共に三河三谷沖の大島にてナメクジウオの採集を行ふ。

6月18日　上京，谷津先生を見舞ふ。

6月19，20日　東大図書館にて戦時中の米国科学雑誌を閲覧。

6月22日　東大動物学講義堂にて開催の日本動物学会6月例会にて「スナヤツメの受精及賦活の生理」について講演す。

7月1日　木崎分室3年記念として木崎小展を教室に開く。

7，8月　メダカの卵の賦活に於けるカルシウムの役割を研究，蔵六庵の秘伝書を書写す。

8月19日－9月5日　帰郷，妻子と生活を共にす，淡水魚採集，時彦の助力を得たり。

9月15日　キャスリン台風，最低中心気圧960ミリバール。

10月1日　谷津直秀先生逝去，但し通知は告別式の当日（7日）到着の為上京出来ず。

10月13日　教室にて開催の生物学懇話会に谷津先生追悼展覧会を催し，先生に関する記念品を陳列して学生に供覧す。

10月26日　京都帝大理学部動物学教室で開催の日本動物学会西部特別例会に出席し，「金魚及公魚の卵の受精並に賦活に伴う表層変化」について講演す。

10月27日　メダカの遺伝学者會田龍雄氏を訪問，初対面である。体の短縮したメダカの変種を戴く。

10月　帝国大学は国立総合大学となり，名古屋大学となる。

10月　「スナヤツメの卵の受精及賦活の生理」動物学雑誌，第57巻，10号，164-166（谷津先生記念号）

11月10－16日　菅島の臨海実験所へ出張，中期の臨海実習の指導並に科学教育研究室員の指導を行ふ。

12月25日　医学部図書館講堂に於て，朝日新聞社主催，名古屋中等学生文化同好会の冬期講習会の為に「動物の器官の進化」に関して講演。

12月28日－1月13日迄　帰省。

昭和23年（1948年）　　　　　　　　　　　　　　　　　　　　　　43歳　満42才

2月13日　刈谷中学に於て開催の西三（西三河）生物研究会に於て「動物生理実験要領」について講演。

5月1日　自然研究，第2巻，4・5号，1–3頁に「魚の感覚生理」を書く。

5月　「金魚及公魚の卵の受精並びに賦活に伴う表層変化」（講演要旨）動物学雑誌，58巻，65頁。

6月1日　科学圏，第3巻6号，14–18頁に「受精の機構」を書く。

6月－8月　メダカ卵の受精及賦活の際に於ける表層胞潰崩の機構を研究す。

9月16日　アイオン台風，最低中心気圧940ミリバール。

9月25日　名古屋大学理学部生物学教室に於て開催の日本動物学会中部支部発会並に第1回例会に「魚卵の受精及賦活に於けるカルシウムの役割」に就て講演。

10月1－2日　札幌にて開催の日本動物学会第19回大会に出席し「魚卵の受精及賦活に於ける表層胞潰崩の機構」に就て講演。

10月3日　低温研究所に於て魚卵研究者達に招かれ座談会に出席，講演をなす。集る者10名。

10月4－17日　郷里富根に滞在，其間，荷上場の梅林寺に故老僧の霊をとむらひ，遺品の貝類標本の一部を戴く。

10月11日　富根主催，小学校にて開催の講演会にて「人間の形成」について話す。

11月10日　愛知県宝飯郡三谷の水産高等学校にて「魚類の受精の諸問題」について講演。

11月19日　佐藤［忠雄］教授と共に宮城に参内，生物学御研究所を拝観，同所にて天皇陛下に謁見，江川師蒐集の貝類標本，並に小著『魚類の発生生理』を献上せしに対し，生物学者としての御立場から約1時間に亘り淡水魚の受精及発生に関して御質問があった。

昭和24年（1949）　　　　　　　　　　　　　　　　　　　　　　　44歳　満43才

3月30日　Physiological studies on fertilization and activation of fish eggs. III. The activation of the unfertilized egg with electric current. *Cytologia*, vol. 14, nos 3–4, pp. 219–225

5月　日本学[術]会議，動物研究連絡委員となる。

6月　「魚卵の受精及賦活に於ける表層胞潰崩の機構」（講演要旨），動物学雑誌，58巻，6号，105頁

7月2日　「スナヤツメの卵割と浸透圧」について，日本動物学会中部支部第5回例会（名大理学部生物学教室）に於て講演。

8月30日　Physiological studies on fertilization and activation of fish eggs. IV. Fertilization and activation in narcotized eggs. Cytologia, vol.15, nos 1–2, pp. 1–7

8月27日－9月11日　帰省。

9月3日　青森県西津軽郡深浦の定時制高校に於て「動物の発生と調節」について講演。

9月6日　山本郡荷上場中学校に於て「遺伝と発生」について講演。

9月23日　金沢市第四高等学校に於て開催の第6回日本動物学会中部支部例会に於て「魚類の未受精卵に対するリポイド溶剤の作用」について講演，片山津温泉に一泊し，同地のメダカを採集。

○9月20日　『動物生理の実験』，A5判212頁を河出書房（東京）より出版。

10月15－16日　東京大学理学部2号館に於て開催の日本動物学会第20回大会に出席し，「魚類未受精卵の光力学的賦活」について講演。

10月17日　東京大学理学部2号館に於て開催の日本動物学会主催「受精」の総合討論会に於て「魚卵の表層変化」について講演。

○10月15日　「魚卵の受精機構」，実験形態学，第5輯，124-125頁を発表。

11月5日　名古屋大学祭の公開講演を鶴舞町医学部図書館講堂に於て行ふ。演題「受精の機構」。

12月3日　静岡大学文理学部に開催の第7回日本動物学会中部支部例会に出席。

昭和25年（1950）　　　　　　　　　　　　　　　　　　　45歳　満44才

1月15日　東海愛錦会　名誉顧問

2－3月　「魚類未受精卵の光力学的賦活」動[物学]雑[誌],59巻，2・3号，19-20頁（講演要旨）

4月　松本にて開催の日本動物学会中部支部例会に出席し，浅間温泉琵琶

第 3 章　山本時男備忘録と蓑虫山人

の湯に一泊，翌日大糸南線の客となり，木崎湖の春を満喫し，海ノ口に至り「車屋」の人々に会ひ，海口庵に至り，故輪湖元定師の霊に礼拝す。

6月　富山大学にて開催の日本動物学会中部支部例会に出席の為富山に至り，「メダカの未受精卵に対するリポイド溶剤の作用」を講演。滑川町公民館に於て「魚類の性」について講演。

9月17日　金魚文化連合会名誉顧問となる。

10月7, 8, 9日　名古屋大学医学部図書館に於て第21回日本動物学会大会開催，大会第1日（7日），「魚卵の受精賦活に関する研究」に対して終戦後最初にして新制度による日本動物学会賞を授賞された。午後1時，大会場に於て受賞者講演をなし，同日午後2時から名古屋市社会教育課，中部日本新聞共催，日本動物学会中部支部後援の中日会館に於ける受賞記念講演会（公開）を行う。第3日午後5時より長良川鵜飼見学の為主催地側を代表して岐阜に至り，岡田（要）会頭以下約40名と共に鵜飼の見学をなし，十八楼に1泊す。

10月27, 28日　名古屋にて開催の第5回国民体育大会に天皇皇后幸行，八事八勝館にご宿泊，28日午後7時侍従の内意により，佐藤［忠雄］教授と共に名古屋特産の金魚「六鱗」を持参して天覧に供し，御説明申上，約1時間に亘り生物学に関して御話しすることが出来た。侍従を通して御紋章入りの煙草とラクガンを賜る。

11月　日本動物学会評議員再選。

昭和26年（1951）　　　　　　　　　　　　　　　　　　　46歳　満45才

3月　高嶺教授（植物）引退。

4月1日　十二級四号給与

5月　日本学術会議動物学研究連絡委員となる。（再）

4月　Action of lipoid solvents on the unfertilized eggs of the medaka (*Oryzias latipes*). *Anno. Zool. Jap.*, vol. 24, pp. 74–82（日本動物学彙報）発表。

7月　日本遺伝学会入会。

9月18日　父時宜（俳号　野石）死亡，行年75。

10月10－14日　広島に出張。

10月11日　広島にて開催の日本動物学会第22回大会に於て，鈴木はじめとの共同研究「女性ホルモンによるメダカの泌尿生殖突起の発現」を講

第Ⅲ部　博物館の企画展の記録

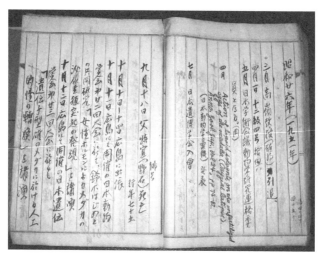

図3　1951年10月，人工的性転換を初めて学会発表したことを記録する，記念すべきページ。

演。
10月12日　広島にて開催の日本遺伝学会第23回大会に於て「遺伝子型雄のメダカに於ける人工的性の転換」を講演。
10月13日　広島にて開催の実験形態学会主催「性の総合討論会」に於て「メダカに於ける人工的性の転換」を講演，宮島参拝。
10月14日　尾道，鞆の浦見学。
10月［中旬］　実験形態学，第7輯，61に「魚卵の表層変化」を発表。
10月25日　會田龍雄翁を訪問（2回目），メダカの性に関する意見を聞く。
11月3－7日　亡父忌明の為帰省，帰途小田原より箱根見物。
11月23日　京都大学医学部病理学会に於て開催の第4回細胞化学会に出席し，「受精の機構」に関して講演。
12月8日　日本遺伝学会名古屋談話会第30回例会に於て「魚類の性と性の転換」について講演。
12月22日　中部日本放送（CBC）より「性の転換」を放送。
　「遺伝子型雄のメダカに於ける人工的性の転換」（講演要旨）遺伝学雑誌，26巻，245頁

昭和27年（1952）　　　　　　　　　　　　　　　　47歳　満46才

1月　Osmotic pressure and cleauage in the egg of the brook lamprey, *Lampetra reissneri. Annot. Zool. Japan.*, 25, 1-7.

3月26日　郷里に疎開中の家族，名古屋に引上。時彦旭丘高校入学（4月5日）。

4月1日　生物学教室主任となる。
「受精の機構」（講演要旨）実験生物学報，2巻，39-40頁。

4月6日　徳島大学医学部解剖学教室にて開催の日本解剖学会第57回総会に招かれ特別講演「受精の機構」を講演，7日徳大学芸学部生物学教室の人々と鳴門観潮，8日琴平の金刀比羅宮参拝，9日岡山大学訪問。

［4月？］　山本時男，鈴木はじめ「女性ホルモンによるメダカの泌尿生殖突起の発現」動物学雑誌，61巻，59頁。

○5月10日　「魚類の受精機構並に性の転換に関する研究」に対して第5回中日文化賞を受賞。［本項目が墨書の最後］

5月25日　三重県津市三重大学医学部附属病院講堂にて開催の日本血液学会東海地方会第2回総会に招かれて特別講演「受精の機構」を行う。

7月21日　根ノ上高原林間学校（中部日本新聞及中津川市主催）の校長を依嘱され，7月21-23日，8月2-4日，8月24-25日の3回根ノ上高原におもむく。

9月　「メダカの性の転換」，遺伝，6巻（9号），22-27頁。

10月3-5日　仙台市東北大学に於て開催の第23回日本動物学会大会に出席し一般講演（4日「メダカ卵の賦活過程に於ける脂肪酸の刺戟及抑制作用」を講演，又5日開催の動物生理学綜合討論会に於て「細胞の生理　2．卵細胞」について講演。6日平泉，厳美渓見学。

10月8-9日　新潟大学に於て開催の日本遺伝学会第24回大会に出席し，8日，「人工的に性を転換させたメダカのF_1について」発表。

11月10日　慶応義塾大学医学部北里図書館講堂にて開催の第2回日本生理科学連合全国大会に於て日本動物学会推薦により「受精液説」を講演す。

11月15日　「バチ（*Tylorrhynchus heterochaetus*）の受精及び人工的賦活に於ける表層変化特に表層粒について（予報）」，実験生物学報，第2巻，2号，193-195頁。

11月29日　名古屋中日会館に於て中部日本自然科学教室主催の自然科学講演と映画会にて「魚の性の分化と性の転換」について講演。

12月9-12日　鹿児島大学水産学部に於て「魚卵の発生生理」について講義す。

　　11日　城山公園にて陸産貝を採集。

　　13日　指宿海岸に於て貝殻の採集をなす。

12月　「人工的に性を転換させたメダカの F_1 について」（講演要旨），遺伝学雑誌，27巻，218頁。

昭和28年（1953）　　　　　　　　　　　　　　　　　　　　48歳　満47才

○4月　文部教官名古屋大学教授（理学部）にあわせて大学院理学研究科生物学専攻課程担当を命ぜられる。

4月　「メダカ卵の賦活過程に対する脂肪酸の刺激及抑制作用（講演要旨）」，動物学雑誌，62巻，155頁。

6月27日　第21回日本動物学会中部支部例会に於て「メダカの人工的な性の転換に関する其後の研究」を講演。

8月　Artificially induced sex-reversal in genotypic males of the medaka (*Oryzias latipes*).（米国）*Jour. Exp. Zool.*, 123 (no. 3): 571-594発表。

10月　「人為的性転換メダカの子孫，特に YY 雄について」（講演要旨），遺伝学雑誌，28巻（4号），191頁。

11月2日　第24回日本動物学会大会（京都）に於て「メダカ卵の受精賦活過程における2価の鉄イオンの役割」を講演。

11月2日　同大会にて菱田富雄・富田英夫と共同にて「メダカの体色変種におけるメラニン形成」を講演。

11月4日　京都の會田龍雄氏に敬意を表し写真をとる。（3度目[の訪問]）

11月5日　三重県津市三重県立大学にて開催の日本水産学会秋季大会にて特別講演「魚卵の受精生理」を話す。

11月8日　静岡県三島市国立遺伝学研究所に於て開催の第25回日本遺伝学会大会に於て「人為的性転換メダカの子孫，特に YY 雄について」を講演。

11月16-18日　富山大学に非常勤講師を依頼され「実験形態学」1単位を講ず。堀令司君の案内にて18日黒部の宇奈月温泉（河内屋）に一泊。

11月20日　金沢大学理学部にて特別講義「魚類の性の分化と性の転換」を講ず。

昭和29年（1954）　　　　　　　　　　　　　　　　　　　　49歳　満48才

3月23日　午後6時45分－7時，NHK第二放送（全国）「やさしい科学」に「メダカの雌雄」を放送。

4月3日　日本植物学会中部支部，愛知県高校生物研究会，中日共催の生物学術講演会に「実験材料としてのメダカの話」を講演。

［4月？］Physiological studies on fertilization and activation of fish eggs V. The role of calcium ions in activation of *Oryzias* eggs. *Exptl. Cell. Res.*, 6: 56-68.

4月　「メダカ卵の受精，賦活過程における2価の鉄イオンの役割」（講演要旨），動物学雑誌，63巻（3・4号），161頁。山本時男・菱田富雄・富田英夫「メダカの体色変種におけるメラニン形成」（講演要旨）動物学雑誌，63巻（3・4号），169頁。

9月　動物学雑誌63巻8-9号「本邦動物学75年」に「卵の問題」340-341.

10月15－17　東京で開催の日本動物学会第25大会に出席し，「遺伝子型雄のメダカにおける機能的性転換の人為的誘導」を講演，動物学雑誌，63巻，416頁。

10月28－10月30日　京都で開催の日本遺伝学会第26回大会に出席し「遺伝子型雄のメダカの機能的性転換の続報，特に2世代に亘る性転換」，遺伝学雑誌，29巻，181頁を発表。

11月5日　名古屋菊里高校で開催の第9回日本生物教育会大会で「性の分化と性の転換」の講演をなす。

［11月？］「キンギョ及ワカサギの卵の受精並に賦活に伴う表層変化」，魚類学雑誌，第3巻，162-170頁。

11月　「遺伝子型雄のメダカ（*Oryzias latepes*）における機能的性の転換」，実験形態学誌，第8輯，59-65頁。

昭和30年（1955）　　　　　　　　　　　　　　　　　　　　50歳　満49才

1月18－22日　京都大学理学部で5日間に亘る特別講義「受精生理学」を構ず。22日夕，近畿実験形態学会で「魚類の性の分化と性の転換」を講演。

1月23日　京都の會田龍雄先生（85歳）を見舞う（［訪問］4度目）。先生の意向により，先生のメダカの系統を名古屋で保存することを約す。

2月14－17日　九州大学農学部で「魚類の発生生理」の講義を行う。

2月　Yamamoto, T. and Suzuki, H. The manifestation of the urinogenital papillae of the medaka (*Oryzias latipes*) by sex-hormons. *Embryologia*, 2: 133–144.

4月1日　京都の會田龍雄先生の意志によって，同氏のメダカの系統（♀♂ともXX型の系統，色素形成抑制因子を有する系統）を名古屋に持参し，品種を保存することになる。（［訪問］5度）

5月　Progeny of artificially induced sex-reversal of male genotype (XY) in the medaka (*Oryzias latepes*) with special reference to YY-male. *Genetics*, （米国）vol. 40: 406–419発表。

8月　「性の分化と性の転換」，生物研究，第2巻，1号，4-5頁。

10月18日　岡山で開催の第27回日本遺伝学会大会で「遺伝子型雄（XY）のメダカの1世代と2世代に亘る人為的な性転換魚の子孫」を講演。講演要旨，遺伝学雑誌，30巻，（4号）192頁（Progeny of sex-reversals of the male genotype (XY) of the medaka (*Oryzias latipes*), artificially induced in one and two consecutive generations）

10月21日　福岡で開催の第26回日本動物学会大会で「遺伝子型雌（XX）のメダカの機能的性転換の続報，特に性転換魚の子孫」を講演，要旨は，動物学雑誌（1956），65巻，176頁。

昭和31年（1956）　　　　　　　　　　　　　　　　　　　51歳　満50才

1月15日　會田龍雄先生の要望により上洛（6度目），外国雑誌の処分方の依頼を受け又別刷の寄贈をうく。

・Chloretone as a parthenogenetic agent in sea-urchin eggs. *Embryologia*, 3: 81–87.

6月　文部省より交付の「メダカの遺伝的変種の系統保存費」により，屋外飼育場なる。「メダカの遺伝の父會田龍雄先生」を遺伝，10巻，7号，41-44頁に書く。

・The physiology of fertilization in the medaka (*Oryzias latepes*). *Exptl. Cell. Res.*, 10: 387–393.

8月26日　英 Edinburgh 大学 C. H. Waddington 教授［来訪］

9月6－12日　東京，京都で国際遺伝学シンポジウム開催。メダカの実験多忙の為に出席を断念。

「遺伝子型雌（XX）のメダカの機能的性転換の続報，特に性転換魚の子孫」動物学雑誌，65巻，176頁［前出］

9月13日　Canada の McGill 大学 Boys 教授来訪。

9月14日　米 Iowa 大学 E. Witschi 教授来訪，2時［間］半に亘り性分化の問題を討論。

9月16日　京都帰りの16名の遺伝学者来訪。

9月17日　独 Max Planck 研究所長 H. Nachtsheim 博士，米 California 大学 C. Stern 教授来訪。

10月5日　富山着。午後，氷見市で開催の日本遺伝学会公開講演を行う。「魚から人間になるまで」。朝日貝塚見学。

10月6日　午前，高岡市高陵中学，午後，新港町で公開講演。演題同右［同上］。

10月6－7日　日本遺伝学会第28回大会（富山）に出席。

10月9－12日　日本動物学会第27回大会に出席。12日の分科討論会「生理学」の部で「魚卵の受精生理の諸問題」を講演。

昭和32年（1957）　　　　　　　　　　　　　　　　　52歳　満51才

4月27日　「遺伝子型メスのメダカに於ける性分化の転換（第3報）」，日本動物学会中部支部例会（名大，理，生）。

4月28日　CBC テレビ（JOAR-TV）11:30–11:50「メダカの性分化の転換」に出演。

6月29日　NHK より菱田富雄君と共に「メダカの色素形成」を放送。

7月29日　日本遺伝学会三島談話会第61回例会（三島市国立遺伝研究所）で「メダカの性分化の人為的転換と性転換魚の子孫」を講演。

8月25日　札幌に出発，27日着，同日開催の内田享教授還暦祝賀会（産業会館）に出席。

8月　Estrone-induced intersex of genetic male in the medaka, *Oryzias latipes*. *Jour. Fac. Sci., Hokkaido Univ.*, Sec. VI, Zool., 13: 440–444. (Prof. T. Uchida Jubilee vol.)

8月29－31日　日本動物学会第28回大会（札幌）に出席し，29日「メダカの性分化に要するメチル・テストステロンの閾値及適量準位」を講演。

◎9月3－5日　日本遺伝学会第29回大会（札幌）に出席し，4日「メダカの性分化の人為的転換」に対して「日本遺伝学会賞」授賞さる。受賞講演要旨は，遺伝学雑誌，32巻，333-346頁に発表。

9月6日　牧野佐二郎教授の特別案内で，車で昭和新山を見学，同行者は田中義麿先生夫妻，篠遠喜人博士夫妻，和田文吾教授及び宮山平八郎氏。

9月7日　細胞化学会に出席。

9月8日　札幌発郷里に向ひ，9日生家で休養。

9月10日　秋田市に向い，同夕，大正12年卒の秋中（現秋高）のクラス会にのぞみ，30年振りで同級生と旧交を温む。

9月11日　午後，秋田高校で講演。

9月21日　岡山大学の竹内哲郎君来訪。メダカの d-rr 系 ♀♀♂♂，及び f^2d-r' ♀♀ R ♂♂を分譲。

10月20日　愛知県医師会館で開催の愛知県産婦人科医会10周年記念行事の一つとして「性の転換は出来るか？」を講演。昭和33年（1958）以降の備忘録は別冊にあり。

昭和33年（1958）　　　　　　　　　　　　　　　　　　　　　52才

1月　メダカの性分化の転換に要するメチル・テストステロンの閾値及び適量準位（昨年の札幌大会の要旨），動・雑［動物学雑誌］，67，27頁。

3月　Artificial induction of functional sex-reversal in genotypic females of the medaka (*Oryzias latipes*). J. Exp. Zool. （米），137: 227-264.

4月15日　義宮（現常陸宮）御訪，メダカの体色変化におけるメラニン形成及メダカの性分化の人為的転換を実物で説明。

4月28日　NHK テレビ　みんなの科学で「メダカ生態」に出演。

5月30日　パリの Collège de France の Devillers 教授に d-RR 系（純粋な緋メダカ）卵約300粒を空送。

6月2日　大阪市大朝山研究室（丹羽はじめ）に d-rR 系メダカを分譲。

9月　Progenies of induced sex-reversal females with sex-reversal males in the medaka, *Oryzias latipes*. Proc. Xth Intern. Cong. Genetics (Canada), 2: 325.

魚卵の受精生理（団・山田編：発生生理の研究に分担執筆）東京　培風

館。

10月10日　Mrs. Miriam L. Mayland［時男の英語論文の校閲に携わる］帰米。横浜まで見送る。

10月16－18日　日本遺伝学会第30回大会を名古屋で開催。委員長：島村環。18日，浩養園での懇親会を司会す。

10月20日　松山に出発。

10月23－25日　松山の愛媛大学で開催の日本動物学会第29回大会に出席し，「遺伝的オスのメダカの性分化転換におけるエストロンの用量水準と転換率」を講演。道後温泉に泊り，子規堂を参観す。

10月26－27日　高松に一泊し，琴比羅宮に参拝す。

12月28－31日　信州明科の水産指導所に出張し，ニジマス卵と精子の研究。

昭和34年（1959）　　　　　　　　　　　　　　　　　　　　　　　　53才

1月12－14日　東京都立大学で集中講義「性因子と性分化」。

1月　遺伝的オスのメダカの性分化転換におけるエストロンの用量水準と転換率，動物学雑誌，68, 58頁。

2月4－6日　九州大学水産学部で集中講義「水族蓄殖学」。

3月3日　午後4:45生物学教室（7号館）佐藤研究室から出火し，2階1室と天井を焼く。

3月8日　8:05-8:30　NHK科学談話室で「メダカ談義」を放送。

4月26日　日本動物学会中部支部大会（名大，理，生）で「メダカの性分化転換に必要な異性ホルモンの最小総量」を講演。

4月18日　大阪市大朝山研究室「丹羽はじめ」にd-rR系メダカ35尾を分譲。

5月11日　岡山大学の竹内哲郎君の紹介で学生近藤博之来訪，d-rr系白メダカの♀5，♂♂3を分譲。

6月15日　11:15-35　NHKテレビで「メダカの研究室」に出演。

6月　The effect of estrogene dosage level upon percentage of sex-reversals in genetic male (XY) of the medaka (*Oryzias latipes*). *J. Exp. Zool.*, 141: 133-154.

7月　三島の国立遺伝学研究所　竹中要博士へd-RR系メダカ卵を分譲。

7月17日　名古屋市立幅下小学校（西区堀詰3-12）へd-RR系メダカ93尾を分譲。

7月18日　名古屋市立西陵高校（西区児玉町）木村勇氏へ緋メダカ（弥富）

80尾分譲。

8月7日　再建名古屋城に金鯱据え付けらる。

9月26日　伊勢湾台風，最低中心気圧895ミリバール，最大風速40メーター，5,000人の死者を出す。

9月30日　NHKテレビのドラマ「こゝに人あり」の番組で山田万亀作「メダカ先生」放送さる。主演者は民芸座の庄司永建氏。

10月　A further study on induction of functional sex-reversal in genotypic males of the medaka (*Oryzias latipes*) and progenies of sex-reversals. *Genetics*, 44: 739–757.

10月30日－11月1日　日本動物学会第30回大会「東京」に出席し，「メダカの遺伝的オス（XY）の性転換魚の子孫，特にYRYr雄の生存能力」を講演。

11月4－6日　日本遺伝学会第31大会（大阪）に出席し，「メダカの性転換同志の子孫，特に性転換メスにおけるXとYの交叉」を講演。（要旨）：遺伝学雑誌，34(9)，316頁。

11月7日　日本遺伝学会主催の神戸公開講演で「性別の制御」を講演，会場は朝日新聞ホール。備考：昭和34年（1959）農薬普及して以来，淡水生物相減少又は全滅。

昭和35年（1960）（90日世界一周の旅）　　　　　　　　　　　54才

1月　メダカの遺伝的オス（XY）の性転換魚の子孫，特にYRYrオスの生存能力，動物学雑誌，69，33頁。

1月13日　熱海市緑ヶ丘百花園新かど旅館で開催の木原均博士を主班とする総合研究「遺伝子の発現機構」の研究連絡会に出席し，研究成果を発表し討議す。

1月18日　文部省B項による在外研究員として3ヶ月に亘る第一次外遊の途につく。世界一周の予定。日本航空（JAL）600便でTokyo（Haneda）空港22:30発，Honolulu 14:45着。JALのサービスでタクシーに分乗し，ハワイOahu島全島を観光，夕にはWaikiki海岸のホテルに休息し，Lion headの岬を眺め，海水浴場を観賞。庭の中央にある大木の下でハワイ人のギターを聴き，フラダンスを見る。Honoluluを20:15発，桑港［サン・フランシスコ］に向う。

1月19日　6:00 San Francisco 着。アメリカ大陸の土をふむ。加州［カリフォルニア］大学 Berkeley に滞在中の徳永千代子女史の配慮によって，京大植物の野崎氏又は岡田氏の出迎えを受く。Bay Bridge を走り，San Francisco 湾の向うの Berkeley の加州大学に至る。構内にある International House の guest room に宿る。常春の国で木々は繁り，花咲き鳥うたう。ユーカリの木が印象的である。午後，世界的遺伝学者 C. Stern 教授を訪問。夕：Stern 教授夫妻の招待により，私宅で饗応をうく。日本びいきで数々の日本の物品があり，また黒いペルシャ猫を飼っていた。

1月20日　構内を散策し，Biological Sciences の建物中で，C. Stern, R. Eakin, Magia 各教授の外にオランダの Utrecht から遊学中の Dr. Burger に会見す。

1月21日　長沢氏の車で San Francisco 空港に向ひ，United Air Lines（UA）590便で12:30 Los Angeles に向う。14:11 Los Angeles 着。名大環研の豊島教授，比日野内科の長屋昭夫氏の出迎えをうく。市の南にある Marineland of the Pacific 参観。所長 Norris 博士。（Redondo beach と San Pedro の間にあり）水族館の前庭の人工池にトキ色の Flamingo 多数。水族館の主体は巨大な円筒型のガラス水槽で1・2・3階からも八方から見られ，屋上では Sea Circus をやり，イルカの曲芸がある。巨大な Gulf grouper［ハタ科魚類］，鮫，など…。周辺には小水族室があり，Gar (*Lepidosteus*), Bowfin (*Amia*), Electric eel, African lungfish, Sea horse (*Hippocampus*) "None of the other fathers have to do this" の説明文あり。夜は豊島，長尾さんと日本人街の日本レストランで日本食。ペギー葉山の「南国土佐」（ヨサコイ節），島倉千代子の「思いで日記」を聴き，懐郷の念がおこる。この夜は豊島さんのアパートに1泊。

1月22日　長尾君の作った豆腐入り味噌汁の朝食。Alexander Hotel (5th & Spring Str., Los Angeles)（Tel. MA6-7484）に移る。University of California Los Angeles（UCLA）を訪問。広大な Campus でヤシが繁り，ユーカリがそびえている。最初に Medical Center, Department of Biophysics に platyfish［カダヤシの仲間］の遺伝学者 Bellamy の研究室を訪問。Bellamy は風邪のため会えず，秘書兼 Technician の Queal 女史に会う。魚の遺伝は中止した由（Laborous で Expensive であるため）。構内で北

大植物の倉林氏に会い，植物学教室に至って話し合う。動物学教室は Life Science Bld. にあり。夜 Pasadena に近い Modena に在住の旧友古賀豊城（元名大教授）氏来訪。

1月23日　Mohave Desert.

1月24－27日　Pasadena の CALTECH（California Institute of Technology）の Athenaeum（Faculty Club）の客となり，26日 Artificial control of sex differentiation in fish の題で Seminar. Horowitz, A. Tyler, Sturtevant, Lewis.

1月28日－2月18日　La Jolla: Scripps Institution of Oceanography, C. L. Hubbs 博士。

2月19－20日　再び Los Angeles。

19日　比々内［名大医学部日比野進内科］の木村喜代次氏到着。20日，同氏歓迎の意味もかねて，豊島，長尾氏が Driver となり，Los 市南方を Drive. 帰途の Highway で交通事故。豊島教授脚に怪我。

2月21－24日　American Airlines で Chicago. University of Chicago, D. Price 女史。

2月25－27日　Baltimore: Department of Embryology, Carnegie Institution of Washington（Dr. J. D. Ebert, M. E. Rawles 女史，*Opossum* の性分化研究者の Prof. Burns は Florida に採集中で留守。Johns Hopkins Univ., Dept. of Biol. の名誉教授，Prof. Markart.

2月28－29日　Carlisle に Mrs. M. L. Mayland 女史に会う。

3月1－7日　ニューヨークに滞在。3日大雪。Columbia University（Dr. Barth, Dr. Dunn, Dr. Gorbman), Dr. Ryan, American Museum of Natural History (Kallman), Gordon's Genetics Lab., New York Aquarium, Dr. Nigrelli.

3月8－11日　New Haven: Yale University, Osborn Zoological Laboratory (Dr. Nicholas, Dr. Poulson), Willerd Gibbs, Researd Laboratory (Dr. Boell, Huber), Bingham Oceanographic Laboratory (Merriman, Pickford).

3月12－15日　Boston; Cambridge. 13日, Woods Hole Marine Biological Laboratory Harvard University; Biological Laboratories (Prof. C. Williams, Prof. Wald), Chemical laboratories (Prof. Fieser), Art Museum of Boston.

3月16日　PAA で Boston 発，London に向う。

3月17－22日　ロンドンに滞在。Britsish Museum of Natural History (National

History Museum), British Museum, Cambridge University (Prof. Wigglesworth).

3月23－29日　パリ。Faculté Sciences, Laboratoire d'Embryologie, Prof. L. Gallion; Collège de France (Sorbonne), Prof. Devillers, Thomopoulos; Laboratoire d'Embryologie expérimentale, Prof. E. Wolff; Laboratoire de Biologie annimale, SPCN, Faculté de Sciences de Paris, Cetre de Orsay (Seine et Qise), Prof. Th. Lender; Laboratoire Genetique evolutif et Biometrie, Gif sur Yvette (Seine et Qise), Madame Charniaux-Cotton; Laboratoire de Anatomia comparèe, Université de Paris, Prof. Millot & J. Anthony; Laboratoire de physiology, Prof. Fontaine and Mlle Callamand; Musee Louvre; Monmartre, Sacre Couer; Cité Universitaire, Laboratoire de Physiologie comparèe, Prof. A. Jost; Laboratoire de Biologie animale, Mlle Prof. G. Cousin（コオロギの学者）。

3月30－31日　ローマ。

4月1－4日　ナポリ。P. Dohn, Oppenheimer女史。Stazione Zoologica, Napoli大学，Istituto di genetica, Montalenti Chieffi.

4月5－6日　パレルモ（Palermo）。Instituto di Zoologia, Universita de Paleromoで講演。

4月7－9日　ナポリ。8日, Stazione Zoologica［で］講演。9日, Pompei見学。

4月10－12日　ローマ。Cittá Universitaria ローマ大学, Laboratorio di Anatomia Comparata, Prof. Stefanelli; Laboratoria Zoologia, Prof. Pasquini. Vatican見学，Sistene ChapelでMichelangeloの天井壁画などを見る。

4月13－15日　イスタンブール。Zoologici Enstitüsü, Prof. Erman, Öktay女史，Öztan女史，Prof. C. Kossiwig（集中講義のため当市滞在中）。モスク見学。Bazar見学。Prof. Hossiwigに招待されトルコの焼酒Raki(i-u)を飲む。

4月16日　イスタンブール発。

4月17日　東京着，18日休養。

4月19日　名古屋。

5月1日　旧制弘前高校40年式典に招ばれ，"性因子と性分化"の記念講演。

10月16-18日　日本動物学会第31回大会（兵庫県西宮市上ヶ原関西学院大学）に出席。"メダカの人為的性転換の恒常性"を講演。

10月30日-11月1日　日本遺伝学会第32回大会（福岡，九州大学）に出席。"メダカのYY雄の性分化の人為的性転換"を講演。要旨：遺伝学雑誌, 35, 295頁。

12月26-27日　岐阜大学で特別講義"性分化の発生生理"。

昭和36年（1961）　　　　　　　　　　　　　　　　　　　　　　　55才

1月7日　コロンビア大学教授 Aubry Gorbman 教授来名。

1月29日　島村環教授の還暦祝賀会。

2月6-8日　九州大学水産学教室で"水族蕃殖学"の集中講義。

3月　Progenies of sex-reversal females mated with sex-reversal males in the medaka, Oryzias latipes. J. Exp. Zool., 146: 163-180, 発表。

3月5日　International Review of Cytology から依頼の"Physiology of fertilization in fishes"脱稿。［1961年出版］Physiology of fertilization in fish eggs. Intern. Rev. Cytol., 12: 361-405, Academic Press Inc., New York.

3月9日　米国ワシントン市カーネギー研究所長 C. P. Haskins より依頼のメダカを東京の輸出業者に託す。

3月16日　7号館から理学部本館（A館）に引越す。

3月20日　島村教授の送別会（一粒荘）。

○4月1日　島村教授　横浜市立大学教授に発命。

4月15日　伊パレルモ大学 Albert Monroy 教授来名。

4月19日　カナダ Vancouver 大学 Hoar 教授，Alberta 大学の Hickman 来訪。

5月22日　Monroy, Allen（米）を迎え"受精"のシンポジウム。

5月　弥富から購入の緋メダカの中の淡色同士の交配により富田英夫君がアルビノ（pink eyed）メダカを得。

5月26日　パリ大学教授　Louis Gallien 教授来名。

6月5-11日　第3回国際比較内分泌シンポジュウム（大磯ホテル）神奈川県大磯。10日，Hormonic factors affecting sexual differentiation in fish を講演。主な海外出席者 Gorbman, Witschi, Gallien, Chieffi, Charniaux-Cotton, Price, Benoit, Williams, Wigglesworth. 11日，箱根に見学旅行。

6月12日　Chieffi 来名。

6月14-15日　仏 Charniaux-Cotton 女史来名。15日，"高等甲殻類の雌雄性の決定"講演。

6月17日　仏 Benoit 教授来名。

6月21日　C. Williams 来名。

6月24日　山田常雄教授の送別会。

6月26日　加州大学（ロスアンヂェルス）の Dr. W. H. Hildmann に d-RR 系卵125粒を発送。

6月27日　英 Wigglesworth 教授来名。

7月11日　山田教授名古屋発。

8月9日　伊 Monroy 教授離名。

9月4日　染色体学会（仙台東北大）で"魚類の性決定"を講演。

9月16日　第2室戸台風。最低中心気圧885ミリバール。

10月4-6日　日本動物学会第32回大会（仙台）出席。4日，松田典子との共同研究"メダカの性分化に及ぼす2,3のステロイドの作用，特にエストラジオールによる性転換"を講演。［要旨］動物学雑誌，70, 33頁。

10月23日　大島正満博士来名。

12月21-22日　岐阜大学学芸学部で集中講義。

昭和37年（1962）　　　　　　　　　　　　　　　　　　　　　56才

2月14-15日　岐阜県萩原の水産試験場で虹鱒卵の小実験。

2月26日　滋賀県水産試験場（彦根）視察，そこから醒井養鱒場で虹鱒卵の小実験。

3月27日　NHK テレビ（教育）で「メダカの一生」に出演（演出山田允夫）。

4月3日　朝日新聞「水の歳時記」に「春のメダカ」を掲載。

4月3-4日　Hortfreter 来名。

4月14日　NHK 総合テレビ「おはようみなさん」の「はなしの散歩」番組の「メダカ先生」に出演。

4月28日　日本遺伝学会名古屋談話会で「魚類の性決定をめぐる諸問題」を講演。

5月13日　日本動物学会中部支部大会(津)。竹内邦輔, 高井成幸(Masayuki)との協同研究「アンドロステロン及びテストステロン・プロピオネート

によるメダカの人為的性決定」を講演。

5月14日　同会の主催による鳥羽水族館と賢島の真珠研究所の見学旅行に参加。

6月3－4日　兵庫県立教育研修所主催の研修会で「メダカの実習」を指導。

6月26日　Albino × Wild の F_2 older embryo の調査で $+^iB:+^ib:$ albino(iB+ib) の9:3:4の分離を確認。Albino因子 (i) は B, b 座と non-allelic 且つ no linkage であること判明。

7月4日　朝に集中豪雨。メダカ飼育場の5個の水槽冠水。

7月16－18日　菅島で臨海実習指導。

8月13日　Dr. John Gurdon (Oxford) 来学。

8月28日　生物教育会年次大会（富山）に招待され，「実験材料としてのメダカの話」を講演。

8月29日　帰途高山見物，それより濃飛バスで岐阜県大野郡朝日村胡桃島の秋神温泉に1泊。

8月　YAMAMOTO: Mechanism of breakdown of cortical alveoli during fertilization in the medaka, *Oryzias Latipes*. *Embryologia*, 7: 228-251.

9月17日　島村教授，名大名誉教授。

10月6－8日　日本動物学会第33回大会（岡山）に出席し，7日総合講演：「メダカのYY接合子の生存能力問題」を講演。

10月16－18日　日本遺伝学会第34回大会（三島）に出席し，17日"メダカのYY接合子の生存能力の問題　II　交叉魚 $X_C^RX^r$ の遺伝的分析"を講演。

12月21－22日　岐阜大学学芸学部で集中講義。

12月29日　信州明科の長野県水産試験所に出発し，翌1月7日まで滞在し，虹鱒卵の研究。

・YAMAMOTO: Hormonic factors affecting gonadal sex differentiation in fish. *Gen. Comp. Endoc.*, Suppl., 341-345.

昭和38年（1963）　　　　　　　　　　　　　　　　　　　57[才]

2月4－6日　九大水産学科に出張講義"水族蓄殖学"。

2月　Induction of reversal in sex differentiation of YY zygotes in the medaka,

Oryzias latipes. Genetics（米），48: 293-306.
2月　Hereditary and nonheritable vertebral anchylosis in the medaka, *Oryzias latipes. Jap. Jour. Genet.*, 88: 36-47（富田英夫，松田典子と共著）
2月21－23日　静岡大学文理学部で集中講義。
3月15日　NHK I 趣味の手帳「メダカ談義」を放送。
4月22日　米国科学財団東京駐在員　Dr. J. E. O'Connell（Popuration genetics）来学。
5月15日　仏 E. Wolff 教授名古屋。
5月27日　学長選挙。篠原卯吉博士当選。
6月24日　Seattle の University of Washigton の Dr. A.H. Whiteley.
7月7－9日　菅島で臨海実習指導。
8月15日　第16国際動物学会（米，Washington 市）と第11回国際遺伝学会議（オランダ Hague）に出席のため第2次外遊（世界一周）の途につく。
8月16日　10:30羽田東京空港発 JAL# 806, DC-8 Jet, International date line（8月15日）22:15 Honolulu.
8月16日（晴）　0:10 Lv. [Leaving] Honolulu, 6:55 Ar. [Arriving at] San Francisco. Berkeley に留学中の高田健三氏の出迎えをうく。Bay Bridge を通り，Oakland を経て，一旦同氏のアパートに小憩。Berkeley の Campus を見学。Dr. Eakins, Dr. M. Harris に面会。午後，Golden Gate Bridge を通り，Golden Bridge Park にある California Academy of Sciences の Aquarium（Steinhart Aquarium）を見学。その後 San Francisco 北方にある Muir-Woods を見学。Red wood（*Sequoia sempervirens*）が昼尚暗く天空にそびえている。同氏宅に一泊。
8月17日（土）　高田氏の案内で Dumbarton Bridge 経由 Palo Alto にある Stanford University の Campus 見学。土曜なれば研究室は閉鎖。Memorial Church, Jordan Hall.
8月17日　22:30 Lv. San Francisco (UA#706 Boeing Jet)
8月18日　06:35 Ar. New York (International air port. Idle Wild), 08:30 Lv. New York (LaGuardia Air Port) AA#473 Electra, 09:35 Ar. Washington, D.C. (National Air Port), Hotel Windsor Park, 2300 Connecticut Avenue に止宿。伊

Dr. Ancona 教授に会う。

8月19日　会場である Shoreham Hotel と Sheraton Hotel で Registration.

8月20－27日　第16回国際動物学会議。

8月20日　National Zoological Park にある Smithonian Institution で Reception. C. Hubbs 博士の一家，Meyer 博士，仏 E. Wolff 教授その他数人の学者に会う。

8月21日　20－23　Smithonian Institution, Natural History Museum 見学。珍貝 Glory-of-the sea を見る。

8月22日　Dr. Haskins (Geneticist), Carnegie Institution of Washington を訪問。Haskins 夫妻の饗応をうく。

8月23日　再び Natural History Museum, Carnegie Institution of Washington 見学。44.5 カラットの The Hope Diamond (Blue)（Blue Diamond では世界最大）などを見る。18:00 Mr. and Mrs. Norris の招宴，20:30–22:30 National Art Gallery で Reception.

8月24日（土）　見学旅行：第１班 Appalachian Valley の古生物採集に参加。伊の Sabbadin, Vannini も同行。

8月25日　学会休み。ワシントン市内観光。

8月26日（月）　［以下の演題で講演］YAMAMOTO: The first step in retrogressive evolution of Y chromosome, as illustrated in the fish. *Proc.* **XVI** *Intern. Congr. Zool.* (Washington, D.C.), 2: 205.

8月27日　会議終了。

8月28日　30万人の黒人による米国最大のデモ。13.30 Lv. Washington (AA#324Electra) 14:28

　Ar. New York (LaGuardia Air-port), Hotel Park Crescent, Riverside Drive, 87th Str. に宿る。

8月29日　Coney Island にある New York Aquarium を訪問。Mr. Aage Olsen に再会。Dr. Nigrelli, Fundulus heteroclitus ♂，♀の標本を得た。

8月30日　American Museum of Natural History を訪問。Dr. Kallman に再会。午後，Columbia 大学再訪。

8月31日　19:30 Lv. New York (International Airport) PA#74 Boeing Jet.

9月1日　07:35　Ar. Amsterdam. Amsterdam から Hague に至り Scheveningen

のGrand Hotelに止宿。木原均先生，山下孝介博士と同室。Palace Hotelで Registration. 21:00 Keerhaus Hotelで大会長 Dr. Rümko主催の歓迎会。

9月2－10日　第11回国際遺伝学会議。Öktay, Seiler, Whiting, Kushner, Hadoon, Auerbach, Bowen女史，Waddingtonなどに会う。

9月5日　Wageningenに見学旅行。

9月6日　［以下の演題で講演］YAMAMOTO: Linkage map of sex-chromosomes in the fish, *Oryzias latipes*. Proc. XI Intern. Congr. Genet. (the Hague), 1: 253–254.

9月8日（日）Free day. Leidenを訪問。Leiden大学は植物園の構内にありSieboldが日本から持参した多くの日本の植物がある。

9月9日　お別れパーティ。

9月10日　Closing session. Demerec, Waddington, Dobzhanskyなどの講演あり。17:00–19:00日本大使館の招待。日本酒，日本食。

9月11日　朝：木原先生とScheveningenの渚を散策し，貝を拾う。10:35 Station Staatsspoor駅よりUtrechtに向かう。11:24 Utrecht着。原幸喜君の出迎えをうく。Hotel Hes, Maliestraat 2, Utrechtに泊る。午前：Janskerk教会の近くにあるZoologisches LaboratoriumにDr. Burgersを訪う。

9月12日　市街及びCanalのほとりを散策。トチ，ブナの大木。10:00 Hubrecht LaboratoryにProf. Nieukoopを訪れる。こゝの図書室には私の論文全部が保管されている。

9月13日　Utrecht → Amsterdam. 13:55 Lv. Amsterdam (KL#213Viscount), 15.05 Ar. Hamburg (Fuhlsbuttel Lufthof), Hotel-Pension "Wahl", 154 Mittelwag 13に宿る。Aussen-Alster湖に近し。

9月14日　Von-Melle-Park 10にあるZoologisches Staatsinstitut und Zoologisches Museumを訪問。Prof. C. Kosswigはフィリッピンに旅行中で留守。滞独中のÖktay女史に迎えられ，Dr. Dzwillo, Dr. Zanderに紹介さる。熱帯魚飼育場，研究室を見学。トルコのメダカの一種 *Aphanius dispar* 4尾をもらう。夕：Botanisches Garden と Planten und Blonen公園で開催の国際造園展覧会 IGA '63 (Internationale Gartenbau-Ausstellung Hamburg 1963)を見る。天国の花園にさも似たり。日本の石灯籠や花もあり。

9月15日（日）Hauptbahnhofの近くにあるMuseum für Kunst und Gewerbe

を参観。かつて母方の伯父原震吉が東洋部の教授として勤務した所である［文末の「付記」を参照］。

Japanisch Kunst室は閉ざされていたが，Islam部の奥室に少数の日本絵画の外に不動明王の像があった。午後，西北にあるHagenbech動物園を見学。日本庭園もあり。

9月16日　HauptbahnhofからS線でPoppenbüttel行きの汽車に乗り，Hoheneichen駅に下車。伯父震吉の未亡人のFrau Anna Haraを訪問。午後3:30墓地のあるFriedhofに同行。墓参。

9月16日　15:05 Lv. Hamburg (AF/JL #272 Boeing Jet)。北極圏回り。Greenlandの上空を通り，8時間半でアラスカ。北極圏の上空は－55°Cの由。23:10 AlaskaのBarter海岸上空，23:25雄大なBrooks山脈，23:45 Yukon河の上空，23:52はるかにMackinley山を見る。

9月18日　00:40 Anchorage空港着，気温11°C。01:40 Lv. Anchorage，速度950km/h，高度11,000米。約7時間20分で東京着の予定。16:30 Ar. Tokyo.

9月19日　21:26名古屋着。

10月8－10日　日本遺伝学会35回大会（東京，駒場東大教養学部），"メダカの性染色体連関地図"を発表。要旨：*Jap. Jour. Genet.*, 38: 213.

10月26－28日　日本動物学会第34回大会（福岡）に出席し，"エストリオール誘導によるメダカのXYメスとその子孫"を講演。要旨：動雑，72, 346頁。

11月3日　長男時彦，三ツ谷陽子と結婚。

・YAMAMOTO: Induction of reversal in sex differentiation of YY genotype in the medaka, *Oryzias latipes*. *Genetics*, 48: 293–306.

・YAMAMOTO and Noriko MASUDA: Effects of estradiol, stilbestrol and some alkyl-carbonyl anndrostanes upon sex differentiation in the medaka, *Oryzias latipes*. *Gen. Comp. Endocri.*, 3: 101–110.

・Toki-o YAMAMOTO, Hideo TOMITA and Noriko MATSUDA: Hereditary and nonheritable vertebral anchylosis in the medaka, *Oryzias latipes*. *Jap. Jour. Genet.*, 38: 36–47.

昭和39年（1964） 58才

3月2日　財団法人東洋レーヨン科学振興会の第4回東洋レーヨン科学技術賞受賞者となる。（メダカにおける性の人為的転換）に対して。

3月16日　東京丸ノ内日本工業クラブで授賞式。金メダルと副賞250万円を受領。その後，祝賀パーティあり。同夜，六本木ロザンで東大時代のクラス会開催。森安生夫妻，森脇大五郎夫妻，団勝磨夫妻，桑名寿一夫妻が参会。

3月21日　今池〆星2階で"春のメダカの会"を開く。

3月31日　上京。

4月1日　帝国ホテルに止宿中のソ連科学アカデミー学術代表団（12人）の1人 Dr. M. M. Sissakian にかねてから Prof. B. L. Astaurov から依頼のあった d-rR 系のメダカ稚魚を託す。

4月1日より教室主任となる。

4月10日　米の Dr. and Mrs. Fieser 来学。

4月11日　米の George W. Nace 博士来学。

4月16－17日　理学部本館（A館）に教室図書室移転。

4月　7号館からA館に移転。

5月14日　仏の Dr. Scheib 女史来学。

6月5日　数学の中山正教授死去。

7月9－11日　菅島に臨海実習指導。

7月　The problem of viability of YY zygotes in the medaka, *Oryzias latipes*. *Genetics*（米），50: 45-58.

・Linkage map of sex chromosomes in the medaka, *Oryzias latipes*. *Genetics*（米），50: 59-64.

8月3日　午後5-7時に亘り雷雨を伴った集中豪雨。メダカ飼育場に濁水。冠水をまぬかる。

9月3日　ライオンズ・クラブの Speaker となる。

10月3－4日　飛騨の秋神温泉に遊ぶ。

○10月13－15日　名古屋大学に於て日本動物学会第35回大会開催。準備委員長。会場は教養部の教室を用い，総会は豊田講堂。

10月18－20日　日本遺伝学会第36回大会（松山）（松山市城北愛媛大学生

物学教室）に出席し，"メダカのエストロン誘導白 YY メスと白 YY オスの量産"を講演。（Estrone-induced white YY females and mass production of white YY males in the medaka, *Oryzias latipes*.）要旨：遺伝学雑誌，39，377頁。

10月24日　動物学会大会の慰労会（金翠）。

12月16日　Purdue 大学の M. Moscowitz 教授来学，講演。

昭和40年（1965） 　　　　　　　　　　　　　　　　　　　　59才

2月25日　菱田富雄君渡米。

3月15日　佐藤忠雄教授最終講義。

3月26－31日　日米科学協力発生学ゼミナー（東京，国際会館）。

3月31日　佐藤忠雄教授停年退職。

4月1日→福田宗一教授主任となる。

4月1－3日　発生学ゼミナー参加の米の学者2グループに分れて来学。

4月7－9日　旧テニスコートに新設の新メダカ飼育場に移転。

4月26日　Hörstadius 教授（Sweden）来学。

フロリダ旅行

5月18日　11:28 Lv. 名古屋，14:00 Ar. 東京，22:45 Lv. 羽田空 PA#846，via San Francisco, 18:20 Ar. Los Angeles, 23:15 Lv. Los Angeles NA#36.

5月19日　6:15 Ar. Tampa, 7:45 Lv. TampaNA#323, 8:04 Ar. Sarasota（Brandenton 空港），Sarasota のメキシコ湾に面した海岸の Point of Rocks にある Gulf Terrae Apt. 1105 に止宿。Cape Haze Marine Laboratory 所長 Eugenie Clark 女史に初対面。Cape Haze 臨海実験所訪問。水槽中の機能的雌雄同体魚 *Serranus subligarius* を見る。Sarasota beach は "The most beautiful white sand in the world" といわれ真白のこまかな砂。珊瑚礁の風化によるものか？

5月20日　魚類の間性の学会（Conference on intersexuality of fishes）始る。座長，James W. Atz 博士。夜：Clark 女史宅にて Reception，荒城の月を歌う。実験所勤務の von Schmidt 夫人の父君 Mr. Eric von Schmidt はギターを演奏。

5月21日　Induced intersex in the medaka, *Oryzias latipes* を講演。夜：日本

の料亭"千鳥"でスキヤキ・パーティ。主人はClark女史の義父（M. Nobu）。黒田節を唄う。

[5月22日]　Dry Tortugasへの3泊4日の採集旅行，同行者20余人。6:05 Lv. Braden Air Port, Sarasota (Macky Air lines), 7:35 Ar. Key West. Winner号（60トン）に乗り，これより西方68哩のメキ［シ］コ湾にあるDry Tortugasに向う。所要時間6-7時間。Dry TortugasのGarden KeyにあるFort Jefferson着。Fort Jeffersonで寝る。

5月23日　Long KeyとBush Keyに採集。その後Clark女史の好意でLoggerhead Keyにおもむき，The Carnegie Institution of Washington, Dry Tortugas (1904-1939) の廃墟を訪れる。Garden Keyに帰り，Fort Jeffersonで夜を過す。夜：船の中でMusic party。

5月24日　沖に出て，珊瑚礁の動物採集。Loggerhead Keyに至り，再びCarnegie Institutionの廃墟に行く。磯採集（ここでオオタワラガイを採集）。Loggerhead Keyで全員野宿。

5月25日　Loggerhead KeyからKey Westへ。夕：空路Sarasotaに帰る。

5月26日　Dr. Aronsonに送られて，8:19 Lv. Brandenton air port (NA), 9:27 Ar. Miami, 16:00
Lv. Miami (EA), 17:00 Ar. Tampa, Lv. Tampa, Ar. Tallahassee. 滞米中の独のHartmannの門下Wiese博士夫妻に迎え［られ］る。フロリダ州立大学に近いMotel Elevatorに宿る。

5月27日　午前：Dr. WieseとChlamydomonasのGAmonsについて話合。魚類分類学者（主任）Dr. Yergerに面会。分子生物学者Prof. J. H. Taylor (Molecular Physics Laboratory, The Florida State University, Tallahassee) と会談。午後："Artifical control of sex differentiation in the medaka, Oryzias latipes"を講演。Dr. YergerよりSerranus subligariusの標本2尾いただく。夜：Dr. Wieseの私宅で歓迎会。11人集合。

5月28日　8:30 Lv. Tallahassee (EA#694), 9:30 Ar. Atlanta, 10:35 Lv. Atlanta (Delta#791), 12:37 Ar. Memphis, Lv. Memphis, Ar. Kansas. 菱田富雄君の宅に一旦休息。Student Hallに止宿。

5月29日　午前：Prof. Johnsonに会い，研究室参観。Johnson教授の案内Kansas City見物。

Linda Hall Laboratory, Nelson Gallery of Art, Zoo, Rose Garden.

5月30日　8:55 Lv. Kansas (TW convair 880 Jet), Los Angelesまで2時間15分。Rocky山脈の上空を過ぎGrand Canyonの景観を上空から眺む。Colorado川を過ぐれば広漠なMojave desertである。Ar. Los Angeles, Lv. Los Angeles (PA#845), Ar. San Francisco, 14:45 Lv. San Francisco, Sierra Nevada山脈の上空を飛ぶ。15:40雪をいだくMt. Baker (10,778 feets), 16:20 Mt. McKinley (Canada), 17:00 Gulf of Alaska, Ar. Anchorage。売店でセイウチ Walrus のOs penis［陰茎骨］(56cm long, 5cm wide) を購入。Lv. Anchorage.

5月31日　19:20　Ar. Tokyo 空港。

6月2日　帰名。

6月5日　ZⅡの会。

6月25日　自然保護役員会（中部支部）観光ホテル。

7月5－7日　臨海実習（菅島）。

8月28日　孫誕生。

10月3日　Eugenie Clark 女史来名。

10月4日　水中翼船で鳥羽，菅島を案内。

10月　Estriol-induced XY females of the medaka (*Oryzias latipes*) and their progenies. *Gen. Comp. Endocrinol.*, 5: 527–533.

ニューヨーク州立大学客員教授（10月10日 '65 － 2月10日 '66）

10月10日　22:45 Lv. Tokyo (PA#846), 16:00 Ar. San Francisco, 22:45 Lv. San Francisco (TWA#44).

10月11日　6:30 Ar. New York, J. B. Hamilton 教授の出迎をうく。Dormitory, 811 New York Ave., Brooklyn, N.Y. room 1001に落つく（10階）。大学はState University of New York, Downstate Medical Center, Dept. of Anatomy, 450 Clarkson Ave. Brooklyn, N.Y. 11203.

10月24日（日）　Coney IslandのNew York Aquarium 訪問。日曜であるからDr. NigrelliもMr. Aage Olsenも不在。Associate Curator: Dr. J. R. Geraciに案内される。The New York Aquarium, New York Zoological Society, Boardwalk at W. 8th Street, Brooklyn, 24, New York.

10月某日？［ママ］　Fins & Feathers pet shop で Mr. Willett Sutherland, 339 Lenox Rd, Brooklyn 26, N.Y. に会い，私宅で Aquarium を見，Brine shrimp のふ化法などの説明を受ける。

10月25日－　Brine shrimp のふ化の実験開始。

10月30日　Long Island にある Prof. Hamilton の私宅に招待さる。

10月31日（日）　Brooklyn Botanic Garden 見学。夜：精神異常の男にアパートに連れてゆかり［いかれ］，恐かつされたが，難をのがる。

11月1日　Prof. Hamilton の紹介状を持ち，Mr. Mestler に付そわれて警察に出頭して事件を報告。

　3人の警官に伴われて，アパートに行ったが犯人は留守。

11月9日　17:30から8時間半に亘り，New York 州の外7州の大停電。

11月10日　Prof. Krohn（Birmingham）の講演。17:30 Cocktail party, 19:00 Lectures by three doctors. メダカの室内飼育室の光線工事は完了したが尚未完のため，持参した3系統のメダカと YrYr オスの一部は Histology room の窓ぎわに置き d-rr 系 2♀♀，1♂，d-rR 系 2♀♀，1♂，d-RR 系 2♀♀，1♂を Dormitory に移す。Temp. 28°C。

11月14日　American Museum of Natural History, Central Park 24.

11月16日　Mr. Willett Sutherland の案内でニューヨーク最大の熱帯魚の問屋 Favor's Aquarium, 1254 Gates Avenue, Brooklyn 21, N.Y. を訪問。約3cmの Albino Goldfish (Telescope- and pink eyed) 30を発見し，驚嘆す。香港から輸入されたものの由。大学の魚類飼育の用具，水の問題など未解のため，この時は購入せず。水草を買い求む。帰途：World-wide Aquarium Supply Co., 2899 Nostrand Ave. Brooklyn, N.Y. 11227 で All-glass Aquarium をさがして 2-Gallon Squat bowl（主要部の直径30cm，口の直径25cm）を見つけ［た］（30個購入）。飼育水槽の問題解決（Steel frames の角型水槽の新しいものは魚に有害）。系統保存や，親魚の breeding 用に用いる。稚魚の飼育はプラスチック製の矩形型容器を用う。

11月17日　Sutherland さんの案内で Bayview Tropical Co. 79-34 Parspos Bouleverd, Flushing 66, N.Y. に行く。

11月24日　Sutherland さん宅に招待さる。

11月25日　Thanksgiving day. Dormitory で飼育中の d-rr 系メダカ産卵し始

第III部　博物館の企画展の記録

む。夕：Prof. Hamilton 宅に招待。

11月27日　Dormitory で飼育中の d-rR 系 R ♂死。d-rR 系 ♀♀ (2) を YrYr ♂とかけ合せ。

11月30日　16:00 から "Control of sex differentiation in fish" を講演。教室の研究者の外に American Museum of Natural History の Dr. Atz, Dr. Kallman の外に Dr. Lura Colwin 女史も聴講。

12月2日　Favor's Aquarium で 20 の albino goldfish を購入。水は海水の 1/25 を用いることにした（蒸留水でうすめ [る]）。後にこの中5尾は死。15尾残る。また後に富田君が残りの10尾を購入し、翌年4月空路名古屋に持参したが、中1匹死、9尾が生存。合計24尾が生存中。

12月5日　4–6 P.M. Moore (R.A.) 学部長主催による歓迎会。

12月12日　American Museum of Natural History 売店で Mexican onyx（実は Aragonite）, *Murex ramosa*, Calfornia *Haliotis*, Dinosour (*Protoceratops*) egg 模造品を購入。午後：日本人8人で China Town のレストランで夕食。後、Rockefeller Center に参り、65階に昇る。前方には Saxs Dept. がある。

12月13日　早朝、Sutherland さんの案内で Fulton の近くにある Fish market 見物。

12月24日　Christmas Eve. 18:00 Miss Keiko Murakami のアパートに6人の日本人が集まり Christmas party。

12月25日　Christmas。メダカ飼育室完成（温度－光線制御）したため、Dormitory と Histology room で飼育中のメダカ及び Albino goldfish も飼育室に移転。

12月26日　Mestler 氏宅に招待され、Dinner の後、別宅にある氏の Library。日本の医学史関係の膨大なコレクションがある。中にも解体新書の原本（初版本）、富士川游の日本医学史もあり。

12月27日　Medaka: procurement, maintenance and use の原稿を編集者 Dr. Wilt (Berkeley) に発送。16:00 Assoc. Prof. Dr. I. M. Murray 宅に招待さる。

12月31日　Brooklyn polytech に滞在中の旧友古賀豊城博士、来訪。夕：小林君の部屋に日本人数人集り、大晦日の会があったので、古賀氏も参加。

昭和41年（1966）　　　　　　　　　　　　　　　　　　　　　　60才

1月1日　ニューヨーク州 Brooklyn の宿舎で元旦を迎ふ。「アメリカの蝦を飾りて初日出」。午前5時から交通ストが始り，1月12日まで続く。地下鉄とバスが運行中止。

1月4日　Sutherland さんの車で，3度目の Favor's Aquarium。Brine shrimp 卵の大缶及び熱帯魚関係の本を購う。

1月5日　Sutherland さんの案内で Sheephead bay を観光。美しい入江のある有名な漁港で特に夏に繁盛する由。鮫，マグロや大きい鉗脚のあるアメリカエビ（American Lobster）も湾内に来る。魚屋にはマグロ，American Lobster, Red snapper, Porgy, Flounder, Halibut, eel, 甲イカ，カニ，Cherry stone clam, *Mya*, *Busycon*（左巻）の外，ウニも売っているのに驚く。蝦専門のレストランがある。

1月7日　d-rR 系メダカがよく産卵す。金魚の研究家 Teitler 氏より会見の申し込みをうく。
18:00　シナレストラン Joy Fong Bar で藤田博士のおわかれパーティを開く。

1月8日　ミスさんの室に日本人8人集合し，パーティを開き，セン茶，御すい物，本格的なおむすび（海苔巻，鮭又は梅干入り），抹茶，ほうじ茶をいたゞく。

1月9日　18:00　Mrs. and Mr. Mestler の男の子が聖歌隊になっている教会に招ばれてコーラスを聴く。その後同家にて Dinner の饗応をうく。

1月12日　16:00　Harverd 大学 Carroll Williams の "The Juvenile Hormone of insects in retrospect and prospect" の講演。講演前に3度目の会見を互いに喜ぶ。

1月某日　Fischer Scientific Co. に行き，独逸製の瑪瑙［メノウ］乳鉢（実験用）を買う。

1月某日　Chambers Station に近い，120 Church Street にある Internal Revenue Office に至り，Sailing permitt を入手。

2月10日　New York 国際空港（Kennedy Airport）まで Mr. Mestler と富田君の見送りで，10:30 Lv. Northwest Air lines［で］Chicago, Seattle, Anchorage 経由で東京に向う。

2月12日（土）　10:00 羽田空港着。14:00 ひかり　Lv. 東京, 14:00 Ar. 名古屋。持参したアルビノ金魚15尾は全部無事。

2月16日　18:30　今池東天閣で還暦の内祝を開く。

2月28日－3月2日　九州大学水産学部で"水族繁殖学"の集中講義。

4月3日（日）　富田英夫君ニューヨークから帰名。残りのアルビノ金魚9（10の中1尾は死）と red coral snail を持参。

7月4－6日　菅島で臨海実習指導。

7月16日　関西学院大学の小島吉雄氏と大学院学生2人来訪。X^rY^R ♂♂, Y^rY^r ♀♀, X^rX^r ♂♂ 各7尾を分譲。

7月26－28日　岐阜県大野郡朝日村胡桃島秋神温泉に休養。

8月8日　今年度最高気温38.0°Cを記録。

8月18日　菱田富雄君米国から帰国。

8月22日－9月2日　第11回汎太平洋学術会議（東京）

8月24日　韓国 Il-Young Choo 教授（College of Science and Engineering, Chung-Ang University, Seoul）来訪。d-rR 系メダカ稚魚を分譲。

8月31日　日本自然保護協会中部支部総会（犬山ホテル）に出席。

9月1日　17:00-17:30　集中豪雨。

9月5日　B. L. Astaurov 教授（ソ連科学アカデミー）来訪。d-rR 系メダカの稚魚を分譲。

9月7日　観光ホテルで開催のライオンズ・クラブのスピーカーとなる。

9月8日　汎太平洋学術会議後の見学旅行中の魚類学者 Carl L. Hubbs (Scripps Institution of Oceanography, University of California, San Diego, La Jolle, Calif.) 夫妻, Robert R. Miller (The University of Michigan Museum of Zoology, Ann Arbor, Michigan, U.S.A.) 夫妻来訪。飼育場を案内し，その後名古屋城を見学。

9月12日　41年度特別昇給者となる。教育職（一）一号級二十三号俸。

9月13日　Berkeley の R. M. Eakin 教授来訪。

12月　性分化誘導物質はステロイドか，化学と生物，4，642-646頁。

昭42年（1967）　　　　　　　　　　　　　　　　　　　　　　　　61才

1月1－5日　飛騨・秋神温泉に滞在。

1月15日　上京。

1月16日　午前：動物学研究連絡委員会，午後：動物研連と植物研連合同委員会に出席。特急で帰り，Dr. Emil Witschi の Reception（今池東天閣）に出席。

1月17日　朝の最低気温−7℃を記録す。（注，1891年以来の名古屋気象台の記録によれば，これまでの最低気温は1927年1月24日の−10.3℃）。午前：Emil Witschi 博士と，主として性決定，性染色体，性分化の問題について会談。

2月　Estrone-induced white YY females and mass production of white YY males in the medaka, *Oryzias latipes. Genetics*, vol. 55: 329–336発表。

3月9日　NHKラヂオ第1,「趣味の手帳」の番組で「海を渡ったメダカ」を放送。

3月24日　宇和紘君の信州大学赴任の送別会を兼ねて「春のメダカの会」開催。

4月　名城大学非常勤講師に併任（薬学部）。

5月20−21日　第3回実験形態学会開催（教養部，委員長椙山正雄）。

6月1日　NHKテレビ（教育）「みんなの科学」の番組「メダカ」に出演。

7月6−8日　菅島に臨海実習指導。

7月15日　孫次男，誕生。

8月4日　名古屋大学理学部25年小史「生物学教室」脱稿。

8月15日　NSFのDr. Hodge 来訪。

10月9日　第36回日本遺伝学大会に出席し，"メダカの白子の遺伝，特に因子下渉"を発表。Yamamoto, T.: Inheritance of albinism in the medaka, with special reference to gene interaction *Jap. J. Genet.*, 42: 448.

10月15日　第38回日本動物学会大会（京都）に出席し，"性ホルモンによる金魚の性分化の転換と雄ヘテロの立証"（梶島孝雄と共同）を発表。動物学雑誌，76（11/12），397頁。

10月15日　午後，洛東墨谷の常光院の會田龍雄先生（龍祥院眞誉光瑞理照居士）の墓を参拝。

11月5日　日本魚類学会設立準備会（近畿大学農学部水産学教室）に出席。

11月17日　理学部創設25周年記念式典。

12月16日　第二講座「メダカの会」の忘年会。

- Medaka, In: "Methods in Developmental Biology" (Wilt & Wessells eds.) T. Y. Crowell Co., New York, pp. 101–111.

昭和43年（1968）　　　　　　　　　　　　　　　　　　　　　62才

1月　伝記「會田龍雄先生」，遺伝22: 45–48に発表。

1月13日　新館E館に引越。

2月26–28日　九州大学農学部水産学教室"水族繁殖学"を集中講義。

2月　Yamamoto, Toki-o 1968 Effects of 17A-hydroxy-progesterone and androstenedione upon sex differentiation in the medaka, *Oryzias latipes*. Gen. Comp. Endocr., 10: 8–13.

3月　Yamamoto, T., K. Takeuchi and M.Takai: Male-inducing action of androsterone and testosterone propionate upon XX zygotes in the medaka, *Oryzias latipes*. *Embryologia*, 10 (no. 2): 142–151.

4月　教育職（一）一等級から指定職乙六号俸。

6月　Yamamoto, T. and T. Kajishima. 1968 Sex hormone induction of sex reversal in the goldfish and evidence for male heterogamity. *J. Expl. Zool.*, 168 (no. 2): ［ページ記入なし。ページは215–221］

8月18–29　第12回国際遺伝学会（東京プリンスホテル）に出席し，27日 "Matings of YY males with estrone-induced YY females in the medaka, *Oryzias latipes*."を発表。

8月26日　Prof. B. L. Astaurov (U.S.S.R)に3度目のd-rR系メダカ12尾分譲。

8月30日　韓国Seoulの中央大学校理工科大学の朱日永の門下の秋鐘吉にd-rR系メダカ20尾分譲。

12月　Toki-o Yamamoto: Permanency of hormone-induced reversal of sex-differentiation in the medaka, *Oryzias latipes*. *Annot. Zool. Japan.*, 41: 172–173.

昭和44年（1969）　　　　　　　　　　　　　　　　　　　　　［63才］

飛騨秋神温泉で新年を迎う。

3月8日　分子生物施設コロキュームで"性の分化とその転換"を講演。

3月15日　最終講義"魚類の性分化の人為的転換"。5時から職員会館で定年退職記念パーティ開催。

3月26日　高血圧による軽い一過性虚血発作にて名大病院星川外科に入

院，主治医：永井先生（ノータイ），岡村先生。
3月31日　山田内科，南病棟7号（5階）に移る。沢木助教授，クズ屋講師，花井先生（主治医）。

(自筆年譜終わり)

━━━━━━━━━━━━━━━━━━━━━━━━━━━━━━━━━━━━━━━

(付記)

父の想い出

　私の父，山本時男の1969年（63才）までの「自筆年譜」を翻字して紹介することができた。この機会に，同年譜への注記を行い，さらに，年譜が及んでいない71歳で他界するまでの晩年のエピソードを記しておきたい。

山本家の人々（父のルーツ）

　父の実家山本家は私の祖父時宜が7代となる。5代庄蔵は，秋田佐竹藩の旗本永近進として米代川護岸工事を完成させた。また，私有の山林に御堂を建てて著名作家に壁画を描かせ，善光寺と言う庭園墓地を蓑虫山人（本名・土岐源吾）に造園させ，さらには飛根村台地に芭蕉塚を立てた。なお，この善光寺墓地には父の骨を分骨してある。6代庄司は維新のおり，東京の二松学舎に学び自由民権運動に参加，県会議員として活躍した。その時代，明治天皇の東北御巡幸に自宅が御小休所となり，トイレや，洗面台付の1室を新築した（現存するが，未使用のままである）。庭園の角に高さ5メートルほどの「明治大皇御小休所」の記念碑がある。
　私は，名古屋空襲により父の郷里に疎開し，晩年の祖父（時宜）と一緒の時を過ごした。祖父は，秋田中学（現秋田高校）卒業後，日露戦争に従軍，戦闘で負傷して帰還後，飛根村に戻った。そこで村長，農会長，産業組合の会長など要職を務める一方，青年時代から文学（トルストイや芭蕉）に親しんだ。雅号を「野石」と号し，石井露月，島田五空，北島南五，安藤和風と親交を結び，『俳星』に寄稿するとともに選者として活躍した俳人でもあった。富根村の菩提寺，長徳寺及び観光地田沢湖の「たつこ像」の傍らに句碑がある。時宜の兄弟は次男・純（東北大），三男・徳三郎（東京大），五男・勇（東

北大）と学者を輩出した。中でも五男山本勇（理学博士）はわが国の電気通信工学の基礎を築き今日のテレビ，コンピュータ等の電波通信や電子工学・制御工学の先駆的役割を果たし，日本電波学会長，電気通信学会長，東工大電気科主任，電気通信大学長を歴任し，NHK放送文化賞（昭和36年）や紫綬褒章（同33年）を受けている。東京都文京区千石に自宅があるが，東京遊学中の父（時男）も伯父勇氏には学者としての生き方などの薫陶を受けたものと推察される。

　祖父時宜は，秋田県里見村の医師原順庵の娘・たま子と結婚し父時男（長男）を含め3男5女を誕生させた。次男達郎（早稲田大）は能代北高校校長，三男観郎（日本大）は北海道電力に勤務したが，父の学業専念のため次男達郎が8代の家督を相続した。原順庵は長女（たま子）の他4人の男子を授かった。長男は平蔵（医師），次男は素行（医師，市立城東病院），三男は弘道（技術者，（株）鐘ヶ淵紡績），そして四男は震吉である。原震吉については後に述べる。

結婚から終戦まで

　父の結婚は，昭和10年で，相手は吉村公三郎（国家公務員「高官」：台湾に長期赴任歴あり）の4女たまであった。吉村家の長女隆子は常円寺住職に，そして次女茂子は八王子市本竜寺住職にそれぞれ嫁いだが，たまは東京女子高等師範学校家事科（現お茶の水大学）を卒業した（3女は幼い時に死亡）。父との出会いは大型遊覧船の中で，祖父時宜の反対（年齢が4才上）を押し切って婚約，結婚するに至った。後年，疎開で母は私と共に富根村に住むことになるが，俳人野石（時宜）が開いた句会（月1回15人程が参集，無記名で短冊に発句し多数決で入選を決める方式）で，「露香」と雅号をもらった母が3，4回入賞し，いたく野石に褒められていた記憶がある。

　昭和11年5月21日に，長男時彦（私）が誕生した。出産場所は東京帝国大学医学部産婦人科とのこと。これより6才まで東京都杉並区高円寺の，長屋様庭付平屋（貸家）に住むことになった。朝食にタマゴ1個を父と分け合って食べた記憶があるぐらい，生活はかなり厳しく，帝国大学でも助手では金銭的に大変なんだと子供心に思ったことがある。

　昭和17年4月，父の転勤に伴い，名古屋市昭和区恵方町に居を移す。2

階建貸家で玄関・前庭付（1階3部屋，2階2部屋）。昭和天皇のご学友，佐藤忠雄（後の名大教授）の自宅（同区東畑町）とは，約2キロしか離れていなかった。私は御器所の聖霊幼稚園に入園。将来仲人をつとめていただくことになる柴崎教授の息女と同級生になる。

　昭和20年頃は東山の高台に陸軍の対空高射砲陣地があり，動物園及び名大周辺は最初の米軍の空爆の対象となった。3回に亘るB29による名古屋大空襲は東山地区や東区の三菱電機工場（軍需工場）から始まり，以後今池，昭和区御器所へ北から南に市街地を対象とした絨毯爆撃となった。3月18〜19日は，米軍が焼夷弾と共に投下した「次は桜山付近なり」とのビラを信じて，東山の名大の山の側面を割り抜いた防空壕に父と一緒に避難したが，運悪くその日は東山地区の集中攻撃で爆弾雨アラレ，耳の鼓膜が激震によりキーンと鳴りっぱなしの怖い体験をした。一夜明けて，東山から恵方町に父と徒歩で帰宅するまで20〜30人の死体が散見され，正に地獄絵図の有様。これが秋田の富根村疎開（昭和20年4月24日）への引きがねとなった。

戦争が終わって

　昭和20年8月11〜18日に父が富根村に帰郷。8月15日終戦。名古屋に戻っても暫く廃墟から立ち直らないだろうと，私は富根小学校3年に編入，以来，能代第二中学校を経て，愛知県立旭丘高校に入学する昭和26年まで，富根村で生活することになる。原則として父は毎年，夏休みの10日ほどと，暮れから正月にかけて帰郷した。家の後を流れる米代川，川向こうの白岩の沼，米代川に注ぐ「どっこの堰」などには，父の好きなメダカの他，モロコ，鮒，ヤツメウナギ，鮎，うぐい，どじょう，なまず，さけ，毛蟹などの淡水魚が豊富に棲んでいた。釣好きの私は，父と一緒に釣りをしたり，父の研究に必要な魚の採集を手伝った。広大な河原は一見同じような石ころ畑に見えるが，そこを歩きながら貝殻や玄武岩，長石，果ては瑪瑙の原石まで見つける父の観察力の鋭さには驚嘆した。

　昭和20年11月19日に生物学御研究所で昭和天皇に謁見したとの記載があるが，父は現天皇の弟君義宮様に，東京帝国大学助手時代に宮廷内で御臨講申し上げたことがある。東大でも義宮の卒論テーマであるハトの嗉嚢乳（pigeon milk）について助言したりして，皇族とは結構縁があった。後に，

民放CBCで「昭和天皇と名古屋」という番組を企画し，私にも父の関係から出演依頼があったが，下血報道で急遽，制作中止になった。翌年10月28日の記事に，国体で来名中の天皇陛下に佐藤教授と共に八事八勝館でご進講とあるが，父の場合は瑞簾越しの謁見であった。一方ご学友の佐藤教授は簾内（上座）で，差をつけられたなと父は苦笑していた。「象徴」となられたとはいえ，当時はまだ天上人の余韻が残存していたものと想定される（この年以降は簾を撤去したと聞く）。

中日文化賞受賞とテレビドラマ「メダカ先生」

昭和27年5月，父は中日文化賞を受賞した。その4月に私は秋田から帰名し，旭丘高校に入学（父の弟子の菱田富雄先生宅に寄留）。副賞賞金は確か5万円で，私は自転車を購入してもらい，緩やかな運転の市電から，恵方町から車町まで自転車通学ができることになって，非常に助かった。

昭和33年4月の義宮御訪については，当家の応接間に今でも，名大のメダカ飼育場で父が手網を手に飼育容器中のメダカを掬いながら義宮に説明するモノクロ写真が飾ってある。

同年9月26日，NHK名古屋（CK）でテレビドラマ「メダカ先生」が放映されたのは，私が名大4年の時であった。父時男役は民芸座の庄司永健氏，母たま役は私の旭丘の同級生山中君の姉，そして時彦役は高校生のツッパリ息子という設定だった。CKのスタジオに見に行った所，2階建ての恵方町の自宅そっくりのセットが出来ていたのに驚いたが，問題は息子の性格である。脚本を書いた山田万亀氏に強く抗議したが，主役を引き立てるには誰か脇役が犠牲にならないとドラマが盛り上がらないと，いかにもNHK的慇懃な態度にやむなく，ツッパリ度を2〜3割減弱させたところで妥協したが，腹が立って，時彦役の俳優の名前も覚えていない。放映は私も見たが，ちょうど伊勢湾台風の最中で，45メートルに達した強風のため停電してしまった。このドラマは，メダカ博士の全国的PRに成功したと言えるが，ドラマの最後の場面は，高校生の息子が名大メダカ飼育場に台風の風雨をおして駆けつけるという架空の設定で，これが5000人もの死者を出した伊勢湾台風の当日の放映とは皮肉であった。なお，父の逝去後になるが，NHK大分が，長母寺の和尚と私を出演させて「蓑虫山人と名古屋」を制作し，自宅と長母

寺が撮影現場となった。会社を休んでまでこれに協力したのに，大分県地区限定で放映後，和尚と私にテープも送って来ないとはどうしたことかと，私はNHKにあまり好感を持てないでいる。

父と音楽

　はじめての外国旅行である昭和35年の「90日世界一周の旅」の項で，1月22日，日本食レストランに流れていたペギー葉山や島倉千代子の歌声に懐郷の念とあるが，父は本来クラッシック音楽が好きでチャイコフスキーのチゴイネルワイゼンやブラームスのハンガリア舞曲第5番などのレコードを多数所有し，蓄音機で聴くのを趣味としていた。歌謡曲は，美空ひばりと「チェリッシュ」のデュオの女性の方以外はダメとこだわるタイプだけに，たまたま上記の曲しか流れていなかったかも知れない。小学生からピアノを能代北高校の山崎先生（音楽）に習っていた私は，ヤマハの電子楽器エレクトーンを始めていたので，この旅にあたり，米国のオルガニストかジャズの楽譜が欲しいと父にリクエストとした。すると，エセル・スミス（女流オルガニスト）やジャズ，モダーンジャズの，当時日本では入手できない楽譜を購入して自宅に郵送してくれた。これを参考に数年後，名古屋地区，中部地区大会を勝ち進み，ヤマハエレクトーン・コンクール全国大会（3回及び5回）まで出場できたことに，深く感謝している。

原震吉のこと

　父の2度目の世界旅行中の昭和38年9月，工芸博物館を訪問したとの記述で，父時男の母方の伯父原震吉がここの東洋部教授として勤務したとある。詳細は長く不明であったが，このたび，西川博物館教授の友人，ドイツのゼンケンベルク博物館J. ショルツ博士を通じて，ユスツス・ブリンクマン協会のF. ロイター女史から詳細な資料を入手することができた。以下にその概要を記す。

　原震吉（1868～1934）は，東京帝国大学医学部を卒業後，フライブルク大学に留学した。そこで，理由はさだかでないが，医の道から日本および中国美術の専門家に転進した。1896年から工芸博物館に助手として勤務し，各種展覧会の開催や作品の買い付けに奔走した。東洋美術の分野では当時ヨー

ロッパ随一といわれ，ヨーロッパ各国の美術館や博物館に助言者として派遣された。派遣先では，原に給料を支払う他，工芸博物館にも同額を払わなければならなかったが，引く手あまたで，出張を繰り返したという。日本にも1906年3月から翌年8月まで帰国し，博物館のために美術品を買い付けた。研究書として，1902年のハンブルク・オリエンタル・デーのための展示カタログ『日本の刀剣装飾の名工たち』がある。彼は職務や研究に専念するよりもむしろ人生を楽しむタイプで，早々と退職して余生を大いに楽しんだ。豊富な知識と経験に裏付けられ，また人を傷つけない楽しい会話は，人々を魅了したと伝えられている。

東洋レーヨン科学技術賞受賞の前後

　私は，名大農学部農芸化学科（生化学教室）卒業後，名糖産業の研究所に勤務していたが，父の年譜にあるとおり，昭和38年，名大教養部（化学）柴崎睦夫教授の仲人で，三ツ谷豊太郎（建設省勤務）久江夫妻の次女陽子（㈱リンナイ勤務）と結婚した。その翌年3月に，父は第4回東洋レーヨン科学技術賞を受賞した。副賞250万円により，緑区神ノ倉に100坪の土地を180万円で購入した。ここに定年後,50坪に「山本魚類学研究室」，メダカ飼育場，および書庫を，そして残りに自宅を建設することになる。昭和40年8月，父に初孫（私の長男）が，そして2年後には次の孫（私の次男）が誕生。非常に喜び可愛がった。

　ニューヨーク州立大学客員教授時代の昭和41年1月7日の項に登場するTeitler 氏は，研究者ではないようだが，父が名城大学に勤務していたころ，神ノ倉の自宅に宿泊したことがある。専ら家内が食事の支度をしたが，日本語もたどたどしく，朝食はタマゴ2ヶの目玉焼き，トーストと紅茶と父が指示した。一風変わった客人であった記憶がある。父の逝去後も，私と家内宛に年2回ほど電話があり，まるで父に話すように金魚や鮒の話をされた。平成18年8月，拙宅を訪問され，応接間，父の書斎，魚類研究室，書庫を見て回り，欲しい本が沢山あるというので3冊ある金魚の専門書のうちの1冊を進呈した。前々日は小田原水族館，前日は名古屋港水族館と岐阜TOTO水族館を訪問し，いずれも館長に接待を受けているとのことなので，コンサルタント的役割を果たしているらしい。父が亡くなって30年ということで，

午後，私の愛車セリカで北区にある長母寺の墓を参ってくれた。

名古屋大から名城大へ（年譜以後）

　昭和44年3月末，名大定年を目前にして，高血圧による軽い一過性虚血発作で名大病院に入院したところで備忘録は終了しているが，筆跡も乱れており書こうとしても右手が動かなくなったのが実情である。母からの電話で恵方町の実家に私が駆けつけたところ，廊下でぐったりしていたので，とっさの判断で名大医学部病院までタクシーで運んだ。一過性虚血発作ならば24時間以内に治る筈が長引いたのは，脳血栓症だったと想定される。父は飲酒量（ウイスキー）が増え元々1日40～50本のヘビースモーカーだっただけに，高血圧と過度の喫煙及び退官によるストレスが原因となったと考えられる。入院後10日目に字が書けなくなる（書いても小文字化する）最悪期を経過したが，以後漸次回復し，1カ月後に退院することができた。そして5月，名城大学教養部教授に就任し，農学部，薬学部の学生に生物学を講義することになった。大部屋の教室で約600人の学生を相手に，マイクを持ち声を張り上げて講義するので，名大とはスケールが違うとあきれていた。

　名城大にも慣れた同年6月頃，名城大学教授室（2階）の前に常滑焼（直径53cm）の茶褐色円形鉢を40ヶ並べ，メダカの飼育及び研究を開始した。同時に，上述の神ノ倉100坪の北側道路沿いに，6坪の魚類研究室・書庫を建設するとともに，常滑焼の鉢40ヶを購入して，自宅での研究活動に備えた。

　さらに，北区大幸町にある長母寺に2基分の広い墓地を購入し，左に英文のToki-o YAMAMOTOの墓，右に山本家の墓（先祖代々ではない）を建てた。長母寺を選んだ理由はいくつか考えられる。秋田県の山本家菩提寺長徳寺は曹洞宗であるのに長母寺は臨済宗（京都東福寺系）であるから，弟達郎に家督を譲った立場を考慮したこと，長母寺の先代川辺官道和尚（名大文学部卒）の妹（敬子氏）と後輩の岡本亘民氏（旧弘高「現弘前大」卒）の結婚の仲人を父がつとめたこと，そして富根村山林の善光寺庭園墓地を作った蓑虫山人（前述）の墓及び庵（資料館）が長母寺にあること，である。

晩　　年

　昭和44年8月，父の一番弟子である高橋康之助医学博士（名大医学部卒，

高橋肛門科病院院長）から，父が食物が喉を通らないとの連絡を今池の喫茶店からもらった。いそいで父を，鳴子団地の自宅に引き取ったが，10日後，名大病院にて食道狭窄症（食道癌）と診断され即入院。第3病棟（放射線科）で闘病生活に入った。液体は喉を通るが点滴だけでは栄養が十分保てないので，胃にプラスチックのパイプを用いる穿孔術を行った。固形物をジューサーで流動化して摂取できる様になってから，放射線治療が開始された。当時第3病棟は生還率2％と言われ，制癌剤も日本化薬のブレオマイシンだけで，癌は不治の病と称された時代である。食道癌はバイ・パスを作るか，放射線治療しかないので，後者を選択し，2クールまで実施された。これで狭窄の進行は抑えられたが，3クール目に入るには体力的に限界があるので放射線治療は中止し，入院しながら自然治癒を期待することになった。

　その頃高橋先生から，未承認医薬品の免疫療法剤である丸山ワクチンを使ってみたらどうかとの提案があり，名糖産業勤務の傍ら，父に内緒で月1回新幹線で東京の日本医科大学の丸山千里教授を訪ね（全国から200〜300人の患者の身内の行列が出来る），ワクチン（40日分9,000円）を頂くことを1年半続けた。投与開始後，約3カ月で自覚症状が改善されはじめ，その後の奇跡的回復に結びついた。後年丸山ワクチン症例報告の掲載された『文芸春秋』を父が名大病院の売店で購入してしまい，病気の本態が父に知れてしまうことになった。さらに，その記事の中に，丸山先生の誤解であったが，「医者である時彦が名古屋から丸山ワクチンをとりに毎月上京云々」との一節があり，以後全国からの問い合わせの電話に閉口した。これをきっかけに，父自身が東京に出向くことになり，丸山先生から直接40日分，2回目は80日分を頂き，日本医科大学の行列の面前で患者自ら右手を高くあげて「メダカ先生治る」とのパフォーマンス。そのお陰か3回目から80日分ずつ無償で自宅まで送られて来るようになり，その後職場復帰するまでに回復した。

　昭和45年3月1日，神ノ倉自宅・魚類研究室・書庫が完成し，父母は恵方町から引越した。同年11月29日，母たま逝去。父入院中のため私が葬儀を行い，長母寺に埋葬した。母の死からわずか5時間で父の孫娘が誕生し，父はこれを聞いて，正に生まれ変わりかと驚嘆。孫の誕生を待ち望んでいたらしく，松坂屋で3才用の御所車絵模様の豪華な着物を購入し，名城大（定年73才），金城大（定年84才）と孫娘の嫁入りまで生きるんだと張り切って

いた。自宅のメダカ飼育場で大きな風船を抱えて鉢の傍に立つ3才頃のカラー写真は，父が写した思い出の品である。

　私は，昭和46年6月，名糖産業㈱を退社した。九州工場への転勤命令に，入院中の父をそのままにしておけないなどの理由で応じられず，依願退職したわけである。同年10月，奈良医科大学神谷貞義教授が経営する日本点眼薬研究所という，点眼薬・眼科医療機器製造メーカーに入社。医療機器部門や研究部門の開発を担当し，部長，取締役，常務を経て，3代目の社長に就任し，事業を大幅に拡張することができた。医薬品開発では名大医学部眼科，耳鼻科の先生方に臨床試験で大変お世話になり，斜視弱視関係機器，キッセイ薬品㈱との共同開発の医療用抗アレルギー点眼薬，明治乳業㈱との共同開発の一般用嗽薬などヒット商品が生まれた。その間，眼科関係の特許を12件取得し，眼科関係の学術論文を20件ほど発表した。

　神谷邸に父とともに年始に伺った折に，角膜移植のために眼球をスリランカから輸入する際の保存液に困っているとの話から，父の人工受精の等張液に話題が及び，京都府立大の永田教授に連絡して完成したのが現在日赤で使われている眼球保存液である。当時眼科ではコルチコステロイドの眼圧上昇による弊害が頻発しており，プロゲステロン系の新薬の出現が嘱望されていた時だけに，性ホルモンによる人為的性転換を研究した父とは話が合ったのだろう。神谷教授は，眼科で著名な清水賞を受賞した国際的名士で，後にネパールでEye-clinicを開設，ネパール王室とも親交を結んだ。国王就任戴冠式（昭和50年）や国際眼科学学会（翌年）の機会に，国王御一行や欧米の眼科学者（緑内障等の遺伝学者を含む）の八勝館での晩餐に，父は神谷教授と共に出席し，上機嫌だったことを思い出す。

　昭和51年3月初旬，父をはじめ家族全員で，自家用車（ヤャロル）で近くの愛知用水系溜池（勅使池）を訪れた。当時はまだブラックバスやブルーギルといった外来魚も居らず，メダカも生息していた。池の淵に10メートル巾で葦が生えた浅瀬があったが，そこがバシャバシャと大きな音で波立っていた。近づいても魚は逃げず狂乱状態で，繁殖行動の最中であることがわかった。主役の40〜60cmの鯉だけでなく鮒，シラハユ，モロコまで大小入り乱れ，血走ったような眼で放卵放精する様は壮観であった。早速，大きな鯉を2匹手掴みにし，鯉コクで賞味した。自宅の飼育場でも，私の釣った鮒

を飼育しており，長良川水系（関東系：雌雄異体）と揖斐川水系（関西系：生育年により雄から雌に性転換）とでは性染色体が異なるが，その分水嶺がこの溜池だと父が力説していたことを想いだす。

　昭和52年7月，父は胃癌を発症し，藤田保健衛生大学病院に入院（主治医は古賀教授）したが，8月5日に逝去。その前日，梶島孝雄信州大学教授と共著のギンブナの英文論文の原稿を，万年筆の手書きで完成した。父の遺稿である。備忘録による父の業績は名大病院入院時で終了しているのでここに紹介する。透明鱗もどきのギンブナの遺伝に関する論文で，1971年から名城大と自宅飼育場で研究を開始したものである。

　Toki-o Yamamoto and Takao Kajishima 1984. Unisexual and bisexual type of ginbuna, *Carassius auratus langsdorfii* in Aichi Prefecture. *J. Fac. Sci. Shinshu University*, vol. 19, no. 1.: 1–7.

　父の逝去後，1年分の丸山ワクチンが未使用で出てきて愕然とした。1年前から投薬を中止していたことを意味する。本人は5年で完治したものと錯覚していたのかもしれない。定年退職記念パーティでお配りした父（俳諧の雅号，苔水）の句をもってこの付記を終わる。

　　　　　　浮き沈み　メダカとともに　この日まで　　　　　苔水

引用文献

江上信雄（1989）メダカに学ぶ生物学．中央公論社，237p．
岩松鷹司（2001）メダカ．生物科学ニュース，2001年10月号，13–15．
菱田富雄（1969）山本時男教授略歴．In: "山本時男教授記念論文集"（山本時男教授記念事業実行委員会編，名古屋大学理学部生物学教室刊），6–8．
堀寛（2005）山本時男博士―オスをメスに，メスをオスに変えたメダカ博士．理フィロソフィア（名古屋大学理学部・大学院理学研究科広報誌），**8**, 2–3．
大西英爾（1996）暗闇の中の動物学．日本比較内分泌学会ニュース，**83**, 15–20．

（2006年10月31日受付）

資料2

蓑虫山人の東北漫遊　山本時男

［1949年印刷，44歳，執筆1948，43歳］
郷土文化第四巻二号，三十六－四十頁，昭和24［1949］年3月印刷発行
（名古屋）

　私は子どもの頃祖母から蓑虫山人の話を聞いたことがある。秋田県の私の生家にも三度滞在して山の墓地の庭園を築いたのである。米と味噌と身欠きニシンがあればよいと言って，山小屋に何日も閉籠って下男達を指図して造庭をやったが，重い石を担がせてから配置する場所を永い間考えるのにはほとほと閉口したそうである。暑い頃であったから，時々米代川へ水泳に来た。褌［ふんどし］なしで泳いだので，人々の笑いの種になったらしい。長身で酒が好きであったことや，三尺位の長い煙管［きせる］を愛用していたことも聞いた。これがそもそも私が山人に興味をいだいた始まりである。それから山人の作品の絵を見ると，いかにも天真爛漫な人柄が反映しているので，その人物に対する興味が深くなった。秋田県の人々には山人は岩手県の石応寺でこの世を去った様に誤り伝えられていたが，私が名古屋に来てから東京の美高［美術学校］の小場［恒吉］教授からの私信によって，終焉の地が名古屋の長母寺であることを知って驚いた。長母寺の現住［川辺完道師］がはからずも母校［名古屋大学文学部卒業］の先生であったことも奇遇であった。長母寺の資料や東北地方の足跡をもとにして，山人の東北漫遊の跡をたどって見ることにする。
　作者未詳の「蓑虫仙人」によると蓑虫山人が年十七の頃奥州金華山麓に於いて馬逐［うまおい］の番人になり，一年程経て山形に入って或る農家の世話になっている中に，懇望されて婿になったが，或る日木を伐りに山に行って逃げ帰ったとあるから，山人は若い頃に一度東北へ行ったものと思われる。

然し山人が東北に足跡を残したのは,主として明治十年［1877］(四十一歳)又は十一年［1878］(四十二歳)から明治二十九年［1896］(六十一歳)に帰郷する迄であって，山人は人生の完成期を東北に過ごしたことになる。此期間の東北漫遊を三期に分けるのが便利と思う。

　第一期は，明治十年［1877］或は十一年［1878］から明治二十年［1887］迄であるが，太田三郎氏蓑虫山人（上）によると,「水沢町誌」には明治十年に公園設計を託したとあるが,山人自身の明治二十八年の「水沢展観刷物」中には「明治十一年西下嵐江を越え，険路跋渉して羽後の秋田より陸中の水沢に到る」とある由である。水沢の公園設計には，山人自ら鋤をとり，珍花奇木を植栽して余程得意であったらしい。又陸中の奇勝猊鼻［げいび］渓の絶景を讃えてその宣伝もした。この期のまん遊は主として岩手県と青森県であって，青森県には明治十二年から明治二十年迄の九年間を過ごしている。山人は又北海道にも渡ったことになっているが，それはこの期間に行ったものと思われる。青森県下では殆ど至る所足跡を残している。この地方のことに関しては，青森市の熱心な山人研究家である成田彦栄氏が書かれることと思う。特記すべきことは，亀ヶ岡，浪岡で多数の土器，石器を発掘蒐集していることである。亀ヶ岡は我国考古学上有名な所で，津軽舊廳［旧庁］日記の永禄日記に，元和九年正月奇代之瀬戸物を掘り出すと記され，遺跡発掘の記録としては日本最古の遺跡である。遺物の豊富だったことも有名で，完全な陸奥式土器の包含地として知られている。考古趣味の山人が亀ヶ岡に引きつけられたのは当然である。浪岡で草庵を結んでいた際，明治十年に考古学者神田孝平（淡圭）氏が来県して山人と会見し，その蒐集物を賞讃した由で，山人もまた，啓発される所が多かったことと思う。明治二十年五月に青森市で蒐集物の展覧会を開いて居る。長母寺の絵日記は明治二十年［1887］以降のもので，第一期の東北漫遊の分は無いが青森県下には画帳其他山人の絵が多数残っている。

　第二期の東北漫遊は，明治二十年［1887］から二十三年［1890］に亘る間で，最近長母寺で発見された漫遊署名簿とも言うべき手帳によってその足跡が明らかになった。これは寄寓した家の主人に署名を求めたもので，年月日も書いてあるので，山人の足跡をたどるのに最もよい資料である。なお又長母寺の絵日記が第二期から始まっているので，両者を参照することによって

詳しいことが判る。

　明治二十年九月に汽車で東京を出発して郡山に着し二本松福島を経て山形県に入っている。米沢，長手，赤湯，神町，谷地大町，芦沢，蔵岡，津谷，狩川，添川，松嶺，上下叢を経て，鳥海山麓の升田村に至り，白糸滝（玉簾瀑布）を見物し，市條，鶴岡を経て酒田に至り，更に藤崎，管里，宮田を経て，吹浦に出ている。秋田県の金浦に入ったのは十月十五日である。それから本荘，豊巻を経て秋田市に到着，更に面潟村小池，飛根［とびね］（富根［とみね］），二ッ井，今泉，綴子を経て，比内の扇田に入ったのは十二月である。ここで越冬して翌二十一年八月迄滞在している。この夏は七座附近の今泉，飛根，を経て釜谷地に至り，八郎潟の西岸に沿うて南下し，男鹿半島の奇勝を巡歴して，船越を経て秋田市に至り，八郎潟の東岸を北上し，小池，飛根，今泉を経て，再び扇田に帰ったのは秋の頃である。更にこの附近の十二所，大滝温泉に遊び，ここで越冬し，翌二十二年四月迄滞在し更に扇田に帰って九月迄約半年を過ごしている。九月二十五日にここを出発，七座，米内沢の小城を経て秋田県の中央を南下し，前田，岩瀬を経て県南の仙北群に出ている。角館，楢岡，角間川，六郷，飯詰，金沢を経て平鹿群の横手で越冬し，翌二十三年三月迄滞在している。それから横手を出発し，増田，湯沢，岩崎，田根森，西母内，上院内等で県南の春を満喫してから，山形県の最上郡及位村に入ったのは五月であった。尾甚沢から宮城県広瀬を経て仙台に入り，一旦東京に帰り，神田の旅舎で二十三年六月迄約二十日滞在している。

　第三期は明治二十三年［1890］から明治二十九年［1896］迄である。六月十五日に東京を出発し，福島県白河を経て湯本，湯ノ原，大内，小沼崎等の景勝地を遊歴，仙台を経て岩手県籠廂を見物している。この年の越冬地は解らないが，宮城県を二十四年六月に出発，高田，米崎，小友，盛町を経て釜石の石応寺到着，大谷を経て陸中の藤沢，老松，平泉を漫遊し小山で越冬したらしい。翌二十五年六月にここを出発して，習沢附近に十一月迄滞在している。この年の越冬地は明らかでないが水沢であるらしく，二十六年の八月からは遠野町に滞在している。署名簿はここで終わっている為に，これ以後の正確な足跡と年月日をたどることは出来ない。

　明治二十六年［1893］は，山人の東北漫遊の一つの転換点であった。それは明治二十四年に濃美の大地震が起って，山人は岩手県滞在中にそれを知っ

て，郷里の役場宛に問い合わせの手紙を出している。それに対して震災の様子を詳細に書いた返事が，二十六年二月附けで山人に届いている。予想外の惨状に驚いた山人は，六十六庵を建てる為に郷国に於いて寄付を集めることを断念して，資金を集める為に更にこれを続けることにした。それは日本紙一枚に印刷した次の趣意書で明らかである。

　　語に日く，故きを温［たず］ね新しきを知ると宣［うべ］なるかな，予窃［ひそ］かに感ずる所あり，往年全国漫遊の志を立て，国内古代の美術品をよび奇石勝地の実況を探り各地に於いて得る所の物を彙集し，之を永久蓄蔵せんが為，予の郷国に六十六庵を創立せんと企画し，当時郷国を出てより今この陸州に至り，略一周を了せり，因［より］て最初予想の如く弊国に帰り，該工事を起さんと欲すれども，奈何せん其功を奏するの目途なき事実の緩に横わるあり，何ぞや日く郷国は震災に罹り，有為の士は為に事の緩急と物の順序とを講ずるの境遇に際会し，豈［あ］に能く予の宿意を翼賛せるものあらんや，殊に全国の風土山川にして耳にするも未だ其地に杖を曳かざる箇所間々これあり，かたかた以て予の宿意を達するの時機に感悟せしに依り，更に本年一月より全国を再遊し，江湖有為の諸君に謀り，以つて予の宿望を達せんとす，請ふ有志の諸士よ，予の奇癖を高察せられ，国粋保存の一助に供するため，多少に関せず投与あらんことを，敢えて緩に仰望［ぎょうぼう］す
　　　　明治二十有六年第一月　　　　　　　　　　　　　美濃国
　　　　　　　　　　　　　　　　　　　　　　　　　　　六十六庵主人

　この後の寄付芳名録が残っている。これは『羽後国諸有志』と岩手県の分が一緒にとぢてあるが，年月日が無い。岩手県の方は，東磐井郡藤沢に始まり，南閉井郡の釜石，江刺郡の羽田，東磐井郡矢越，釘市，南閉井郡遠野町，鱒沢，綾織，気仙郡世田米，西磐井郡岩美，更に気仙郡の上有住村，世田米，下有住，盛町，大船渡等の順序で歴遊している。秋田県では仙北郡の六郷，大曲を経て，南秋田郡の土崎，小泉，脇本，船越，船川，北浦，一日市，面潟，上井河，大久保，五十目，山本郡の鹿渡，浅内，森岳を経て，北秋田郡の扇田，川口，大館等を漫遊し乍ら寄付をつのっている。明治二十八年は，

第 3 章　山本時男備忘録と蓑虫山人

山人の還暦に当たる年で，水沢で蒐集物の展覧会を催し，又扇田に於いて還暦を記念として永年愛用の笈と自画像を徳栄寺に収めたことは，麓氏の書いた蓑虫仙人笈之記によって明らかである。

　　仙人姓土岐，名源吾，美濃の人なり，少壮の頃はやく俗塵のいむべきを観じ，蓑虫と号して山間に入る，世人呼んで仙人となす，爾来四十有六年の間，遍く天下を周遊し，六十六州足跡到らざる所なしといふ，仙人博識にして画を善くし，常に風流韻士と交わる，当国に遊ぶこと前後ここに三回，当年恰も六十歳，還暦の期に達せりとて，笈を捨て自画肖像一幅を添い，以て少林寺徳栄寺（羽後国北秋田郡扇田村にあり）にをさめて去る，蓋し今世の業終へたるの意なりと，抑も仙人の山野を跋渉するや，常に此笈をはなたず，中にをさむる所のものは，利休居士の所謂る茶飯釜一あるのみ，到るところの山川風月，意に合すれば即ちこれを開きて屋となし，自適悠々あくことをしらずと，予仙人と交あつし，故にいささか其畧伝を録して，笈の記となす
　　　　明治二十八年［1895］乙未十月中浣
　　　　　　　　　　　　羽後国扇田　米南　麓憲識

即ち還暦に達したので今世の業が終わったとして，身辺離さず持ち歩いた笈を捨てたのである。此の笈は引き伸せば一間四方位の家となり，縮むれば元の小笈となり，これを負って歩くありさまが蓑虫に似ているから，これを看板としていた貴重品であった。絵日記其の他の絵の中にも到る所に笈をひろげた家の中で，風景を眺めたり，天露をしのいでいる所が描かれてあり，又自分を描いたそばに，この笈のある場面も多い。この中に日用品を入れて歩いたのである。かくて明治二十九年［1896］，東北漫遊を終へて郷国に帰っている。
<u>私は今秋［1948］，山人ゆかりの地扇田に山人の足跡を尋ねて，麓家に於いて明治二十八年［1895］撮影の写真を見つけたことは，一つの収穫であった［宗宮下線する］</u>。徳栄寺に行って笈と自画像を尋ねたが，現住小林恵教師の話では，笈はたしかにあったが，いつの間にか散失し，自画像も無いとのことであった。最近同師からの私信によると，扇田から一里位離れた東館

村の小松氏が所持していることを伝聞した由である。

　東北地方に於ける山人の足跡はこの様であるが，この地方で何をなしたかに関していささか書き加えたい。生来の奇行奇言を残しているが，紙面の関係もあり言及しない。文化的業績としては，第一に画人としての活躍であって，到る所の地で風景・風物を描いているが，特に長母寺に残っている絵日記は，明治二十年以降晩年に及んで居り，大部分は東北関係のもので後生になって得難い資料となると信じている。この外到る所で作品が残っている。山人の画については外に論ずる人があると思ふ［う］が，画法について中村秋香は『南に非ず，北に非ず，土佐に非ず，丸山に非ず』と言い，山人独特の流儀であるとしている。大雅堂の絵のおもかげがあり，その方面の方で相当高く評価しておる人もあると聞いた。第二は，造園家としての業績であって，作品も主として東北地方に残っている。その中でも山人の最も力を入れたのは，岩手県の水沢の公園である。その外岩手県小山村の佐藤家，青森県山形村の熊沢氏，秋田県では扇田の麓家及び徳栄寺や富根村の私の生家の山の墓地の庭園等，山人の作品が数カ所残っている。

　第三には，考古学に対する貢献で，郷里に博物館のような六十六庵を建てる念願から，到る所で神代石（石器）古陶（土器）及び土偶を採集している。山人自ら採集したものもあり，又有志の人からゆずり受けた物もある。六十六庵建立の資金集めの芳名録中にも，金の外に神代石の寄付も記帳してあって，特にそれは朱書してあることも面白い。又地方の人が珍蔵している遺物の写生図が，絵日記の所々にある。特に絵日記の第弐拾帖は，日本太古石器考と題して，石器土器及び土偶の写生図とその出土地及び所有者が記録されている。尚蒐集の遺物の一部は，東京帝国大学人類学教室に寄贈し，それを描いた大幅が長母寺に残っている。昭和二十三年の春に奈良の博物館で開催された日本文化史展覧会には，京大の梅原博士の斡旋で，長母寺所蔵の山人収集品の中から石棒二個（東北地方発見）と包丁形石器一個および固形土製品一個が出品された。

　蓑虫になぞらって笈を負い一所不住行雲流水の心境で全国を漫遊した山人は，このように文化的な貢献をしている。私は，最近蓑虫山人の甥の土岐光孝翁に会ったが，翁は昭和二十四年の二月に山人の五十回忌に当たる感懐を次の歌で示された。

ひいらぎの葉裏にねむる五十年
　　　かくれ蓑虫はひ出でにけり

　棺を覆うて五十年してから，益々光って来たことは，山人の為に喜ばしいことである。

(1948・12月稿)

本論文の転載の許可に際し，鶴舞図書館（郷土文化事務局）の山田大輔氏にお世話になりました。記してお礼申し上げます（2015.1.29）。

資料3

母なる米代川　山本時男

[執筆時，61歳]
富根公民館報「館報とみね」（昭和42年［1967］第2号）

　ふる里のある人は幸福である。都会生まれの人にはふる里がない。米代川のほとりで生まれた私は，この川の水で産湯をつかい，この川の水を飲み，泳ぎ，この川の魚を食べて育ったから母なる川である．
　奥羽山脈に源を発するこの川も富根あたりでは大河となって豊かに流れ，嶽(だけ)とよばれている県境の青い山脈が眺められ，ことに夕景が素晴らしい。夕方になると生家の前を，天秤でおけを担いだ水汲み女性群が続いて通った。水汲場の近くは急勾配であったから，その苦労は大変であったと思う。
　その後に村に簡易水道が引かれたから，今の女性は楽である。
　米代川といえば魚とりを思う。川魚の王者は，姿といい，味や香りといい，やはり鮎であろう。日本の名魚である。私の生家には小舟と鵜(う)縄用の道具一式があった。夏になると5，6人の村人が集って鵜縄をやった。河原の岸に四角型の置網を設置し，川下の一方だけは開いておく。上流から，網の所々に鳥の羽の束をつけた鵜縄を引いた舟を急スピードで川下に漕ぎ縄の他端は一人が岸で持ち歩く。舟は円弧を画いて置網の下流につく。その時は総出でかけ声も勇ましく，網を急いで河原の上に手繰り上げる。鳥の羽根の束を鵜と錯覚したアユは置網の開いた所から中に入る。とたんに予め開いた一端に置いてあった網が引かれて，アユは閉じこめられる。
　置網の内側には所々に中型の石が置いてあり，アユはその下に隠れている。石のすき間に左右から両手を入れると，アユの感触があって，ピチピチしたアユを手づかみにする。河原に急ごしらいした石の炉でアユの塩焼や田楽をつくる。清流を眺めながら青天井の下で食べるアユの味は格別である。

ある地域に最も多い動物または植物を優位種という。今はどうか判らないが，もとは米代川の魚の優位種はウグイ（ヒアレ）であって面白いほど釣れた。油菜の実に似せて作った針で釣るハヤ釣りでは釣り上げた魚を拾うにいとまがないくらいであった。

夏休みに帰省した時は盥筌（たらいうけ）でウグイをとった。夕方に浅瀬の砂利を掘って筌を漬け置いて，朝早くあげに行くのは楽しみである。蚊帳の廃物で作った麻布にそっと足を乗せると，逃げようとして頭をもたげる魚の感触がある。その程度によって大漁かどうかがわかる。生魚に乏しいこの地方では米代川のウグイと行商人が売りにくる八郎潟のザッコは蛋白源として重要であった。

さざ波を立てて岸辺を登ってくるヨシノボリ（ゴリ）の雑魚を四ツ手網でとるのも私の楽しみであった。ゴリの潮煮（うしお）のうまさも忘れられないものである。

少し足をのばすと米代川に注ぐ小川のドッコノセキがあり，ここではフナがよく釣れた。雨が降って水かさが増した時にはナマズがかかることもあった。小学五，六年ごろ，フナの子であると大人達から教えられていたメダカの腹部に卵塊をつけているのを見つけて疑問を起こしたのもこの小川であった。

私の生家の庭のほぼ中央に一本の五葉松があり，その下に花崗岩でできた石臼型のツクバイがある。その中には魚の隠れ場として三四個の石を入れてある。子供の頃，私は小ブナをこれに入れて，時々ミミズを与えて飼育した。今から思うとこれが私の水槽の第1号であった。

今では大学の構内に七アールの野外飼育場があって大小五百個ほどの角型コンクリート水槽と水蓮鉢がある。名古屋近郊や富根の野生（黒）のメダカもいるが，多くは緋（ひ）メダカ，青メダカ，灰色メダカ，白メダカ，その他約二十の体色変種と五種の骨の異常変種や人工的に性を変えたメダカの子孫など数万尾を飼っている。これらの品種は学術上貴重なもので，内外から分譲の依頼があり，米国はじめ，フランス，ソ連にも私の育てたメダカが送られ飼育されている。

メダカの外に金魚とフナ，金魚とフナの合の子を飼っている水槽もある。これはメダカ研究で得た原理が他の魚にも適用されるかということと，フナ

のオスはどうして少ないかを明らかにするために，七年前から始めた。何年もフナを飼うのは並たいていのことでないがぞくぞくするような面白い結果が出つつある。これこそ研究者が受ける報酬であろう。

　都会では自然に乏しいから，子供らはフナやメダカをとることもなく，菜の花も知らない子供もいる。私は幸いにも米代川畔に生をうけ，思う存分自然に親しんで育った。淡水魚が私の一生の伴侶となったのも母なる米代川との因縁であろうか。自分で卵からふ化して育てたフナッ子どもをいじっていると幼少年のころが懐かしく思い出される。　　　（公民館の許可を得て転載）

編者あとがき

1 企画展「めだかの学校」を振り返って想う事 　　　　　野崎ますみ

　本書の元となった名古屋大学博物館第30回企画展「めだかの学校」は，メダカ先生（山本時男）のご自宅にあった魚類研究室が取り壊されることを機に，行き場の失った資料を引き取ることを前提として行われました。魚類研究室の資料は良く分類はしてあったものの，長年のホコリに加え，雨漏りの痕や鳥やネズミの糞があり，とにかくこれをどうにかしなければと，数回にわたり運び出し，博物館で掃除と品物の価値を見極める作業を行いました。

　この時，展示の方向性を示してくれたのが，3冊の「備忘録」でした。この補足として，備忘録をより分かり易く読み下し，解説を加えた山本時彦氏（メダカ先生の長男）の論文が役に立ったことは言うまでもありません。作業が進み，山本時男の生き様がわかるようになると標本，写真，手紙類等と備忘録を結びつける工程は，だんだん宝探しのようなワクワクするものへと変わっていきました。これが学芸員の醍醐味であることは，皆さんもご想像が容易いと思います。これら意味づけられた山本時男資料に加え，現在のメダカの最新研究（名古屋大学，基礎生物学研究所，東京大学）を加えたものが，展示の骨格となりました。また，古いフィルムやレコードを現在のデジタルデータに置き換えてくれたNHKアーカイブス，生態展示のメダカを供給してくれた成瀬清先生，メダカの供給と開催中のメダカの世話をしてくれた橋本寿史先生，文句も言わずせっせと資料の清掃やパネルの制作をしてくれた松本晃子さん，石のコーナーを受け持ってくれた足立守先生，山本時男の精神性にふれた宗宮弘明先生など，博物館は多くの人に支えられていることを，身をもって体験できました。

　博物館での展示が終わり，主な展示品はご遺族のご希望で，山本家に再び返却されましたが，一般家庭では，いつの日か廃棄されることがあるかもしれません。そうなる前に，再び，博物館に収蔵されることが，展示を行った

者の願いです。

　2018年9月には，私も名古屋大学博物館を退職することが決まりました。在職中には多くの企画展やスポット展を行いましたが，「メダカ先生」は思い出に残る展示ですし，出来の良い展示に順位を付けるならば，1，2位を争うと思います。これからも名古屋大学オリジナルの研究を紹介する熱のこもったオリジナル展示が続くことを祈ります。

　大学と地域を結ぶ名古屋大学博物館をこれからも，どうぞお引き立てください。

　なお，博物館に残った山本時男資料は，燻蒸，整理，ナンバリング作業が進み，Webでの公開も順次行われています。本書の刊行に踏み切ったS先生に感謝をしつつ。

2　石は学者山本時男の必需品？　　　　　　　　　足立　守

　私が名古屋大学に入学したのは東京オリンピックの翌年（1965年，昭和40年）で，学部3年と4年の時に，理学部E館の1階で独特な風貌の山本時男先生を時々お見かけしたことがある。E館は当時も今も地球科学科と生物学科の共用の建物だったからであるが，残念ながら山本先生と話す機会はなかった。

　企画展「めだかの学校：メダカ先生（山本時男）と名大のメダカ研究」が開催される前年の夏に，山本先生が集めた石に初めて接することとなった。倉庫に保管されていた石は半端な数ではなかったし，手のひらサイズよりもずっと大きなものがたくさんあったので，生物の先生がどうして石のコレクションをという素朴な疑問がふくらんだ。しかし，この疑問は，展示パネルを作成する過程で，先生が生物学者であり博物学者であったことを実感して解消された。

　山本時男先生が定年退職される頃には名古屋大学でも大学紛争の嵐が吹き荒れたが，当時の大学は今よりも格段にのんびりしていて，先生も学生も自分の研究に専念することができた（少なくとも理学部では）。いわゆる古き良き時代であったように思う。その頃の大学には学者も多く，様々な事に興味を持ち自分の知的好奇心のままに研究できた人も多い。一方，今は平たく

言うと，食う為に仕事をする"幅の狭い"研究者が多く，残念ながら学者はひじょうに少ない。

学者山本時男は，集めた石を眺めたり磨いたりすることによって気分転換をして，またメダカのことを考えるという，"メリハリ"のついた生活を送っていたような気がする。ある意味，こうした山本先生の研究生活には石は必需品だったのかもしれない。山本の研究スタイルは，先生が大事にされていた扁額の「雲悠々 水潺々」という言葉にもよく現れていると思う。「自由な発想で仕事をし，アイデアや研究はよどむ事がない」ようにしたいという学者の気持ちとよくマッチしている。現在のような窮屈で歪んだ教育研究環境では，「雲悠々 水潺々」といった発想の学者が育つであろうか。

3　メダカバイオリソースプロジェクトと研究を次の世代に引き継ぐ責任

成瀬 清

名古屋大学博物館で開催された企画展「めだかの学校」での一連の講義をまとめた本書をあらためて読み直し，「メダカ先生」山本時男博士の偉大な足跡を実感するとともに，私自身も山本先生からバトンを渡され，そして次の世代に引き継ぐ責任があるのだとの思いを新たにしている。

私は名古屋大学理学部生物学科動物第二講座で富田英夫博士のもと，メダカ色素細胞突然変異体の表現型解析と染色体操作による系統作成を卒業研究のテーマとして「めだかの学校」に入学した。その後，富田先生が参加されていた東京大学の故江上信雄先生が主催された総合研究（A）の班会議に出席したことがご縁で，修士及び博士課程は東京大学理学系研究科動物学教室の江上研究室に進学することとなった。その後は江上先生がご退職後も同じ研究室で嶋昭紘教授のもと長く助手を務めることとなった。そして，2007年にメダカナショナルバイオリソースプロジェクトを運営するため基礎生物学研究所に准教授として赴任し，現在に至っている。動物学教室は山本先生が学位を取得されたところでもある。理学部2号館にある図書室では偶然に山本先生の学位論文を見つけて読ませていただいたこともあった。山本先生は私にとっては大学時代の先代教授であるとともに大学院の大先輩でもあるということになる。私が課題管理者を務めるメダカバイオリソースプロジェ

クトは現在16年目を迎えるが，第一期から続く最も重要なリソースの1つが，富田先生が生涯をかけて同定された60系統を超える自然突然変異体である．富田コレクションと呼ばれるこの突然変異体系統は40年以上前から連綿と受け継がれ現在に至っている．富田コレクションからはメダカ性決定遺伝子の同定，アルビノ変異体の原因として同定されたDNA型転位因子Tol2の発見とそれを用いた遺伝子導入技術の開発，体色突然変異体の原因遺伝子の同定と色素細胞分化メカニズムの解析，Da変異体の原因遺伝子の解析から始まったepigenome解析，最新の研究では4つの独立した突然変異の原因となったヘルペスウイルスとDNA型転位因子PiggyBacの融合によって生じた180kbpの巨大なDNA型転位因子Teratornの同定などがある．これら一連の研究から山本先生から渡されたメダカというバトンは世代を経ながら私を含むさらに多くの研究者に引きつがれていることがわかる．メダカナショナルバイオリソースプロジェクトから分譲するリソースの20％程度が海外への分譲であることを考えると，山本先生のバトンは現在では海外へも渡されていることになる．

　本書を通じて「魚好き少年」であったメダカ先生から始まった研究が偶然と必然を経ながらゆっくりと，しかし確実に世界に広がってゆく様を感じていただければ幸いである．

4　「宿題」を終えるにあたって　　　　　　　　　　　　宗宮弘明

　山本時彦さん（メダカ先生のご長男）にお会いしたのは2006年の5月でした．その年の秋に時彦さんは，「メダカ博士山本時男の生涯—自筆年譜から—」をまとめ名古屋大学博物館報告に寄稿して下さった（訂正版を本書に再録）．その後，あまりお会いする機会が無いまま時彦さんは2010年の8月に急逝された．四十九日の法要に出席するため名古屋市矢田にある長母寺を訪ねました．驚いた事に，メダカ先生の墓の近くに蓑虫山人の墓石が本当にあったのです．何と，時彦さんが私をそこに連れて行ってくれたのです．その時以来，メダカ先生と蓑虫山人の「関係」をまとめる事が時彦さんからの「宿題」となりました．その宿題の成果が第Ⅲ部の第3章です．今は，宿題を終えた開放感を味わっています．メダカ先生の没後40年目にこんな記録

編者あとがき

が出るなんて，時彦さんの人格がなせる技だと私は想っています。
　本書は，本当に気持ちよく編集する事ができました。4人の編者のバランスが良かったからでしょう。執筆者も遅れることなく，編集の遅れにも文句は出ませんでした。編集を終えた開放感も格別です。最後に，株式会社あるむの中村衛さん，古田愛子さんからは好意的で丁寧な出版編集作業をいただきました。記してお礼申し上げます。　　　　　　　　　　　　　　　2017.11.9

執筆者紹介 （掲載順）

鬼武一夫　Kazuo Onitake
1941年生まれ。東北文教大学学長・山形大学名誉教授。
名古屋大学大学院理学研究科博士課程単位取得退学。理学博士。
　主要著書・論文
　　Watanabe, A. and Onitake, K. The Regulation of Spermatogenesis in Fish: Recent Cellular and Molecular Approaches. In *Fish Spermatology*. eds. by S. M. H. Alavi, J. J. Cosson, K. Coward, & Gh. Rafiee, Oxford, Alpha Science Intl. Ltd., 141–160 (2007).
　　Watanabe, A. and Onitake, K. Sperm activation. In *Reproductive biology and phylogeny of urodela*. ed. by David M. Sever. Science publisher, Inc. Enfield (NH). USA, 425–445 (2003).

竹内哲郎　Tetsuro Takeuchi
1932年生まれ。元岡山商科大学教授。
岡山大学理学部生物学科。理学博士。
　主要著書・論文
　　『まけてたまるか　遺伝子に』はまの出版，1988年。
　　Takeuchi, T. A study of the genes in gray medaka, *Oryzias latipes*, in reference to body color. *Biological Journal of Okayama University*, 15, 1–24 (1969).

岩松鷹司　Takashi Iwamatsu
1938年生まれ。愛知教育大学名誉教授。
名古屋大学大学院理学研究科博士課程満了。理学博士。
　主要著書・論文
　　『新版　メダカ学全書』大学教育出版，2006年。
　　『魚類の受精』培風館，2004年。

横井佐織　Saori Yokoi
1988年生まれ。北海道大学大学院薬学研究院助教。
東京大学大学院理学系研究科生物科学専攻博士課程修了。博士（理学）。
　主要著書・論文
　　Yokoi, S., Okuyama, T., Kamei, Y., Naruse, K., Taniguchi, Y., Ansai, S., Kinoshita, M., Young, L. J., Takemori, N., Kubo, T. and Takeuchi, H. An Essential Role of the Arginine Vasotocin System in Mate-Guarding Behaviors in Triadic Relationships of

Medaka Fish (*Oryzias latipes*). *PLoS Genetics*, 11, e1005009 (2015).

Yokoi, S., Ansai, S., Kinoshita, M., Naruse, K., Kamei, Y., Young, L. J., Okuyama, T. and Takeuchi, H. Mate-guarding behavior enhances male reproductive success via familiarization with mating partners in medaka fish. *Frontiers in Zoology*, 13, 21 (2016).

竹花佑介　Yusuke Takehana

1979年生まれ。長浜バイオ大学バイオサイエンス学部准教授。
新潟大学大学院自然科学研究科生物圏科学専攻博士後期課程修了。博士（理学）。

主要著書・論文

Takehana, Y., Matsuda, M., Myosho, T., Suster, M. L., Kawakami, K., Shin-I., T., Kohara, Y., Kuroki, Y., Toyoda, A., Fujiyama, A., Hamaguchi, S., Sakaizumi, M. and Naruse, K. Co-option of *Sox3* as the male-determining factor on the Y chromosome in the fish *Oryzias dancena*. *Nature Communications*, 5, 4157 (2014).

Takehana, Y., Nagai, N., Matsuda, M., Tsuchiya, K. and Sakaizumi, M. Geographic variation and diversity of the cytochrome *b* gene in Japanese wild populations of medaka, *Oryzias latipes*. *Zoological Science*, 20, 1279–1291 (2003).

竹内秀明　Hideaki Takeuchi

1971年生まれ。岡山大学大学院自然科学研究科准教授。
東京大学大学院薬学系研究科機能薬学専攻修了。博士（薬学）。

主要著書・論文

Okuyama, T., Yokoi, S., Abe, H., Suehiro, Y., Imada, H., Tanaka, M., Kawasaki, T., Yuba, S., Taniguchi, Y., Kamei, Y., Okubo, K., Shimada, A., Naruse, K., Takeda, H., Oka, Y., Kubo, T. and Takeuchi, H. A neural mechanism underlying mating preferences for familiar individuals in medaka fish. *Science*, 343, 91–94 (2014).

Wang, M.-Y. and Takeuchi, H. Individual recognition and the 'face inversion effect' in medaka fish (*Oryzias latipes*). *eLife*, 6, 24728 (2017).

成瀬　清　Kiyoshi Naruse

1960年生まれ。基礎生物学研究所特任教授。
東京大学大学院理学研究科博士課程修了。理学博士。

主要著書・論文

Kasahara M., Naruse K., Sasaki S., Nakatani Y., Qu W. et al. The medaka draft genome and insights into vertebrate genome evolution. *Nature*, 446, 714–719 (2007).

Kinoshita, M., Murata, K., Naruse, K. and Tanaka, M. Medaka: Biology, *Management, and Experimental Protocols*. Wiley-Blackwell, Iowa, USA (2009).

橋本寿史　Hisashi Hashimoto
1968年生まれ。名古屋大学生物機能開発利用研究センター助教。
京都大学大学院農学研究科博士課程修了。博士（農学）。
主要著書・論文
Schartl, M., Larue, L., Goda, M., Bosenberg, M. W., Hashimoto, H. and Kelsh, R. N. What is a vertebrate pigment cell? *Pigment Cell & Melanoma Research*, 29, 8–14 (2016).

Nagao, Y., Suzuki, T., Shimizu, A., Kimura, T., Seki, R., Adachi, T., Inoue, C., Omae, Y., Kamei, Y., Hara, I., Taniguchi, Y., Naruse, K., Wakamatsu, Y., Kelsh, R. N., Hibi, M. and Hashimoto, H. Sox5 Functions as a fate switch in medaka pigment cell development. *PLoS Genetics*, 10(4), e1004246 (2014).

田中理映子　Rieko Tanaka
1977年生まれ。名古屋市東山動物園「世界のメダカ館」職員。
名古屋大学大学院生命農学研究科修士課程修了。修士（農学）。
主要著書・論文
Mokodongan, D. F., Tanaka, R. and Yamahira, K. A New Ricefish of the Genus *Oryzias* (Beloniformes, Adrianichthyidae) from Lake Tiu, Central Sulawesi, Indonesia. *Copeia*, 3, 561–567 (2014).

井尻憲一　Kenichi Ijiri
1949年生まれ。東京大学名誉教授。
東京大学大学院工学系研究科（計数工学）修士課程修了，東京大学大学院理学系研究科（動物学）修士課程修了。理学博士。
主要著書・論文
『宇宙の生物学』朝倉書店，2001年。

「メダカを用いた宇宙実験―宇宙での子づくり―」，*Biophilia*, 3(3), 20–25 (2007).

野崎ますみ　Masumi Nozaki
1957年生まれ。名古屋大学博物館研究員（学芸員）。
東邦大学理学部生物学科卒業。
主要著書・論文
「ふしぎふしぎミクロの美術館―電子顕微鏡で見るいきものの世界―」『名古屋大学博物館報告』23, 213–229 (2007).

「博物館と電子顕微鏡―名古屋大学博物館における走査電子顕微鏡の活用―」『生物の科学遺伝』70(5) (2016).

足立　守　Mamoru Adachi

1946年生まれ。名古屋大学 PhD 登龍門推進室特任教授，名古屋大学名誉教授，元名古屋大学博物館館長。
名古屋大学大学院理学研究科博士課程修了。理学博士。

主要著書・論文

Adachi, M. (2003): 'Muse therapy' as a new concept for museums. *Museologia*, 3, 117–120.

「自然に学ぶ」宗宮弘明・南基泰編『ESD 自然に学び大地と生きる』風媒社，2014年，pp. 12–27.

宗宮弘明　Hiroaki Somiya

1946年生まれ。中部大学応用生物学部長，中部大学国際 ESD センター長，名古屋大学名誉教授。
名古屋大学大学院農学研究科博士課程満了。農学博士。

主要著書・論文

「魚類発音システムの多様性とその神経生物学」植松一眞・岡良隆・伊藤博信編『魚類のニューロサイエンス』恒星社厚生閣，2002年，pp. 38–57.

「感覚器系」谷内透ら編『魚の科学事典』朝倉書店，2005年，pp. 128–143.

めだかの学校
山本時男博士と日本のメダカ研究

ナショナルバイオリソースプロジェクト メダカ
NBRP Medaka

2018年1月22日　第1刷発行

編　者　宗宮弘明・足立 守・野崎ますみ・成瀬 清
発　行　株式会社あるむ
〒460-0012 名古屋市中区千代田3-1-12
TEL (052)332-0861　FAX (052)332-0862
http://www.arm-p.co.jp　E-mail: arm@a.email.ne.jp
印刷・製本／モリモト印刷

ISBN 978-4-86333-133-4　C0045

＊本書の一部またはすべての無断転載・複製を禁じます。